素书全集

[汉]黄石公 ◎ 著

张坤 ◎ 校译

哈尔滨出版社

图书在版编目（CIP）数据

素书全集/（汉）黄石公著；张坤校译. —哈尔滨：哈尔滨出版社，2016.4（2023.3 重印）
ISBN 978-7-5484-2171-9

Ⅰ.①素… Ⅱ.①黄… ②张… Ⅲ.①个人—修养—中国—古代②《素书》—注释③《素书》—译文 Ⅳ.① B825

中国版本图书馆 CIP 数据核字（2016）第 017619 号

书　　名：素书全集
SUSHU QUANJI

作　　者：[汉]黄石公 著　张　坤 校译
责任编辑：尉晓敏
封面设计：华夏视觉

出版发行：哈尔滨出版社（Harbin Publishing House）
社　　址：哈尔滨市香坊区泰山路 82-9 号　　邮编：150090
经　　销：全国新华书店
印　　刷：天津文林印务有限公司
网　　址：www.hrbcbs.com
E‑mail：hrbcbs@yeah.net
编辑版权热线：（0451）87900271　87900272
销售热线：（0451）87900202　87900203

开　　本：710mm×1000mm　　1/16　　印张：22　　字数：350 千字
版　　次：2016 年 4 月第 1 版
印　　次：2023 年 3 月第 3 次印刷
书　　号：ISBN 978-7-5484-2171-9
定　　价：59.80 元

凡购本社图书发现印装错误，请与本社印制部联系调换。
服务热线：（0451）87900279

前言

读一本书就能改变一个人的命运，这样的事情到底有没有呢？答案是有，在武侠小说中。武侠小说中，一个人若是能得到《九阴真经》，修炼之后便可神功盖世，称霸武林。但小说毕竟是小说，现实中却不会有这样的事情。

书的作用往往在于启发和陶冶，除了工具书，一般的书只能通过内容影响人们的思想，指导人的行动，却很少会给人带来直接的福祉。即使一个人受到一本书的深刻影响而做出了一番惊天动地的大事，那也多是个人的努力和机遇使然，书虽有功劳，但却不容夸大。就像《素书》，有人说它彻底改变了张良的命运，影响了中国社会发展的进程，显然是溢美之词。虽然如此，《素书》的巨大思想价值和对人生的指导作用却无可否认。

"素书"原指用朱墨写在白绢上的道书。《素书》又称《黄石公素书》《钤经》或《玉钤经》，共六篇，一千三百六十字。传为战国末期的黄石公所著，宋代张商英为其作注，清代王氏为其评注。后人因本文及注文多如出一手，遂疑为张商英所伪托。《素书》真伪，我们在这里不作过多讨论，我们所要重点关注的则是《素书》的巨大思想价值。

《素书》以道、德、仁、义、礼作为全书的思想基础，结合黄老之说为之注释。洞察世事人情，讲述了立功立事、处世为人的道理。言简义精、字句流畅，不愧是一部谋略经典。

关于《素书》的流传，根据《史记·留侯世家》记载，说张良刺杀秦始皇未成，遂逃亡至东海下邳。一天，张良在下邳桥上散步，忽然看见一个老人，穿着粗布衣服，径直走到张良面前。只见这个老人把自己的鞋子扔到桥下，然后回过头对张良说："小子，去把我的鞋捡起来！"张良很诧异，十分气愤。但看在他是个老人家的分上，硬生生地把这口气咽了下去，走下桥把他的鞋子捡起来。老人看到张良把鞋捡起来了，又对张良说："给我穿上！"张良又长跪（直身而跪）在老人面前，老人伸出脚，让张良为自己穿鞋。穿好鞋后，老人心满意足地大笑离去。

张良对老人的行为感到很吃惊，遂目送他离去。老人离开一里多路后，忽然转回来，对张良说："你小子是个可造之才。五天之后天亮的时候，你到这里来见我。"张良很奇怪，就长跪在地上说："好的！"五天后，天大亮的时候，张良去桥边，发现老人已经等在那里了。老人生气地对张良说："和老人家约会，却又迟到，是什么道理？"说完便离开，并对张良说："五天之后再来这里，要早来。"五天后，鸡刚叫，张良就去桥边，发现老人又等在那里。老人依然很生气，对张良说："你又迟到了，是怎么回事？"老人说完又离开了，临走前对张良说："五天后，再早点来。"五天后，张良半夜就去了。在桥边等了一会，老人也来了。老人看张良这次来得比自己早，很高兴，说："年轻人就应该这样！"然后拿出一编书，送给张良说："读了这本书，以后你就能成为帝王的老师。十年之后，你就能有作为。十三年后，你会在济北谷城山下看到一块黄色的石头，那就是我。"说完就离开了，没再多说话，也没有再出现过。

天亮后，张良再看老人送给自己的书，原来是《太公兵法》。张良非常惊奇，遂加以刻苦研读。十年之后，秦朝大乱，各路豪杰纷纷揭竿而起。张良用《太公兵法》游说刘邦，屡出奇谋，帮助刘邦建立了汉朝天下。后来刘邦在表彰张良的功劳时曾说："运筹策帷帐之中，决胜于千里之外，都是子房的功劳啊。请子房自己选择齐地的三万户作为封地。"张良推辞，选择留地的五千户受封为留侯，是为"汉初三杰"之一。

张良在接受圯上老人赠书的十三年后，跟随刘邦经过济北时，果然在谷城山下看到一块黄石。张良将黄石作为宝物供奉起来，后世遂称圯上老人为"黄石公"。张良死后，黄石陪同下葬。后代在四时祭祀张良的时候，都要祭祀黄石。

张良死时，黄石老人传给张良的奇书也随同下葬。那本书，《史记》上说是《太公兵法》，后世传为《三略》。直到西晋末年，天下大乱，有一个盗墓贼盗挖了张良的墓，在玉枕下面发现了《素书》，黄石老人传给张良的奇书这才大白于天下。当时书上附有秘戒："不许传于不道、不神、不圣、不贤之人；若非其人，必受其殃；得人不传，亦受其殃。"足见张良对这本书流传之慎重，深恐其落入心术不正之人之手。虽然张良对《素书》随意流传的后果说得很严重，但《素书》还是普遍流传于人间。

《素书》流传至今，未曾见过有人因研读《素书》而建立惊天动地的伟业。因此，张商英在为《素书》作序时曾说过："然其传者，特黄石公之言耳，而公之意，其可以言尽哉。"可见，关键不在于书的内容，而在于个人的领悟和运用。

《素书》的内容涉及治国安邦、修身养性、为人处世之道，几乎每一句都能作为格言，而且一针见血，切中要害。后世评论《素书》时曾说："味其言率，明而不晦；切而不迁，淡而不僻；多中事机之会，有益人世。"全书论点鲜明，并无论证，全在读者自己的体悟。张商英的注释和王氏的评注虽然能作为提点，但未能尽意。因此，编者遂用自己浅陋的见识希望对此有所增益。

本书非常强调道、德、仁、义、礼的根本性和指导性的作用，讲究一切权谋变通都出于大道，用心纯正而又不流于迂腐，切中事机而不沦于奸邪。

编者认为天下的大道都是相通的，关键在于变通。书无论如何经典，也不会读完就能马上提升人的智慧。关键在于个人的领悟，在实践中灵活运用。诸如儒家、墨家、法家、道家、兵家、农家、阴阳家等百家之言，虽然其侧重的方向各有不同，但其根本的道理却是相通的。杰出而又有修养的人，往往博通百家而能善加变通。

《素书》自问世以来，版本甚多。有明朝绵眇阁刊《先秦诸子合编》本、《汉魏丛书》本、《百名家书》本、王士祺本、溪香馆刻杨慎评本等。本书以《百子全书》为底本，参照《四库全书》影印本并配合宋代张商英的注释及清代王氏的点评编撰而成。编撰过程中，编者认为张氏的注释太简，王氏评论颇有迂腐论调，遂结合自身的理解，逐句加以注释、翻译、解读，并配以古代案例。案例绝大部分摘自史籍，详加翻译，颇有借鉴意义。解读就事论事，很多地方针对社会现实，希望能引起读者共鸣。

  全书文字流畅，言语简易明白，案例针对原著论点，切中要害，解读自成一格，希望读者阅读之后能有所得。

编者
2010年3月2日

序

宋·张商英

《黄石公素书》六篇，按《前汉列传》黄石公圯桥所授子房《素书》，世人多以《三略》为是，盖传之者误也。

晋乱，有盗发子房冢，于玉枕中获此书，凡一千三百三十六言，上有秘戒："不许传于不道、不神、不圣、不贤之人；若非其人，必受其殃；得人不传，亦受其殃。"呜呼！其慎重如此。

黄石公得子房而传之，子房不得其传而葬之。后五百余年而盗获之，自是《素书》始传于人间。然其传者，特黄石公之言耳，而公之意，其可以言尽哉。

余窃尝评之："天人之道，未尝不相为用，古之圣贤皆尽心焉。尧钦若昊天，舜齐七政，禹叙九畴，傅说陈天道，文王重八卦，周公设天地四时之官，又立三公以燮理阴阳。孔子欲无言，老聃建之以常无有。"《阴符经》曰："宇宙在乎手，万化生乎身。道至于此，则鬼神变化，皆不逃吾之术，而况于刑名度数之间者欤！"

黄石公，秦之隐君子也。其书简，其意深，虽尧、舜、禹、文、傅说、周公、孔、老，亦无以出此矣。然则，黄石公知秦之将亡，汉之将兴，故以此《书》授子房。而子房者，岂能尽知其《书》哉？凡子房之所以为子房者，仅能用其一二耳。

《书》曰："阴计外泄者败。"子房用之，尝劝高帝王韩信矣。《书》曰："小怨不赦，大怨必生。"子房用之，尝劝高帝侯公子雍齿矣。《书》曰："决策于不仁者险。"子房用之，尝劝高帝罢封六国矣。《书》曰："设变致权，所以解结。"子房用之，尝致四皓而立惠帝矣。《书》曰："吉莫吉于知足。"子房用之，尝择留自封矣。《书》曰："绝嗜禁欲，所以除累。"子房用之，尝弃人间事，从赤松子游矣。

嗟乎！遗粕弃滓，犹足以亡秦、项而帝沛公，况纯而用之，深而造之者乎！

自汉以来，章句文词之学炽，而知道之士极少。如诸葛亮、王猛、房乔、裴度等辈，虽号为一时贤相，至于先王大道，曾未足以知仿佛。此《书》所以不传于不道、不神、不圣、不贤之人也。

离有离无之谓"道"，非有非无之谓"神"，有而无之之谓"圣"，无而有之之谓"贤"。非此四者，虽口诵此《书》，亦不能身行之矣。

张商英天觉序

目录

序

原始章第一

成事的五种基本品质 ············ 〇〇一
道可道 ······························ 〇〇二
以德服人是完美 ·················· 〇〇六
仁者无敌 ··························· 〇〇八
无大义，难成功 ·················· 〇一一
为人处世要得体 ·················· 〇一四
有所立必有所恃 ·················· 〇一六
看清形势很重要 ·················· 〇一七
成功的人善于把握机遇 ········· 〇二一
道高修名 ··························· 〇二二

正道章第二

真正令人感动的是德行 ········· 〇二三
诚信是成事之本 ·················· 〇二四
成功的人善于总结 ··············· 〇二六
成功对人的要求很高 ············ 〇二九
人要做好自己的本职工作 ······ 〇三一
讲道义才能走得远 ··············· 〇三二
做领导要勇于吃亏 ··············· 〇三五

求人之志章第三

纵欲是成功的大敌 ··············· 〇三九
不能忽视小错误 ·················· 〇四〇
酒色是健康和成功的定时
炸弹 ································ 〇四三
学会远离领导的猜疑 ············ 〇四五
成功无止境，学习不能停 ····· 〇四八
缄口沉默少是非 ·················· 〇四九
为人还是低调好 ·················· 〇五一
想成功，眼光要长远 ············ 〇五四
君子必慎交游 ····················· 〇五七
做人要厚道 ························ 〇六〇
一个好汉三个帮 ·················· 〇六三
让小人走远点 ····················· 〇六五
老祖宗不能丢 ····················· 〇六九
三思而后行 ························ 〇七一
为人要讲原则，做事要有手段 ··· 〇七三
该闭嘴时就闭嘴 ·················· 〇七五
坚忍不拔是成功必需的品质 ··· 〇七八

本德宗道章第四

多动脑子好做事 …………… 〇八二
能伸能屈真丈夫 …………… 〇八四
做人做事德为先 …………… 〇八六
做好事是快乐之本 ………… 〇八八
态度决定一切 ……………… 〇八九
借我一双慧眼吧 …………… 〇九一
人苦不知足 ………………… 〇九四
为人要专一 ………………… 〇九六
成功需要沉下心 …………… 〇九八
得自己该得的 ……………… 〇九九
贪婪是死亡的铺路石 ……… 一〇二
做人不能太骄傲 …………… 一〇四
用自己信得过的人 ………… 一〇七
自私的人走不远 …………… 一〇九

遵义章第五

人至察则无徒 ……………… 一一二
过而能改,善莫大焉 ……… 一一四
请闭上鸟嘴 ………………… 一一七
法令要统一,说话要算数 … 一一八
发脾气让人很受伤 ………… 一二〇
众人面前,记得给人留面子 … 一二二
爱护下属的领导是好领导 … 一二四
尊重别人就是尊重自己 …… 一二九
私心是败事的根源 ………… 一三〇
裙带关系害处多 …………… 一三三
选拔人才要公正 …………… 一三六
什么样的领导才是好领导 … 一三八

为人要实在 ………………… 一四〇
领导要严格要求自己 ……… 一四二
功过要分明 ………………… 一四五
团结重于泰山 ……………… 一四八
该放手时就放手 …………… 一五三
领导不要太小气 …………… 一五五
承诺要慎重 ………………… 一五六
请神容易送神难 …………… 一五八
心存侥幸坏处大 …………… 一五九
人不能忘本 ………………… 一六一
不要揪着别人的小辫子不放 … 一六三
用好人,好用人 …………… 一六五
不要以私心用人 …………… 一七〇
保持自己的优势 …………… 一七三
不要和用心险恶的人商量大事 … 一七六
保密很重要 ………………… 一七九
可持续发展是真正的发展 … 一八二
尚武精神不可丢 …………… 一八五
贪污需严惩 ………………… 一八八
领导要宽仁 ………………… 一九〇
亲信人才 …………………… 一九一
德比刑更有效 ……………… 一九四
赏罚必信 …………………… 一九八
赏罚要分明 ………………… 二〇〇
领导要有一双好耳朵 ……… 二〇二
做人不能太贪婪 …………… 二〇四

安礼章第六

领导者的胸襟要开阔 ……… 二〇八

有备方能无患……………	二一〇
善有善报，恶有恶报………	二一一
不可轻视基础………………	二一三
事在人为…………………	二一六
谋事在人，成事在时……	二二〇
领导要稳重…………………	二二三
谦虚亲和得人心…………	二二七
用人要信人…………………	二三一
自信的人容易成功………	二三三
有什么样的领导，就有什么样的下属…………………	二三五
小人难与共处……………	二三七
跟着好领导才有前途……	二四〇
事业兴盛在于人才………	二四四
人才流失，事业衰亡……	二四七
成大事者需大胸怀………	二四九
满招损………………………	二五二
选拔人才需要过人的眼光…	二五六
虚有其表者终将原形毕露…	二六〇
做事要抓关键……………	二六三
迈步之前要看路…………	二六五
好领导还要好帮手………	二六七
人不能伤元气……………	二六九
强根固本，事业不衰……	二七二
损害根本就是自掘坟墓……	二七三
前车之覆，后车之鉴……	二七五
将灾祸消灭在萌芽状态…	二七八
居安要思危………………	二八〇
福气来自有道……………	二八二
思虑要周密，做事要周全…	二八五
好人亲近好人……………	二八七
坏人勾结坏人……………	二九〇
上有所好，下必甚焉……	二九二
美人容易相互嫉妒………	二九五
聪明人容易相互算计……	二九六
权势相当的人容易相互倾轧…	二九九
争夺同一利益的人容易拼得你死我活…………………	三〇一
具有共同气质的人惺惺相惜…	三〇三
多认识些能让自己进步的人…	三〇五
大难当头，站在一起的人都是朋友…………………	三〇九
志同道合者为朋友的前途着想……………………	三一二
同行是冤家………………	三一五
高手喜欢相互切磋………	三一八
尊重规律…………………	三二〇
领导要以身作则…………	三二二
聪明人善于利用规律……	三二四
通大道才能成大事………	三二六
《素书》原文……………	三二七
附录一　黄石公素书考…	三三一
附录二　钦定四库全书·素书提要……………………	三三二
附录三　史记·留侯世家…	三三三
附录四　黄石公传………	三三九

原始章第一

注曰：道不可以无始。

王氏曰：原者，根。原始者，初始。章者，篇章。此章之内，先说道、德、仁、义、礼，此五者是为人之根本，立身成名的道理。

成事的五种基本品质

【夫道、德、仁、义、礼，五者一体也。】

注曰：离而用之则有五，合而浑之则为一；一之所以贯五，五所以衍一。

王氏曰：此五件是教人正心、修身、齐家、治国、平天下的道理；若肯一件件依著行，乃立身、成名之根本。

白话：天道、德行、仁爱、正义、礼制这五种范畴是一体的。

解读：这句话的意思已经很明白，说的是一个道德人格健全的人，是可以同时具备这五种范畴的道德品质的。因为道是宇宙的终极，有道者的一举一动必然符合天道自然的规律，如此，自然不逆天，不违人，心中充溢仁爱，行为符合公理，举止符合规范。做到了这些，就是一个有德之人。所谓"皇天无亲，唯德是辅"，"天道无亲，唯德是与"，有德之人，老天爷都会帮他，他能不成功吗？就算他想不成功，老天爷都不会答应的。因此，这五种范畴看似区别很大，实际上却是一体的，缺少一个都不可能真正做到其他的四个方面。这五种范畴虽然抽象，却是立身立事的根本。虽然看不见，摸不着，但时时刻刻能让人感受到它们，引导人们的行为。它们是人心深处的东西，是人性，更是天性。

道可道

【道者，人之所蹈[1]，使万物不知其所由[2]。】

【1】蹈：原意为踩、踏，此处为践行、遵循的意思。

【2】由：自、从。

注曰：道之衣被万物，广矣，大矣。一动息，一语默，一出处，一饮食（之间）。大而八纮[1]之表，小而芒（纤）芥之内，何适而非道也？仁不足以名，故仁者见之谓之仁；智不足以尽，故智者见之谓之智；百姓不足以见，故日用而不知也。（故知道鲜矣！）

【1】八纮（hóng）：八方极远之地，四方四隅统称为八纮。纮，犹维，指天地的周界。

王氏曰：天有昼夜，岁分四时。春和、夏热、秋凉、冬寒；日月往来，生长万物，是天理自然之道。容纳百川，不择净秽。春生、夏长、秋盛、冬衰，万物荣枯各得所宜，是地利自然之道。人生天、地，君、臣之义，父子之亲，夫妇之别，朋友之信，若能上顺天时，下察地利，成就万物，是人事自然之道也。

白话：所谓道，就是人们平时所遵守的各种自然法则。虽然如此，人们却并不知道道来自何方，将归何处。

解读：打个比方，道就像水，人就是水中的鱼。鱼生活在水中，一时一刻也不能离开，吐泡泡，翻浪花，都在水中。虽然如此，鱼永远也不可能看清水到底是什么样子的，因为身在其中，不可能观其全貌，当然不知道水是什么样子的了。同样，人只能感受道，体悟道，却不可能知道道。道在冥冥之中主宰着你，但它又是随和的，让你亲近，同时又不能不对它保持一颗敬畏之心。

一个统治者若能顺应天道，顺应民心，必然能使政治清明，百姓安乐，让国家长治久安，让自己流芳百世。若违道逆天，暴虐臣民，祸乱朝纲，弄得哀鸿遍野，民不聊生，必然会让自己陷入身死国灭的境地，留下千古骂名。

 案 例

秦、隋短命

秦朝与隋朝曾盛极一时,但都非常短命。秦始皇横扫六合,统一中国,建立了千秋功勋,在政治上也颇多建树,是一位杰出的政治家。但他又是历史上有名的暴君。他以严刑峻法来统治国家,一人犯法,全家全族,甚至乡里四邻都要被连坐。官吏如狼似虎,老百姓动辄得咎,犯人多到了"赭衣(赭衣为罪犯所穿红褐色的衣服)塞路,囹圄(监狱)成市"的程度。不但如此,秦朝的刑罚还花样繁多,而且十分严酷,死刑就有车裂(五马分尸)、腰斩、烹醢(烹就是把犯人扔进大鼎里煮死,醢则是把犯人剁成肉酱)、磔(千刀万剐),犯人死的时候非常痛苦。死刑之外,还有肉刑,如墨(在犯人的脸上刺字并涂墨)、劓(割掉犯人的鼻子)、刖(砍掉犯人的脚)、宫(男子割去生殖器,女子幽闭)等,百姓无法忍受,痛苦不堪。

秦始皇好大喜功,穷兵黩武,大兴土木,百姓的徭役负担十分沉重。他派尉屠睢攻打越人,又让蒙恬率兵攻打匈奴,每次征伐,人数都是几十万。他穷奢极欲,修建十分豪华的阿房宫、骊山陵墓,倾天下的财力来满足一人之欲,不管百姓的死活。丁男不足,又征发妇女进行运输,百姓被沉重的徭役负担压得喘不过气来。

由于征伐、修建大量的宫殿耗费巨大,秦始皇又加重盘剥百姓,当时的赋税负担异常沉重,百姓一年的收入大部分都上交给官府。长期的徭役征发,使得全国的精壮劳动力都在当兵或者充当民工,土地无人耕种,百姓都无法生存了,官府却严厉地催缴赋税。百姓卖儿鬻女仍无法支撑,走投无路而吊死在路边的比比皆是。

秦始皇死后,秦二世在赵高的怂恿下,继续加重对百姓的压迫。百姓无法忍受,陈胜、吴广振臂一呼,天下云集响应。公元前206年,曾盛极一时的秦王朝土崩瓦解,嬴氏王族也被消灭殆尽。

隋朝一度十分强盛,北击突厥,南下灭陈,四夷朝贺。隋炀帝杨广即位

后，诛杀贤臣，高颎、贺若弼、薛道衡等功臣名将都被他无故杀死。他营建东都洛阳，工程规模浩大，用时却只有一个月，征发的百万劳工，死亡十之六七。他又开凿大运河，急于求成，劳工死伤无数。他穷兵黩武，三征高句丽，派出的百万大军，只有几千人活着回来。大量劳动力被征发去运输粮饷，修造战船。百姓因为修建战船而被迫日夜浸泡在水中，下半身被泡烂生蛆。隋炀帝的罪恶恰如农民起义军在讨伐他的檄文中所写的那样："罄南山之竹，书罪无穷。决东海之波，流恶难尽。"人民无法忍受，纷纷揭竿起义，强大的隋朝在公元618年宣告灭亡。隋炀帝自知作恶多端、众叛亲离，对左右很不信任，常把毒药带在身上，一旦情况突变自己还能落个全尸。结果，还是被部下缢杀在江都，萧后后来也被人当作礼物送给了突厥可汗。

无道亡国，秦二世、隋炀帝是最典型的例子，足为后世鉴戒。

贞观之治

唐太宗李世民是中国历史上少有的明君，在位期间开创了"贞观之治"的强盛局面，其功绩也只有汉武帝能与之相提并论，他统治的时代也是中国人一直为之自豪的时代。

唐太宗通过"玄武门之变"夺得帝位后，深刻借鉴隋朝的亡国教训，顺应天道，勤政爱民。他认为百姓是国之大本，"君，舟也。人，水也。水能载舟，亦能覆舟"。因此轻徭薄赋，与民休息。他十分爱惜民力，很少兴修宫殿，尽量避免烦扰百姓。唐太宗患有气疾，但他长期居住在潮湿低矮的宫殿里，不允许大臣为他修建豪华的宫殿。突厥侵入边地，大臣奏请唐太宗征发百姓，修建堡垒以抵御突厥的骑兵。唐太宗却自信地说："突厥连年发生灾祸，颉利（突厥可汗）不想着安抚人民，却来侵扰边地百姓，他的死期不远了。我应该为百姓扫清突厥的贼寇，哪里用得着烦劳百姓去修建堡垒呢？"

一年，都城长安发生蝗灾。唐太宗在自己的花园中看见了蝗虫，立即捉住几只，向上天祈祷："粮食是百姓的命根子，你们（蝗虫）却把它们吃掉。我宁愿你们吃掉我的五脏六腑。"说完就把蝗虫放进嘴里，要吞下去，左右大臣认为不可，说蝗虫是一种邪恶的东西，吞下去可能会引起疾病。唐太宗则说："我替百姓受灾，还怕什么疾病呢？"说完就把蝗虫吞了下去。史书上记载，唐太宗吞下蝗虫后，当年的蝗灾就消失了。虽然记载的内容比较离奇，但唐太宗的一番爱民之心表露无遗。

他还经常和大臣们探讨隋朝灭亡的教训，引以为戒。一次，他对黄门侍郎王珪说："开皇十四年（公元594年）发生大旱，隋文帝不许用官仓的粮食赈济百姓，却让百姓迁移到关东（函谷关以东的中原地区）寻求活路。隋朝末年天下大乱，但当时官仓的粮食仍然可以维持十五年。隋炀帝依仗国家富饶而穷奢极欲，尽情挥霍，导致身死国灭。所以啊，官仓里的粮食就是为了在灾荒时期赈济百姓的，不然再多也没什么用。"

贞观初年，盗贼很多，其中大部分是穷苦的百姓。唐太宗和大臣商议消除盗贼的方法，有的大臣建议采用严刑峻法，唐太宗嘲笑他说："老百姓之所以沦为盗贼，主要是因为赋税徭役太过繁重，官吏贪污催逼，他们生活不下去了，才会铤而走险。我应该戒除奢欲，节省费用，减少徭役赋税，减轻老百姓的负担，提拔任用清廉的官吏。这样老百姓就能安居乐业，自然不会去做盗贼了，哪里还用得着去施行严刑峻法呢？"唐太宗说到做到，几年之后国家便安定下来，百姓生活富足，社会秩序稳定，人们路不拾遗，夜不闭户，出门做生意的商人甚至敢携带巨款露宿在野外。

唐太宗还对侍臣说："君主依赖国家而存在，国家依赖百姓而存在。剥削压榨百姓来满足君主的奢欲，就像是割掉自己身上的肉来缓解饥饿，肚子饱了，命也就没了。国君一个人暴富，但国家灭亡了，钱再多也没有用。因此，国君的危险不是来自外部，而是来自内心的欲望。君主的欲望太多，耗费也就多，耗费一多，就会想着去搜刮百姓。百姓困苦，国家就危险了，君主离灭亡也就不远了。我常常考虑这个问题，因此不敢放纵自己的欲望。"

唐太宗选贤任能，知人善任。贞观时期的名臣有房玄龄、杜如晦、魏徵、岑文本、马周、王珪、张玄素等，名将有李靖、李勣、侯君集、尉迟敬德、薛万彻、李大亮、契苾何力、阿史那社尔、薛仁贵、苏定方等。在这些文臣武将的共同辅佐下，唐太宗虚怀纳谏，励精图治，厉行节约，完善各项政治制度，使得贞观年间国内政治清明，社会安定，人民殷富，到处呈现出一派欣欣向荣的景象。在对外关系上，攻灭东突厥，俘虏颉利可汗，妥善安置其民众；平定吐谷浑，保持了西域丝绸之路的畅通；中国的领土一度扩展至咸海，安西四镇尽入大唐版图，中亚多国俯首称臣，年年朝贡。新罗、日本更是对中国文化仰慕得五体投地，日本的"大化改新"就具有浓重的唐朝色彩。中国的军事、政治影响力在贞观年间都达到了前所未有的高度。唐太宗以博大的胸怀与恢宏的气度处理与各民族、各国的关系，中国的声望达到历史的顶点，人民尊称唐太宗为"天可汗"。外国人称中国人为"唐人"，唐太宗功莫大焉。

总之，唐太宗顺应天道，抚绥万方，中国进入历史上最强盛、最荣耀的时期。唐太宗因此而流芳百世，贞观时期也为后世所称颂。

以德服人是完美

【德者，人之所得，使万物各得其所欲。】

注曰：有求之谓欲。欲而不得，非德之至也。求于规矩者，得方圆而已矣；求于权衡者，得轻重而已矣。求于德者，无所欲而不得。君臣父子得之，以为君臣父子；昆虫草木得之，以为昆虫草木。大得以成大，小得以成小。迩之一身，远之万物，无所欲而不得也。

王氏曰：阴阳、寒暑运在四时，风雨顺序，润滋万物，是天之德也。天地草木各得所产，飞禽、走兽，各安其居；山川万物，各遂其性，是地之德也。讲明圣人经书，通晓古今事理，安居养性，正心修身，忠于君主，孝于父母，诚信于朋友，是人之德也。

白话：所谓德，就是人有所得，让万事万物顺应天道的安排而各得其所。

解读：以德服人，是做人的最高境界。一个人修德，便会赢得周围人的尊敬；一个国家修德，这个国家就能繁荣昌盛，四夷宾服。在单位里，领导若能修德，必然能赢得下属的尊敬，进而上下一心，共成大业。小人可能凭借自己的奸诈逞凶于一时，但必犯众怒，因而不能长久。君子修身明德，泽被众人，不但自身受人景仰，而且还能惠及子孙，千古流芳。儒家追求"三不朽"，"立德"是排在第一位的。孔子之所以能够成为万世师表，其后代之所以受到历代封建君主的尊崇，就因为孔子的道德高山仰止，孔子遂被后世尊为"大成至圣先师"。

江山在德不在险

春秋末年，韩、赵、魏三家瓜分了晋国，后来魏国在魏文侯的励精图治下迅速崛起，成为当时第一强国。魏文侯死后，魏武侯继承了魏文侯的霸业，继续称雄于诸侯。他任用吴起为将，夺取了秦国的西河之地。一天，魏武侯到西河视察，沿着西河顺流而下，船行至中流，魏武侯忽然感慨地对吴起说："西河的地形如此险要，真是太好了！这可是魏国最宝贵的东西啊！"不料吴起正色说道："一个国家最贵重的东西不是地形险要，而是一个国君的仁德啊。"接着，吴起便举出例子：三苗氏所处的位置险要，西面是洞庭湖，东边是鄱阳湖，不行德政，结果被大禹消灭。夏朝国都所处的位置险要，东边是黄河、济水（济水发源于河南省济源市区西北，在古时独流入海，与长江、黄河、淮河并称华夏"四渎"），西面就是华山，南面为伊阙（今河南洛阳龙门），北面为羊肠山（今山西太原西北），但夏桀残酷暴虐，不修仁德，结果被商汤流放囚禁。商朝的都城险要，西面是孟门（在今山西柳林西北）险塞，东面是太行山，北面是常山（即恒山），南面是黄河，然而商纣不修德政，最后自焚于鹿台。由此看来，一个国君若不修德政，即使都城再险要，也难逃灭亡的命运。

吴起的话虽然有些危言耸听，但作为国君必须意识到实行德政的重要性。不修德行，就会人心不服，就会众叛亲离，人民不为所用，亡国灭身是很自然的事。

北风与太阳

北风呼啸怒吼，飞沙走石，天昏地暗。看着人们瑟瑟发抖的可怜相，北风为自己力量之强大而扬扬得意。有人说："北风，你的力量虽然强大，但还是比不过太阳。"北风一听这话，便火冒三丈，它狂躁地向太阳挑战。

太阳和蔼地看着这个年轻气盛的家伙，决定好好开导开导它，就指着路上的一个行人说："好吧，我们谁能将那个人的衣服脱掉，就算谁赢，怎么样？"

北风一想自己的威力，便不假思索地答应下来。北风说："我先来！"

刚说完，北风便张开大口，拼命地吹那个人的围巾，把冷风往那个人脖子里灌，想一鼓作气扒掉他的衣服。结果那个人感觉太冷了，就用围巾和衣服把自己裹得更加严实了。北风越是用劲，那个人越把自己裹得紧。北风劳而无功，垂头丧气地去见太阳。

太阳仍然和蔼地看着北风，默默地把温暖的阳光洒向大地，天气渐渐地暖和起来，人们走得汗流浃背，都纷纷脱掉了自己的外套。

北风看到后，羞愧难当，悄悄地走了，大地在太阳的照耀下，又恢复了勃勃生机。

仁者无敌

【仁者，人之所亲，有慈惠[1]恻隐[2]之心，以遂其生成。】

【1】慈惠：仁爱的意思。

【2】恻隐：对受苦难的人表示同情，心中不忍。

注曰：仁之为体如天，天无不覆；如海，海无不容；如雨露，雨露无不润。慈惠恻隐，所以用仁者也。非（有心以）亲于天下，而天下自亲之。无一夫不获其所，无一物不获其生。《书》曰："鸟、兽、鱼、鳖咸若[1]。"《诗》曰："敦彼行苇，牛羊勿践履。"其仁之至也。

【1】咸若：语出《尚书·皋陶谟》："皋陶曰：'都！在知人，在安

民。'禹曰：'吁！咸若时，惟帝其难之。'"后遂以"咸若"称颂帝王之教化。此处谓万物皆能顺其性，应其时，得其宜。

王氏曰： 己所不欲，勿施于人。若行恩惠，人自相亲。责人之心责己，恕己之心恕人。能行义让，必无所争也。仁者，人之所亲，恤孤念寡，周急济困，是慈惠之心；人之苦楚，思与同忧；我之快乐，与人同乐，是恻隐之心。若知慈惠、恻隐之道，必不肯妨误人之生理，各遂艺业、营生、成家、富国之道。

白话： 所谓仁，就是人对别人的亲爱之心，胸中充满慈惠恻隐之心，帮助别人实现愿望、获得成功。

解读： 仁，就是要爱别人。孔子所谓"仁者爱人"就是这个意思。对别人的困难感同身受，对别人的快乐真心祝福，尽自己所能帮助别人，与人方便。有时一个小小的善举，就是对一个身处穷厄、进退维谷的人的莫大帮助。点亮一颗爱心，就能照亮一片黑暗；传递一颗爱心，就能温暖一路旅程。

孟子所谓"仁者无敌于天下"，一个人能够达到仁的境界，天下没有任何困难能够难得住他。做人做事，抱着一颗仁爱之心，体贴别人的难处，关心别人的痛苦，不但能获得较好的人际关系，而且为以后进一步地发展积累下深厚的资源与福泽。"爱人者，人恒爱之。敬人者，人恒敬之。"周总理之所以获得全国各族人民的爱戴与尊敬，不仅仅因为他的智慧和才干，更因为他是一个仁人。

案例

仁君汉文帝

汉文帝、汉景帝开创的"文景之治"，是我国封建历史上第一个治世，汉文帝因此作为一代明君而名垂千古。实际上，汉文帝作为仁君更受后世尊敬。

汉文帝刘恒在做藩王时，就是一个宽厚仁慈的人，对母亲薄姬非常孝顺。周勃、陈平在铲除吕后家族的势力后，都极其赞同拥立刘恒为帝。

汉文帝即位后，首先就废除了秦朝遗留下的连坐法。他还将农民的赋税由十五税一减轻为三十税一。他体恤孤老，下诏让地方长官每月从府库里拨出钱粮布帛按时对他们加以抚恤。

秦朝时有一个惯例：国内如果发生了重大灾害，皇帝就会在大臣中寻找替罪羊加以惩治。汉文帝认为即使灾祸由民怨引起，那也是皇帝的德行不够所导致，果断地取消了这一惯例。

汉文帝刚即位时，国内局势还很不稳定。割据岭南一带的南越王赵佗与汉朝分庭抗礼。面对赵佗的公然挑衅，汉文帝非常理智，他不愿再起干戈使得生灵涂炭。文帝不但没有迫害赵佗留在中原的亲族，反而派人修缮赵佗的祖坟，安抚其兄弟亲属，赐予他们高官厚禄。然后又客客气气地修书一封，讲明大义，派遣使者陆贾前往南越抚慰赵佗。赵佗为汉文帝的大度仁慈所慑服，马上取消帝号，甘愿俯首称臣。

齐太仓令淳于意犯了罪，依法应该被处以肉刑。淳于意的小女儿缇萦上书救父。她认为肉刑太过残酷，一旦遭受了肉刑，犯人再想改过自新也不行了。汉文帝知道后，立即废除了肉刑，改用笞刑代替。

汉文帝对任何人都很仁慈，哪怕自己的兄弟谋反，他也很少大加诛戮。淮南王刘长横行不法，甚至犯上，汉文帝念及兄弟之情，多次宽宥。济北王刘兴居趁文帝赴太原征讨匈奴之时造反，后兵败自杀，汉文帝赦免了与其有牵连的人。

部将贪污受贿，汉文帝发现后并未加以严厉惩治，反而赐予钱财以愧其心。

汉文帝非常体恤百姓，克己安民。他在位二十三年，衣食住行都很简朴，很少添置新衣服。只要是对百姓有利的措施，他都积极地推行。

有人向汉文帝进献千里马，汉文帝就说："我平时出门，前后的仪仗队都走得很慢，我骑着千里马，要独自一人飞奔而去吗？"他立刻送还马匹，付给费用，并禁止再有人向他进献珍奇异物。

有一次，汉文帝想建造一座露台。找来工匠计算了一下，估计要花费上百两黄金。汉文帝说："一百两黄金就是十户小康人家的全部家产啊。我当皇帝没有什么功德，常常为此而感到羞愧，哪里还敢再建造露台呢？"说完，立即下令禁止建造。

汉文帝所宠爱的慎夫人，衣着非常简朴，裙子都不拖到地面。汉文帝自己的蚊帐也很朴素，连个装饰的花纹都没有。文帝的陵墓霸陵也十分简朴，顺着山势的走向修建，以减少工程量。陪葬都用瓦器，不用金、银等贵金属。

赤眉军攻入长安，几乎挖掘了汉朝所有皇帝的陵墓，唯独汉文帝的霸陵安然无恙。除了文帝的陵墓没有珍宝、缺乏挖掘价值外，恐怕百姓感激其恩惠也是一个重要的方面。史书评价文帝："专务以德化民。是以海内安宁，家给人足，后世鲜能及之。"这个评价还是很中肯的。

仁心与待遇

战国时期，乐羊担任魏国将军，率兵攻打中山国。中山国把乐羊的儿子吊在城楼上，向乐羊发出警告："如继续攻打，就要杀掉你的儿子。"乐羊看到后，不为所动，进攻得更加猛烈。中山国就烹杀了乐羊的儿子，并把肉汤送给乐羊。乐羊竟然当着使者的面，若无其事地喝下一碗。中山国见乐羊如此刚猛残忍，都不敢与他作战，所以败退了。中山国攻下以后，魏文侯虽然奖赏了乐羊的功劳，但认为他的做法太不近人情，怀疑他的野心，再不敢加以重用。

孟孙射到一只小鹿，交给秦巴西带回去。母鹿看到小鹿被捉，一直跟着秦巴西哀鸣不止。秦巴西听后非常难过，不忍鹿母失子，就把小鹿放掉了。孟孙大怒，就把秦巴西给放逐了。过了一年，孟孙却把秦巴西召回，让其担任太子太傅。手下人不解，就问孟孙："秦巴西是有罪之人，现在您却让他担任太子太傅，是什么原因呢？"孟孙说："对待一只小鹿都不忍心让它母子分离，他能忍心不管我的孩子吗？"

俗话说："巧诈不如拙诚。"乐羊有大功却被怀疑其用心，秦巴西有罪反而更受重用，这是有仁心与没有仁心的差别啊！

无大义，难成功

【义者，人之所宜[1]，赏善罚恶，以立功立事。】

【1】宜：合适，适宜。

注曰： 理之所在，谓之义；顺理决断，所以行义。赏善罚恶，义之理也；立功立事，义之断也。

王氏曰： 量宽容众，志广安人；弃金玉如粪土，爱贤善如思亲；常行谦下恭敬之心，是义者人之所宜道理。有功好人重赏，多人见之，也学行好；有罪歹人刑罚惩治，多人看见，不敢为非，便可以成功立事。

白话： 所谓义，就是人们做事要合乎道理、合乎时宜，奖励善的行为，惩罚恶的行为，从而建立功绩，成就事业。

解读： 做事要合乎公道、合乎人心，才会让别人感到心服口服。如此，才能得到人们的拥护，进而建立起自己的威信，从而成就一番事业。

孔子曰："不患寡而患不均，不患贫而患不安"，讲的就是这个道理。

案例

唐太宗处事重大义

若要成就一番事业，处事一定要大义为先，不能偏私。唐太宗在这方面是个杰出的榜样。

唐太宗打下天下后，对众功臣论功行赏。很多武将争功，闹得不可开交，唐太宗的叔父李神通尤其不满。他对太宗说："高祖当初在太原附近起兵，我最先举起反隋的大旗响应。房玄龄、杜如晦这些人只是抄抄写写，从未参加战阵，功劳却在我的前面，我不服。"太宗就说："我们起兵反隋的时候，叔父您虽然率先带兵起义响应，但也是为了保全自己的身家性命。窦建德攻占函谷关以东时，叔父您被打得全军覆没；刘黑闼再次举兵反叛时，叔父又被打得大败。房玄龄、杜如晦等人虽然从来不参加战阵，但他们的奇谋妙计都关系到国家的兴衰。论功行赏，他们的功劳当然要在叔父的前面了。叔父您虽然是我最亲的人，但我也不能徇私，让您和功臣并驾齐驱。"那些争功的大将看到太宗毫无偏私，就相互劝慰说："皇上真是太公正了，对淮安王刘神通尚且不存一点偏私，我们哪里敢不安分呢？"大家都心服口服。

房玄龄曾对唐太宗说："秦王府的老部下没有得到升迁的，都抱怨说：'我们侍奉皇上好多年了，没有功劳也有苦劳。现在皇上任命官职，我们的职位反不如以前太子、齐王的人！'"太宗就说："作为一个帝王，只有大公无私才能让天下人信服。我和你们身上的衣服和口中的粮食都取自百姓，所以就应该以百姓的利益为重。因此，国家的官职都应该选用贤人来担任，哪里能根据与我的关系远近来安排呢？如果那些与我关系远的人很有才干，与我关系近的人没有才能，我能舍弃有才之人而任用无才之人吗？现在选任官员若是不论有没有才能，而只考虑有没有怨言，那岂是治理国家的道理？"有的大臣建议给秦王府的老兵都授以武职，全部提升为皇帝的侍卫。太宗就对他说："我以天下为家，只能任用贤才。难道除了秦王府的老兵，天下就没有值得朕信任的人吗？你的意见，不是治理天下的良策。"

李靖率军攻灭突厥，俘虏颉利可汗后，御史大夫萧瑀在太宗面前进谗言，说李靖在攻破颉利可汗的牙帐时治兵无方，致使突厥的珍宝都被士兵掳掠殆尽，奏请太宗依法治李靖的罪。太宗很理智，让相关部门先不要轻举妄动。等到李靖还师回朝后，太宗特意召见了李靖，狠狠地批评了他，李靖也不辩解，只是叩头谢罪。过了许久，太宗对李靖说："隋朝时，史万岁大破突厥达头可汗，建立了大功，不但没有得到封赏，反而被治罪杀头。我不会这样，我会记着你的功劳，赦免你的罪过。"然后给李靖加官晋爵。不久，谗言不攻自破，太宗就对李靖说："以前有人说你的坏话，我没有明察，让你受委屈了。现在我明白了，请你不要见怪。"又对李靖加以赏赐。

岷州都督、盐泽道行军总管高甑生耽误了行军日期，李靖就按律处罚了他。高甑生为此而对李靖怀恨在心，就诬告李靖谋反。后来查出谋反之说完全是子虚乌有，高甑生被治罪流放边疆。有人向太宗求情说："甑生是秦王府的老部下，又建立了很多功劳，请宽恕他的罪过。"太宗就说："甑生违反了李靖的节制，又诬告李靖谋反，这要是能够宽恕的话，法律也就难以推行了。自晋阳起兵，国家的功臣很多，要是甑生能够获得赦免，那犯法的人就多了，法律还有什么作用？我从来不敢忘记大家的功劳，但也不敢因此而赦免甑生。"

正是靠着公正、以大义为先的精神，唐太宗才能顺利地推行他的各项政治措施，从而开创了"贞观之治"的强盛局面。

为人处世要得体

【礼者，人之所履[1]，夙兴夜寐，以成人伦之序。】

【1】履：践行，躬行。

注曰：礼，履也。朝夕之所履践而不失其序者，皆礼也。言、动、视、听，造次[1]必于是，放、僻、邪、侈[2]，从何而生乎？

【1】造次：片刻，须臾。

【2】放、僻、邪、侈：放、侈，放纵；僻、邪，不正派，不正当。这里指肆意放纵及作恶。

王氏曰：大抵事君、奉亲，必当进退；承应内外，尊卑须要谦让。恭敬侍奉之礼，昼夜勿怠，可成人伦之序。

白话：所谓礼，就是人们在做事时所要遵守、躬行的规范，只有勤奋地践行，才能够保持各种关系的和谐，维持社会的稳定。

解读：做人、做事，都要遵循人们长久推崇的行为规范，时时刻刻保持自己的这种谦谨的心态。和别人交往的时候，既要随和，又要显得有君子之风，从而使自己与周围的人和谐有序地相处，让自己的身心处于一种安宁、顺畅的氛围之中。如此，无论对自己的事业，还是对自己的生活，都是大有帮助的。

案 例

叔孙通定礼朝堂安

汉高祖刘邦当了皇帝以后，认为秦朝的礼仪太过繁苛，就大大地简化了君臣之间的礼仪，和部下的关系仍然像以前一样随便。没有规矩，不成方圆，问题很快就来了。

皇帝设宴，大臣们喝醉了就争功，都认为自己的功劳最大，吵闹不休。有的还在大殿上耍酒疯，大喊大叫。有些武将更不像话，兴致来了拔剑狂砍殿中的柱子，还像在军营里一样。汉高祖受不了，对功臣们逐渐厌恶起来，这很危险。

曾在秦朝执掌礼仪、当过博士的叔孙通就对汉高祖建议："书生虽然不能打天下建立功业，但善于守成。我愿意找来鲁地（孔子的故乡，礼仪兴盛）的儒生和我一起制定朝堂的礼仪。"汉高祖就说："复杂不？"叔孙通就说："各个时代有各个时代的礼仪，根据当时的情况而决定其繁简。我准备以古代的礼仪为基础，参考秦朝的礼仪加以制定。"汉高祖说："那就试试吧！但要简单，我能亲身实行才行。"

叔孙通就请来鲁地的儒生连同自己的学生共百十来号人制定出了一套朝仪制度，并在野外排练了一个多月。准备得差不多了，叔孙通就对汉高祖说："陛下，可以了。您可以观摩指导一下，看合不合适。"汉高祖看了，觉得并不烦琐，就说："行吧，我能做。"然后让大臣整天练习。

当年十月，雄壮华丽的长乐宫建成，诸侯和大臣们都前来朝贺。礼官就让大家排好队，按次序鱼贯进入殿门。然后在东边排好队，恭敬地朝西肃立。皇帝左右的侍卫都笔直地站立在大殿的两侧，手执兵器，撑着旗帜，表情肃穆威严。然后皇帝左右的侍卫高喊："皇上驾到！"接着汉高祖乘着龙辇徐徐驶出，威严地看着大家，一点都不像过去那样随便，看来这次是玩真的了。礼官带着诸侯王和朝中百官依次向皇帝祝贺，都毕恭毕敬、诚惶诚恐。

大臣行礼毕，皇帝设宴款待大家。这一次，大家都不能随意倒酒灌下去了。大臣们先都匍匐在大殿上，头深深地埋在双手之间。然后按照尊卑次序依次向皇帝敬酒，说些"陛下万寿无疆"之类的客套话。喝到一定程度，执法官就将那些行为举止不合礼仪的大臣赶出大殿。大臣们都恭恭敬敬地喝酒，酒喝完了，也没有敢大声喧哗失礼的。

看着大臣们恭敬规矩的模样，汉高祖高兴地对左右说："今天我才知道皇帝的尊贵啊！"于是，汉高祖就让叔孙通担任太常，掌管朝廷礼仪。以后大臣们朝见皇帝，都是按照礼仪进行，朝堂顿时井然有序。

韩嫣无礼招祸

韩嫣是弓高侯韩颓当的孙子。汉武帝刘彻当年受封为胶东王时，韩嫣曾和刘彻一起读书，关系非常好。等到刘彻被立为太子时，与韩嫣越发亲近。韩嫣很聪明，又善于骑马射箭。汉武帝即位后，一心要攻破匈奴，为此而不断加强军事。韩嫣因为通晓军事，更为汉武帝所尊崇信任，汉武帝让其担任上大夫，对其赏赐之丰厚与汉文帝的幸臣邓通不相上下。

开始的时候，韩嫣经常与汉武帝同床共枕。有一次，江都王（刘非，汉武帝的同父异母的兄弟）入京朝见汉武帝，准备与汉武帝在上林苑中狩猎。当时汉武帝没有出发，让韩嫣先乘副车入上林苑察看野兽的情况。韩嫣乘坐副车（皇帝的从车，规制与皇帝的御车相同）带领百十号人从江都王面前疾驰而过，非常拉风。江都王以为是汉武帝，就屏退侍从，匍匐在路边拜谒。韩嫣乘车直接跑了过去，根本没有搭理江都王。江都王事后知道是韩嫣，认为是奇耻大辱，就在皇太后面前哭泣，请求舍弃封国而入朝留在汉武帝身边侍卫，并要求得到与韩嫣同样的待遇。太后很生气，从此对韩嫣心怀不满。

韩嫣入宫侍卫，可以随意出入后宫，奸状被太后知道。太后大怒，立即派遣使者赐死韩嫣。汉武帝亲自求情，太后不允许，韩嫣最终没能逃过一死。

有所立必有所恃

【夫欲为人之本，不可无一焉。】

注曰：老子曰："失道而后德，失德而后仁，失仁而后义，失义而后礼。"失者，散也。道散而为德，德散而为仁，仁散而为义，义散而为礼。五者未尝不相为用，而要其不散者，道妙而已。老子言其体，故曰："礼者，忠信之薄而乱之首。"黄石公言其用，故曰："不可无一焉。"

王氏曰：道、德、仁、义、礼此五者是为人，合行好事；若要正心、修身、齐家、治国，不可无一焉。

白话：一个人要想在社会上拥有立身之本，这五种范畴的道德品质必须要同时具备，一样都不能少。

解读：道、德、仁、义、礼这五种品质，一个人要是一样都不具备，自然无法在社会上立足，因为这样的人是没法与之打交道的。一个人若想在社会上获得长久的幸福，没有一颗高尚的心灵是绝对做不到的。

看清形势很重要

【贤人君子，明于盛衰之道，通乎成败之数，审乎治乱之势，达乎去就之理。故潜居[1]抱道[2]，以待其时。】

【1】潜居：隐居。

【2】抱道：持守正道。

注曰：盛衰有道，成败有数；治乱有势，去就有理。道，犹舟也，时，犹水也；有舟楫之利而无江河以行之，亦莫见其利涉也。

王氏曰：君行仁道，信用忠良，其国昌盛，尽心而行；君若无道，不听良言，其国衰败，可以退隐闲居。若贪爱名禄，不知进退，必遭祸于身也。能审理乱之势，行藏必以其道，若达去就之理，进退必有其时。参详国家盛衰模样，君若圣明，肯听良言，虽无贤辅，其国可治；君不圣明，不纳良言，俦远[1]贤能，其国难理。见可治，则就其国，竭力而行；若难理，则退其位，隐身闲居。有见识贤人，要省理乱道理、去就动静。君不圣明，不能进谏、直言，其国衰败。事不能行其政，隐身闲居，躲避衰乱之亡；抱养道德，以待兴盛之时。

【1】俦（chóu）远：疏远。

白话：贤人君子都能掌握盛衰成败的规律，认清治世乱世的形势，通晓出仕退隐的道理。因此在世乱时退隐山林，持守正道，等待时机。

解读：具有大才大智的贤人君子都能看清当时的社会形势，从而为自己的前途做出一个明智的选择。国君有道，国家兴盛，自然注重人才，这时候入仕能发挥自己的才能，实现自己的抱负。国君无道，政治上则小人当道，贤才自然不能实现自己的理想抱负，强行入仕就有可能招来祸患，此时就该选择归隐，静观时变，等待机遇。只有这样的人，才懂得抓住时机，往往能在历史上有一番作为，也才有资格被称为贤人君子。时机不到，就要耐心地等待。能成大事的人，必然善于等待，必然善于忍耐，也必然善于抓住时机。

案例

诸葛亮潜居南阳遇贤主

抱道待时而成大业的,最典型的莫过于诸葛亮了。

诸葛亮是山东琅邪人。东汉末年,政治黑暗,十常侍弄权,天下大乱,诸葛亮跟随叔父诸葛玄避难于荆州。诸葛亮志向远大,经常自比管仲、乐毅。管仲协助齐桓公治理齐国,齐国迅速富强,九合诸侯,一匡天下,使齐桓公成为春秋五霸之首。乐毅曾协助燕昭王治理弱小的燕国,并以上将军身份率领五国联军连续攻下齐国七十余座城池。他们都是杰出的政治家、军事家,诸葛亮以此自比,足见其志向之大之高。诸葛亮不是眼高手低、空有志向的腐儒,而是有着杰出才能的豪杰。一般人都嘲笑诸葛亮狂妄,对其嗤之以鼻,只有他的好友崔州平、徐庶深信他。

经黄巾军起义的打击之后,当时的东汉王朝已经名存实亡,全国军阀割据,彼此混战,百姓流离失所,痛苦不堪。诸葛亮的抱负就是要安定天下、兴复汉室。要实现这样的抱负,非真英雄不行,而当时的军阀绝大多数都目光短浅、难成大事,而能成大业的只有寥寥数人。曹操虽然英明神武,还统一了北方,但他挟天子以令诸侯,托名汉相,实为汉贼,和诸葛亮的立场是对立的。孙权虽然也是英雄,而且也邀请过诸葛亮,但诸葛亮知道孙权"能贤亮,而不能尽亮",难以全部施展自己的抱负。此外还有一个英雄刘备,才干远远不及曹操,势力也小得可怜,而且屡战屡败,还寄住在刘表的地盘上。但刘备托名皇叔,立志兴复汉室,而且他亟需诸葛亮这样的经天纬地之才,加上刘备个人才干不高,绝对能让诸葛亮全力施展才干。

诸葛亮就这样耐心地、从容地等待着机遇的到来。果然,当刘备三顾茅庐,诚恳地邀请诸葛亮出山时,诸葛亮与之一见如故,相见恨晚。

后来诸葛亮辅佐刘备白手起家,硬生生地从刘璋手里夺得益州,并一步一步打下了蜀汉的江山。刘备也对诸葛亮言听计从,放手任用,使得诸葛亮的才干得以完全施展。虽然诸葛亮没有辅佐刘备统一中国,但他的名气却远远地超过辅佐刘邦建立汉朝的萧何与辅佐李世民建立唐朝的房玄龄、杜如晦，这在很大程度上跟他完全施展开自己的抱负，让人谋的力量得以最辉煌地发挥有关。

诸葛亮明于盛衰之道，善于抓住时机，终于建立了不世之功。他在生前位极人臣，是蜀汉的摄政王，被刘禅尊为"相父"；死后也被后人广泛地称颂与景仰，凡是中国人没有不知道诸葛亮的，没有不敬佩诸葛亮的。虽然壮志未酬，但诸葛亮做事做人都是非常成功的，足以值得后世效法。

王猛扪虱而谈

十六国时期的前秦大臣王猛，小时候家里很穷，靠卖畚箕为生。他相貌堂堂，博学多闻，尤其喜欢钻研兵法。他为人深沉、刚毅、威严，不喜欢考虑琐碎的事情，不是与自己志同道合的人，根本不去搭理。世俗之人常嘲笑他，但王猛不以为意，悠闲自得。

王猛年轻的时候曾去过邺城，但并没有受到达官贵人的重视，只有徐统对他的才干非常赏识，要聘请他为功曹（郡守、县令的主要佐吏，主管选署功劳）。王猛知道时机还不成熟，就逃跑了，隐居在华阴山中。他胸怀济世安民的志向，渴盼能够辅佐英明神武的帝王，施展自身的抱负。他静观时变，耐心地等待着。

东晋永和十年（公元354年），桓温率军北伐，征讨前秦。桓温的军队一路势如破竹，很快就打到霸上，进逼长安。当时人们仍奉东晋为中原正朔，当地百姓纷纷前来慰劳桓温，一些老人都激动得流下了眼泪，说："想不到这辈子还能再见到官军啊！"

王猛觉得机会来了，就去拜见桓温。桓温和他聊天，王猛虽然穿得破破烂烂，但神色自如，一边侃侃而谈，一边在身上捉虱子，旁若无人。桓温看到王猛气度不凡，就向他询问："我奉天子之命，率领精锐部队十万，秉持正义，讨伐逆贼，为百姓消灭凶恶的贼寇。但秦地豪杰到现在也没有来归附我的，这是怎么回事？"王猛对答："明公不远千里，深入敌境，长安就近在眼前，而您却按兵不动，黎民百姓还不清楚您的心意啊！（意思就是：人们不知道桓温是真的北伐，还是借北伐来图谋个人野心。）"王猛一语就道破了桓温的心迹，桓温无言以对。后来东晋军队粮秣用尽，抢收关中麦子来补充军粮的计划也被前秦君主苻健识破，桓温被迫撤军。撤军前，桓温觉得王猛是个人才，就想把他收入麾下，任命他为高官督护，让他和自己一起回到东晋去。王猛回到山中，征求老师的意见，老师说："你和桓温都是当世英雄，恐怕一山难容二虎。留在这里同样可以获得富贵，哪里用得着跑到东晋去呢？"王猛就打消了投奔桓温的念头，继续潜居抱道，耐心等待。

苻坚要发动政变，听说王猛具有将相之才，就让自己的亲信吕婆楼请他过来。两人一见如故。苻坚具有雄才大略（当时还是藩王，找王猛来就是为了策划政变），后来成为南北朝最有作为的君主。英雄惺惺相惜，苻坚和王猛对天下形势的见解非常一致，就像刘备遇到诸葛亮一样。

等到政变成功，苻坚即位，对王猛加以重用，并对群臣说："王景略（王猛，字景略）就是管仲、子产这样的贤人啊！"他一年之内给王猛升了五次官，使其权倾朝野。苻坚对王猛的大力尊崇，使得苻氏的宗室老臣都非常嫉妒，他们就让人说王猛的坏话。苻坚听后勃然大怒，立即将说坏话的人加以重罚。从那以后，国内再也没有人说王猛的坏话了。不久，苻坚又让王猛担任宰相，全力委用，史载："军国内外万机之务，事无巨细，莫不归之。"

在苻坚的支持下，王猛全力施展自己的才干。他选贤任能，裁汰冗官，劝课农桑，兴修儒学，最后政治达到了"无罪而不刑，无才而不任"的极其清明的局面。在王猛的努力下，前秦迅速崛起，成为当时的第一强国，先后攻灭前燕、前凉，最终统一了北方，并对偏安于江南的东晋形成了泰山压顶之势。史载："于是兵强国富，垂及升平，猛之力也。"

王猛作为南北朝时期杰出的政治家，才能在当时罕有匹敌。他生前荣宠备至，苻坚对其极其信赖，倚为左右手，不但担任过丞相、中书监、尚书令、太子太傅、司隶校尉等显职，还兼任过持节、常侍、将军、侯等军职、爵位。苻坚对王猛极其尊敬，把他比作自己的姜太公，常对自己儿子说："你对待王公，要像对我一样。"王猛五十一岁时病死，苻坚痛哭不已，说："天不欲使吾平一六合邪？何夺吾景略之速也？"等到王猛入殓时，苻坚又三次到王猛的棺前痛哭。王猛葬礼的规格非常之高，比照西汉的霍光（霍光的规格就比皇帝差那么一丁点）。王猛下葬之后，满朝文武及百姓又聚在巷子里大哭了三天。

成功的人善于把握机遇

【若时至而行，则能极人臣之位；得机而动，则能成绝代之功；如其不遇，没身[1]而已。】

【1】没身：不出仕，不做官。

注曰：养之有素，及时而动；机不容发，岂容拟议者哉？

王氏曰：君臣相遇，各有其时。若遇其时，言听事从；立功行正，必至人臣相位。如魏徵初事李密之时，不遇明主，不遂其志，不能成名立事；遇唐太宗圣德之君，言听事从，身居相位，名香万古，此乃时至而成功。事理安危，明之得失；临时而动，遇机会而行。辅佐明君，必施恩布德；理治国事，当以恤军、爱民；其功足高，同于前代贤臣。不遇明君，隐迹埋名，守分闲居；若是强行谏诤，必伤其身。

白话：（贤人君子）假若能得到时机而施展自身的抱负，就能位极人臣，建立不世之功；假若不能得到机遇，那也没办法，不出来做官，简简单单了此一生罢了。

解读：抓住机遇，施展自身的才能，自然能建立丰功伟业。假如没有这个机遇，那最多是不能兼济天下了，但还可以独善其身。所以，一个人要善于等待，同时要善于摆正自己的心态，不要怕自己被埋没。

案例

韩世忠不用则隐

为使对金议和顺利进行，秦桧收回了韩世忠、岳飞和张俊三位大将的兵权,韩世忠被任命为枢密使,岳飞和张俊被任命为枢密副使。韩世忠一直不赞成与金讲和,很为秦桧所忌,一直被其压抑。

后来魏良臣出使金国求和,韩世忠又极力向宋高宗上奏说:"从此以后人心将会为此而沦丧,国势也会因此而萎靡,还有谁能振兴我们的国家呢?假若金国的使者过来,请允许我跟他面谈。"宋高宗不许,韩世忠非常生气,就直言上疏痛斥秦桧误国。秦桧唆使言官弹劾韩世忠,宋高宗留住言官的奏折没有下发。

韩世忠痛恨秦桧专权误国、嫉贤妒能,但感到自己也无力回天,非常失望,遂上疏请求解除权柄,告老还乡。不久,韩世忠就被任命为醴泉观使、奉朝请,晋封福国公。

韩世忠从此闭门谢客,不提军国之事。他常常骑驴携酒,带领一两个小奴仆,以畅游西湖为乐,即使是过去的亲信部下也很难见其一面。韩世忠自从罢官归家,深居简出,就像普通百姓一样。晚年喜好佛老,自号"清凉居士"。

道高修名

【是以其道足高,而名重于后代。】

注曰: 道高则名垂于后而重矣。

王氏曰: 识时务、晓进退,远保全身,好名传于后世。

白话: 能够明达天道,使自己的道德修养达到很高的境界,同样可以流芳百世。

解读: 真是不能兼济天下了,独善其身也未尝不可,古人不是有"立德、立功、立言"三不朽吗?不能"立功",还可以"立德""立言"啊,只要能达到很高的境界,同样可以让自己的声名不朽。这就启发我们,天下事并非像华山一样,只有一条道。一条路走不通,不妨走其他的路试试,说不定前面就是一条康庄大道。

正道章第二

注曰：道不可以非正。

王氏曰：不偏其中，谓之正；人行之履，谓之道。此章之内，显明英俊、豪杰，明事顺理，各尽其道，所行忠、孝、义的道理。

真正令人感动的是德行

【德足以怀远[1]。】

【1】怀远：安抚边远之人。

注曰：怀者，中心悦而诚服之谓也。

王氏曰：善政安民，四海无事；以德治国，远近咸服。圣德明君，贤能良相，修德行政，礼贤爱士，屈己于人，好名散于四方。豪杰若闻如此贤义，自然归集。此是德行齐足，威声伏远道理。

白话：一个人具有高尚的品德可以使远方的人前来归附。

解读：以德服人，不但周围的人服气，甚至远方的人都对其心悦诚服。子曰："远人不服，则修文德以来之。"舜帝之时，南方的有苗不服，禹请率兵讨伐。舜说不行，我们的德行还不够高。然后修德三年，再让军队舞动干戚（干是盾牌，戚为大斧）向有苗示威，有苗马上服气。为什么江湖上的人一听到"宋公明"三个字纳头便拜，甘愿为之赴汤蹈火，都是因为宋江修仁德，讲义气，名动四方啊。

诚信是成事之本

【信足以一异[1]，义足以得众。】

【1】一异：使持不同意见的人的观点得以统一，达成共识。

注曰：有行有为，而众人宜之，则得乎众人矣。天无信，四时失序；人无信，行止不立。人若志诚守信，乃立身成名之本。君子寡言，言必忠信，一言议定再不肯改议、失约。有得有为而众人宜之，则得乎众人心。一异者，言天下之道一而已矣，不使人分门别户。赏不先于身，利不厚于己；喜乐共用，患难相恤。如汉先主结义于桃园，立功名于三国；唐太宗集义于太原，成事于隋末，此是义足以得众道理。

白话：为人诚信能够使众人的意见得以统一，做事合乎道义能够获得众人的拥护。

解读：一个人为人诚信，一诺千金，他就是众人的榜样，大家对他全力地信赖，自然能统一众人的口径了。做人讲义气，处事公正，跟着你自然不会吃亏，众人就乐意跟着你混。道理非常明显，关键在于拥有一颗真诚的心，不被私利所诱惑。政府诚信，老百姓就会全力拥护；政府缺乏公信力，首先失掉的就是民心，民心一散，这个政府离下台也就不远了，这一点在发达国家表现得尤为明显。对一个企业而言，诚信尤为重要，因为企业生产的产品直接面向大众，一旦产品质量有问题，首先损害的就是消费者的健康与安全，这样必然要失去市场，失掉市场的企业必然难以生存。

案 例

种世衡守信

种世衡在镇守西北的时候，当地少数民族有一个牛氏部族，其首领牛奴讹向来倔强，从来不出帐拜见郡守。

当时种世衡威震西北，牛奴讹听说种世衡前来，赶紧到郊外迎接。两人谈得很是投机，种世衡就约定第二天前往牛奴讹部族中犒劳他们的民众。本来已经约好了，孰料当晚大雪纷飞，雪厚三尺。

第二天，种世衡仍然坚持要去牛奴讹族中。他的部下纷纷劝阻："那个地方地势险峻，现在又下这么大的雪，前往恐怕不安全。"种世衡却说："我正要以诚信结好羌族诸部，不可以负约。"说完，种世衡就出发了，沿着险路前进，直往牛奴讹族中。牛奴讹当时正在帐中睡觉，心想下这么大的雪，路又那么险，种世衡肯定不会来。种世衡到了牛奴讹的帐中，用脚踢醒他。牛奴讹惊讶地说："以前从来没有当官的到过我的部族中，您对我们真是没有一点疑心啊！"遂率领全族人俯首听命。

魏文侯冒雨见虞人

魏文侯和大臣们一起喝酒，喝得很愉快。不久，外面忽然哗哗地下起了大雨。魏文侯听闻雨声忽然中止饮酒，让车驾驶向城外。

大臣们很纳闷，以为国家发生了什么大事。有人就问："我们今天喝酒喝得很愉快，现在天又下起大雨，什么事情这么紧急，让您现在出去呢？"魏文侯就说："我和虞人（古代掌管山泽苑囿田猎的职官）约好了要去打猎，虽然大家喝得很高兴，但还是不能失约。"说完就停止了酒宴，驾车而去。

正是靠这种重诺守信的品质，魏文侯深得人心，使得魏国在战国七雄中第一个称霸。

齐桓公不负盟

齐桓公攻打鲁国，三战三胜，鲁国被迫割地求和。齐桓公答应同鲁国和解，并与鲁庄公举行会盟。

正当齐桓公与鲁庄公在祭坛上会盟时，鲁国的大将曹沫用匕首将齐桓公给劫持了。曹沫要求齐桓公归还齐国侵占的鲁国土地，齐桓公被迫答应了，曹沫就放了齐桓公。

齐桓公走下祭坛后非常生气，很想毁约。管仲就说："不行。我们要是贪图小利来逞一时之快，就会失信于诸侯，这样就会丧失所有诸侯的帮助。与其这样，倒不如归还鲁国的土地。"齐桓公就归还了鲁国的土地。

虽然齐桓公这一次没有占到便宜，还被别人挟持了一把，丢了面子，但他信守诺言，取信于天下诸侯，最终建立了齐国的霸业。

成功的人善于总结

【才足以鉴古[1]，明足以照下[2]，此人之俊[3]也。】

【1】鉴古：以过去的得失兴衰为借鉴。

【2】照下：辨别是非嫌疑。

【3】俊：才智出众的人。《说文解字》中解释：俊，材千人也。《春秋繁露·爵国》中解释：十人者曰豪，百人者曰杰，千人者曰俊，万人者曰英。《鹖冠子·能天》中解释：德万人者谓之俊。

注曰：嫌疑之际，非智不决。

王氏曰：古之成败，无才智，不能通晓今时得失；不聪明，难以分辨是非。才智齐足，必能通晓时务；聪明广览，可以详辨兴衰。若能参审古今成败之事，便有鉴其得失。天运日月，照耀于昼夜之中，无所不明；人聪耳目，听鉴于声色之势，无所不辨。居人之上，如镜高悬，一般人之善恶，自然照见。在上之人，善能分辨善恶，别辨贤愚；在下之人，自然不敢为非。能行此五件，便是聪明俊毅之人。德行存之于心，仁义行之于外。但凡动静其间，若有威仪，是形端表正之礼。人若见之，动静安详，行止威仪，自然心生恭敬之礼，上下不敢怠慢。自知者，明知人者。智明可以鉴察自己之善恶，智可以详决他人之嫌疑。聪明之人，事奉君王，必要省晓嫌疑道理。若是嫌疑时分却近前，行必惹祸患怪怨，其间管领勾当，身必不安。若识嫌疑，便识进退，自然身无祸也。

白话：才能能够通达古今兴衰成败之理，智慧能够明辨是非嫌疑，这样的人就是人中的俊才。

解读：一个聪明的人往往能够从别人的成功中学习经验，从别人的失败中吸取教训，从而指导自己的行动，以求少走弯路，事半功倍。所谓"告诸往而知来者"，就是人要用心总结过去，从而预测事物未来发展的方向。一个人能做到通达古今，见微知著，就能神机妙算，占据先机。一个人能够做到明察秋毫，任何人都欺瞒他不得，自然任何事情都能做得得心应手。作为一个领导，如果能做到博古通今、善于总结，自然会精明干练，久而久之就能达到明察秋毫的境界。

案 例

唐太宗善于明察

唐太宗李世民非常善于总结历史的经验教训，常常以此自励，故而英明神武，功名赫赫。

唐太宗曾说："梁武帝君臣只知道空谈佛教义理，'侯景之乱'的时候，大臣们都不会骑马，结果被侯景捉住杀掉了。梁武帝的儿子梁元帝被北周的军队围困，依然和大臣们讲解《老子》。这些都应该深深地作为我们的借鉴。我所喜好的，只有儒家的治国安民之道，这就像鸟必须要有翅膀，鱼必须生活在水中一样，一刻也离不得，离开了就得死。"

唐太宗是个仁德的君王，但他很少赦免罪犯。他曾对侍臣说："古语有云：'赦免罪犯是小人的幸事，却是君子的不幸。''一年之内两次赦免罪犯，好人就不会再说话了。'让恶草猛长不利于庄稼，赦免有罪之人就会残害良民。因此，自我即位以来，不愿意赦免罪犯，为的就是避免坏人轻视国家的法律。"

有一次，房玄龄上奏："查看了府库的武器，数量远远地胜过隋朝。"唐太宗就说："武器装备对国家而言，自然不能少。难道隋炀帝府库里的兵甲不多吗？隋朝最终还是灭亡了。假如你们（大臣）尽力报效国家，使得百姓生活安定，这对我来说就是最强大的武器了。"

唐太宗不但善于总结，更能明察，因此贞观时期的政令极为通畅，政治极为清明。对人明察，使得臣下甘心为其所用；对势明察，使得唐朝军队百战百胜，威震天下。

和尚法雅妖言惑众，被诛杀。司空（唐朝三公之一，宰相级别）裴寂曾听到过妖言，却不闻不问，因此得罪免官，被遣送回家。裴寂请求留在长安，唐太宗就责备他说："若按照你的功勋，并不能够得到这样的地位。只因为太上皇（李渊）对你过分恩宠，才让你位居功臣首位。武德年间，行贿、受贿公开进行，朝纲紊乱，都是因为你的缘故，只是看在老部下的分儿上才没有治罪。现在你能平安地回家养老，已经是大幸了。"裴寂告老还乡后，按说应该夹着尾巴做人，平平安安养老了，结果又有人鼓吹裴寂有天命，裴寂仍然没上报。按律当斩，结果唐太宗开恩，只把裴寂流放了。后来当地的少数民族发动叛乱，有人造谣说，当地少数民族作乱，就是为了拥戴裴寂当皇帝。唐太宗就说："裴寂的罪过应当处斩，我赦免了他，所以他一定不会反叛的。"果然，不久就传来裴寂率领自己的家丁打败造反的少数民族的消息。

贞观十五年（公元641年），薛延陀（铁勒诸部之一，依附于突厥。突厥灭亡后，曾一度称雄漠北，后被唐太宗派兵攻灭）真珠毗伽可汗夷男趁唐太宗行将东封泰山，兵马随从护驾之际，派兵二十万，进攻已经归附于唐朝的突厥势力。突厥俟利苾可汗（本姓阿史那，名思摩，赐姓李）被打得狼狈而逃，逃到朔州向唐太宗告急。唐太宗立即派大将李勣、张俭、李大亮等前往营救。

临行前，唐太宗告诫诸将："薛延陀依恃其强盛，越过沙漠向南疾驰数千里，现在已经是人困马乏了。凡用兵之道，讲究有利就迅速出击，不利就快速撤退。薛延陀没有趁李思摩不备时发动突然进攻，现在李思摩进入长城，薛延陀又没有迅速撤退。我已经命令李思摩烧毁牧草，坚壁清野。刚才探子来报，说薛延陀的军马因为缺乏草料已经把当地的树皮吃光了。你们要和李思摩形成掎角之势，不要急着作战，等到薛延陀粮尽撤退时，一鼓作气发动进攻，就一定能够大败薛延陀。"唐太宗对形势看得非常透彻，诸将按照他的部署，果然一举击溃薛延陀。

名将契苾何力原是突厥人，贞观六年（公元632年），他和母亲率领自己的部落归附唐朝，唐太宗把他们安置在凉州一带。贞观十六年（公元642年），唐太宗让何力去凉州看望其母亲和弟弟，顺便安抚自己的部众。当时，漠北的薛延陀相当强盛，契苾部的人都想归附薛延陀，就胁迫契苾何力。契苾何力誓死不从，契苾部的部众就把他绑到薛延陀真珠毗伽可汗的牙帐内。契苾何力对真珠毗伽可汗非常傲慢，并拔出佩刀大呼："哪里有大唐的忠贞之士在蛮夷的朝堂上遭受屈辱的呢？"说完就割掉自己的耳朵发誓。真珠毗伽可汗想杀掉何力，被他的妻子劝阻了。

　　唐太宗听说契苾何力反叛了，就说："这一定不是何力的意愿。"左右大臣就说："他们都是夷狄，本性都差不多。何力投靠薛延陀，就像鱼儿进入水中一样。"太宗就说："不可能。何力对朕就像铁石一般坚贞，一定不会背叛的！"正好有唐朝的使者从薛延陀那儿回来，把何力誓死忠于唐朝的情况详细地说了一遍。唐太宗感动得流下眼泪，对大臣说："何力到底怎么样了？"唐太宗立即命令大臣前往薛延陀，以把唐朝的新兴公主嫁给真珠毗伽可汗为条件，换回了契苾何力。契苾何力后来屡建战功，与阿史那社尔、黑齿常之为贞观朝少数民族的三大名将。

成功对人的要求很高

【行足以为仪表[1]，智足以决嫌疑[2]，信可以使守约，廉可以使分财，此人之豪[3]也。】

　　【1】仪表：表率。

　　【2】嫌疑：迷惑难解之事。

　　【3】豪：具有高超才能与品德的人。《鹖冠子·博选》中解释：德千人者谓之豪。《淮南子·泰族训》中解释：（智过）百人者谓之豪。

　　王氏曰： 诚信，君子之本；守己，养德之源。若有关系机密重事，用人其间，选拣身能志诚，语能忠信，共与会约；至于患难之时，必不悔约、失信。掌法从其公正，不偏于事；主财守其廉洁，不私于利。肯立纪纲，遵行法度，财物不贪爱。惜行止，有志气，必知羞耻；此等之人，掌管钱粮，岂有虚废？若能行此四件，便是英豪贤人。

白话：行为举止能够作为众人的表率，智慧谋略能够解决疑惑难解之事，诚信能够坚守诺言，廉洁能够不私毫厘，这样的人就是人中的豪才。

解读：一个人能够以身作则，又足智多谋，既诚信守诺，又廉洁无私，这样的人绝对是天生的领导材料。所谓德才兼备，指的就是这样的人。能够以身作则，部下自然不敢懈怠；遇事足智多谋，自然令对手望而生畏；为人诚信廉洁，必然能得众人的信赖。显而易见，这样的人如果不成功，世界上就很少有成功的人了。

案例

吴起治军

吴起是与孙武齐名的将才，征战一生，屡建大功，且从无败绩。

吴起为将，与地位最低下的士兵同吃同住，睡觉的时候从不铺席子，行军前进时也不骑马。他亲自为病弱的士卒背负军粮，完全与士兵同甘共苦。

一个士兵背上生了毒疮，吴起亲口为他吮吸脓血。士兵的母亲知道后放声痛哭。有人不解，就问士兵的母亲："你儿子只不过是个小小的士卒，将军亲口为他吮吸脓血，有这样一个爱惜士卒的将军，可是你儿子的大幸啊！你哭什么呢？"这个士兵母亲的回答让人非常震撼："不是那样的。以前儿子的父亲也在吴起将军的帐下当兵，吴将军曾为他吮吸脓血，结果孩子的父亲在战场上拼死往前，连脚跟都不转一下。现在吴将军又为儿子吸脓，儿子自然也会感激拼命，我不知道他将来会死在什么地方，因此痛哭。"

后来吴起与魏国相国田文争功时曾说自己：率领军队，能使士兵乐意为自己拼命，让敌国闻风丧胆。治理国家，能亲和百姓，使得府库充盈。防守西河之地，使得秦兵根本不敢跨过黄河而东向。这就是才能，所以吴起游历几个国家，每次都能建立显赫的功勋。

司马穰苴治军

春秋末年，齐国的司马穰苴也是一位杰出的军事家。齐景公时，晋国与燕国共同进攻齐国，齐景公为此而感到非常忧虑。晏婴就向齐景公推荐了司马穰苴。

司马穰苴掌握军权后，首先斩杀了齐景公的宠臣庄贾以正军威，然后安抚军队。他亲自规划士卒驻扎的地方，视察伙食的状况，为士兵求医问药。他把自己作为将军的优待全部与士兵共享，并且和士兵一起吃大锅饭，平均分配军粮，吃最差的饭食。

三天后，司马穰苴召集军队，准备作战，士兵都争相出列，连卧病不能来的士兵都要求上前线。晋国的军队知道后，立即撤了回去。燕国的军队知道后，在渡过黄河后全部溃散。司马穰苴乘胜追击，大获全胜，收复了全部的失地。

人要做好自己的本职工作

【守职[1]而不废[2]。】

【1】守职：忠于职守，做好自己的本职工作。

【2】废：懈怠。

注曰：孔子为委吏、乘田之职是也。

王氏曰：设官定位，各有掌管之事理。分守其职，勿择干办之易难，必索尽心向前办。不该管干之事休管，逞自己之聪明，强挽览而行为之，犯分合管之事；若不误了自己上名爵、职位必不失废。

白话：要忠于职守而不懈怠。

解读：为人不能好高骛远。好高骛远容易让自己眼高手低，最终高不成低不就，一事无成。其实，着眼一点一滴的小事，干好自己的本职工作，久而久之，一定能做出成绩来。所谓"一屋不扫，何以扫天下"，对一般人而言，这是非常适用的。

案 例

做好本职终成事

孔子年轻的时候,曾担任管理仓库的小官。他兢兢业业,把仓库管理得井井有条,账目分毫不爽。后来又做管理牛羊的小官,他仍然一丝不苟,勤勤恳恳,牛羊不但繁殖迅速,而且个个膘肥体壮。最后,孔子当上了鲁国的司寇。孔子天生圣人,志向一定不比常人小,他尚且能够兢兢业业地做好眼前的小事,普通人就更没理由过多地抱怨自己怀才不遇了。

陈平年轻的时候,曾做过管理乡里祭祀地神的小吏。他忠于职守,为乡亲们分配祭祀剩下的肉,分得非常均匀。家乡的老人家称赞他:"管这件事的小伙子真是称职啊。"陈平就说:"要是我能治理天下,也会像分肉一样公正。"小事能看出一个人的态度,同时也能看出一个人的前途。

讲资历有很大的弊端,但在开始的时候却很有道理,所谓宰相必起于州部,猛将必发于卒伍。你连一队兵都带不好,一个县都治理不好,更不要说一个国家了。这就是讲资历的道理,但用到后来成了官吏谋私的工具,结果就适得其反了。

讲道义才能走得远

【处义[1]而不回[2]。】

【1】处义:坚守道义。

【2】回:屈服,改变。

注曰:迫于利害之际而确然守义者,此不回也。

王氏曰:避患求安,生无贤易之名;居危不便,死尽效忠之道。侍奉君王,必索尽心行政;遇患难之际,竭力亡身,宁守仁义而死也,有忠义清名;避仁义而求生,虽存其命,不以为美。故曰:有死之荣,无生之辱。临患难效力尽忠,遇危险心无二志,身荣名显。快活时分,同共受用;事急、国危,却不救济,此是忘恩背义之人,君子贤人不肯背义忘恩。如李密与唐兵阵败,伤身坠马倒于涧下,将士皆散,唯王伯当一人在侧。唐将呼之,汝可受降,免你之死。伯当曰:忠臣不侍二主,吾宁死不受降。恐矢射所伤其主,伏身于李密之上,后被唐兵乱射,君臣叠尸,死于涧中。忠臣义士,患难相同;临危遇难,而不苟免。王伯当忠义之名,自唐传于今世。

白话:面临困苦而坚守道义,毫不屈服。

解读:苏轼曾说:"古之立大事者,不惟有超世之才,亦必有坚忍不拔之志。"凡是能做出一番事业的人,不但要具备过人的才能,更要能坚持自己的理想,坚持自己的追求,坚持自身的道义,百折不挠,坚忍不拔。其实,人们往往能发现,在事业上能有所成就的人,往往不是那些最聪明的人,而是比较聪明,却又拥有坚强意志的人。在成功的因素中,情商的作用往往要高于智商。激励人们坚守的力量,往往是心中的理想,而理想往往与道义相伴。若是邪恶,根本就不需要坚守,堕落就是了。所以,坚守道义,坚守理想,如此,才能砥砺和完善自己的品格,这是取得成功必须具备的品质。

案例

苏武守义不屈

汉武帝晚年,派出以苏武为首的汉朝使团出使匈奴。在出使匈奴的过程中,因汉朝副使张胜参与匈奴的宫廷政变未遂,匈奴借故将汉朝使者全部扣留,并逼迫苏武等投降。

匈奴单于让早已投降过来的汉人卫律来办这件事。卫律对苏武威逼利诱,苏武不为所动。卫律知道苏武是不会屈服的,就明白地告诉了单于。单于也喜欢较劲,一定要迫使苏武投降。他把苏武关在很大的地窖中,不给他饭食饮水。苏武最后饿得只能躺在地上,但他依然不改忠贞。正好天上下起大雪,苏武就吃雪解渴,用雪和着旃毛充饥,坚持了很多天。匈奴看到这么多天都没把苏武饿死，以为有天神相助，就把他流放到北海（今贝加尔湖）荒无人烟的地方，让他放牧公羊，等公羊产仔了就放他回汉朝。

苏武到了北海，没有粮食，就挖掘野鼠所藏的草籽充饥。苏武撑着出使时带来的节杖，时时以此来激励自己：自己是大汉的使者，一定不能向匈奴屈服。这样一直坚持了很多年。

以前李陵和苏武都在汉朝担任侍中，私交甚好。苏武出使匈奴的第二年，李陵投降匈奴，他一直为投降而羞愧，不敢去面对苏武。过了很长时间，匈奴单于让李陵去北海劝降苏武。

李陵到了北海，对苏武盛情款待，并对苏武说："单于知道咱俩的关系好，就让我来劝降你。单于对你真的很重视，希望你能回心转意。你想想，你这辈子再也不能回到汉朝了，在这样没有人烟的地方受了这么多罪，又有谁能知道你的忠诚呢？你哥哥担任奉车都尉，陪同皇上到棫阳宫。在扶着皇帝的车驾下殿阶的时候，不小心碰到柱子，折断了车辕，就被定罪为大不敬，结果他拔剑自杀了，朝廷也只是赏了二百万钱用来办理丧事。你弟弟跟随皇上去祭祀河东土神，骑马侍卫皇帝的宦官与驸马争船，一不小心把驸马推到河中淹死了。那个宦官畏罪逃跑，皇上就命令你弟弟去追捕。你弟弟没有抓到人，也因畏罪而服毒自杀了。我离开长安的时候，你的母亲已经过世，我送葬到阳陵。你的妻子当时年纪还小，听说已经改嫁了。家中的两个妹妹、两个女儿和一个儿子，现在已经过了十多年了，他们的生死已经没法知道了。人生就像早上的露水，太阳一出现就会消失，你又何必这样长久地折磨自己呢？我刚投降匈奴的时候，整天精神恍惚，几乎要疯掉。当时痛心不已，感到自己对不起大汉，加上老母亲被拘禁在保宫，你不愿意投降的心情，恐怕怎么也不会超过我李陵吧？现在皇上年纪大了，喜怒无常，朝令夕改，大臣们动辄得咎，听说已经有好几十个大臣无罪却被满门抄斩了。现在满朝文武都惶惶不可终日，不知道哪一天灾祸会降临到自己头上。皇帝如此不仁，你还这样为他守节，值得吗？希望你听从兄弟的劝告，不要再固执了！"

李陵说的这些基本上都是实情，但苏武依然不为所动，说："苏武父子没有什么功德，却全靠陛下的恩惠而位至将军，还被封为列侯，兄弟几人都为皇上所亲信。我们常常希望肝脑涂地来报答陛下的恩情。今天若能杀身报效大汉，就算上刀山、下油锅，我也不皱一下眉头。臣子侍奉皇上，就像儿子侍奉父亲一样。儿子为了父亲而死，一点怨言都没有。请你不要再劝我了。"

李陵和苏武宴饮了几天，又劝："子卿（苏武的字）啊，你就听我的劝吧！"苏武就说："我早就该死了，假如大王（李陵投降匈奴后被封王）一定要苏武投降，那就请喝完这杯酒，让我死在你面前。"李陵见苏武如此坚贞，长叹一声："子卿真是义士啊！对比起来，我和卫律的罪过真是要遭天谴啊！"说完就泪流满面，告别而去。

汉昭帝即位几年之后，汉朝与匈奴和亲，双方修好。汉朝要求匈奴放还苏武等人，匈奴却欺骗汉朝说苏武已经死了。后来汉朝使者再次出使匈奴，原先苏武使团的一个叫常惠的人在夜晚偷偷地见到了汉使，详细地诉说了这十几年在匈奴的遭遇，并教使者对单于说："皇上在树林中打猎，射中了一只大雁，大雁的脚上系着一份帛书，书上说苏武在某个大泽之中。"汉使很高兴，就按照常惠所教的话去责问单于。单于看看左右的大臣，感到非常吃惊，赶紧向汉使道歉："苏武等人确实还活着。"遂答应放还苏武使团一干人等。

李陵知道苏武将要回到汉朝，泪流满面为苏武送行。单于召集苏武的部下，除了已经投降和死去的，跟随苏武回来的只有九个人了（去的时候有一百多人）。苏武被匈奴扣留十九年，去的时候正值壮年，回来的时候已经是胡须、头发全白的老人了。汉昭帝为了嘉奖苏武的忠义，让他担任典属国（相当于外交部长），赐钱二百万，公田二顷，宅一区。

苏武牧羊的故事在中国可谓妇孺皆知，是有志的中国人进行民族精神教育的必修课，苏武的坚贞气节千百年来也广为后人所崇敬、传唱。

做领导要勇于吃亏

【见嫌[1]而不苟免[2]。见利而不苟得[3]，此人之杰也。】

【1】嫌：避忌，是非之地。

【2】苟免：苟且不前而免于祸患。

【3】苟得：心安理得地接受不正当的利益。

注曰： 周公不嫌于居摄，召公则有所嫌也。孔子不嫌于见南子，子路则有所嫌也。居嫌而不苟免，其惟至明乎。俊者，峻于人也；豪者，高于人；杰者，桀于人。有德、有信、有义、有才、有明者，俊之事也。有行、有智、有信、有廉者，豪之事也。至于杰，则才行足以名之矣。然，杰胜于豪，豪胜于俊也。

王氏曰： 名显于己，行之不公者，必有其殃；利荣于家，得之不义者，必损其身。事虽利己，理上不顺，勿得强行。财虽荣身，违碍法度，不可贪爱。贤善君子，顺理行义，仗义傋财，必不肯贪爱小利也。能行此四件，便是人士之杰也。诸葛武侯、狄梁公，正人之杰也。武侯处三分偏安、敌强君庸，危难疑嫌莫过如此。梁公处周唐反变、奸后昏主，危难嫌疑莫过于此。为武侯难，为梁公更难，谓之人杰，真人杰也。

白话： 身处是非之地而泰然处之，不求苟免；面对利益的诱惑而岿然不动，不贪苟得。能做到以上两点的，都是人中之杰。

解读： 苏洵在《心术》中曾写道："见小利不动，见小患不避，小利小患不足以辱吾技也。"一个能担当大任的人，在面对别人的误解时，能够泰然处之，忍辱负重；面对诱惑，能够坚持原则、立场，不为所动，而这都需要极强的忍耐力和保持异常清醒的头脑。

想一想就能理解，行军打仗，时时要用到奇谋妙计，而实行妙计的过程必然要引起一些人的误解与非议，主帅就得受得住委屈。《孙子兵法》曾指出："故将有五危：必死，可杀也；必生，可虏也；忿速，可侮也；廉洁，可辱也；爱民，可烦也。"其中的"廉洁""爱民"都考验着将领承受委屈的能力，做不好这一点，就可能使自己陷入极危险的境地。古代的军事战例中经常提到，一些军队已经打了胜仗，结果在争抢战利品的时候被敌人掉头一击，反而转胜为败。一些将领也常常利用敌人贪图财货来设置陷阱，然后伏击，往往能取得理想的战果。

从政、经商也是如此，官场的钩心斗角自不必说，专说商场。做生意赚大钱，关键在于能够抓住商机，引领潮流，开辟市场。在引领潮流时，一些独特的眼光自然不能被常人理解，不然容易一哄而上。因此，这就要求一个公司的决策者能够忍受非议，忍受压力，有时甚至要求能够忍受屈辱。至于不贪小利，这一点就更容易理解了，三鹿奶粉事件的发生，就是因为贪图小利，置消费者的生命健康于不顾，结果老总被抓，公司破产，得不偿失。

案例

程婴救主

《赵氏孤儿》这出戏大家都很熟悉，故事的原型就是春秋时期晋国的大臣赵武。

晋景公宠任奸臣屠岸贾，使其掌握国家大权。屠岸贾图谋作乱，就先屠杀了晋国最有权势的赵氏家族，以扫除障碍。

赵氏家族中赵朔的妻子是晋成公的女儿，当时怀有身孕，在赵氏家族蒙难的时候逃到晋景公的宫殿中避难，因此躲过了一劫。这时，赵朔的门客公孙杵臼就对赵朔的好朋友程婴说："你怎么不死呢？"程婴就说："赵朔的妻子已经有了身孕，假若生下个男孩，我要把他抚养成人，恢复赵氏的功业。若不幸生个女孩，我那时再死也不迟。"不久，赵朔的妻子生下了一个男孩。

屠岸贾听说赵家还有后代，而且是个男孩，就要斩草除根。他率兵冲进宫殿，四处搜索赵朔的妻子。赵朔的妻子把孩子藏进自己的裙子中，对上天祈祷："赵氏宗族要是灭亡，就让孩子哭吧；要是不灭，就让他别出声。"等到大兵搜索的时候，那孩子竟然没有发出一点声音。又逃过一劫后，赵朔的妻子把孩子送到程婴和公孙杵臼的手中。

程婴对公孙杵臼说："屠岸贾不会善罢甘休的，这次没找到，他还会继续找下去。怎么办？"公孙杵臼就问程婴："你说抚养孤儿、恢复赵氏宗族和死哪个更难？"程婴就说："死，容易，抚养孤儿成事更难。"公孙杵臼就说："赵氏的先人（赵盾）对你更好一些，你就勉强做那件困难的事情吧。我去做那件比较容易的事，请让我先死。"

两个人决定，先抱来别人的儿子，假装是赵氏的孤儿，然后逃进山中。一切都做好了，程婴就从山里走出来，对屠岸贾和他的部下说："我没有本事，不能拥立赵氏的孤儿。谁要是能给我黄金千斤，我就告诉他赵氏孤儿藏在哪儿。"屠岸贾的部下非常高兴，答应了他，然后立即调集军队去抓公孙杵臼。公孙杵臼就在屠岸贾的部下面前大骂程婴："程婴，你真是个卑鄙小人啊！上次不能为赵氏家族死难，现在我准备藏匿赵氏孤儿，你又出卖了我。即使你不能立孤，又怎能出卖我呢？"然后公孙杵臼抱着孩子对天大呼："老天爷啊！赵家的孩子又有什么罪过啊？请你们放过孩子，杀了我吧！"诸将不答应，就把公孙杵臼和孩子都杀了。诸将都以为赵氏的孤儿已经死了，高兴得不得了。其实，真的赵氏孤儿仍然活着，程婴带着他隐藏在山中。

十五年过去了，赵氏孤儿赵武逐渐长大成人。在大臣韩厥的帮助下，晋景公回心转意，准备为赵氏平冤昭雪，就暗中召见赵武，把他藏在宫中。在晋景公和韩厥的支持下，赵武和程婴带领诸将攻灭了屠岸贾宗族，恢复了赵氏的功业。

等到赵武举行加冠礼，成为真正的男子汉后，程婴就向赵武告别："当初屠岸贾攻灭赵氏宗族的时候，我并非不能从死。我之所以苟活了下来，就是为了拥立赵氏的后人。现在你已经长大成人了，而且恢复了赵氏的功业，我该下黄泉去回报你爷爷（赵盾）和好友公孙杵臼了。"赵武痛哭流涕，加以挽留："我愿意舍弃高官厚禄，请您继续活下去，而且您忍心舍弃我而死吗？"程婴拒绝："不可以。公孙杵臼以我能够忍辱负重，所以先我而死。我要是不去找他，他在九泉之下就会认为我还没有完成立孤的大业啊。"说完就自杀了。赵武为程婴守孝三年，立庙祭祀，世代不绝。

程婴忍辱负重，不惜背负出卖朋友、背叛主人的罪名，历经艰险，终于将赵武抚养成人，恢复了赵氏家族的功业，报了赵氏家族的灭族之仇。在这十几年的过程中，需要怎样的忍耐与坚强，与此相比，死亡也微不足道了。因此，想要干出一番事业的志士仁人，都应该知道忍耐与定力是多么重要。

求人之志章第三

注曰：志不可以妄求。

王氏曰：求者，访问推求；志者，人之心志。此章之内，谓明贤人必求其志，量材受职，立纲纪、法度、道理。

纵欲是成功的大敌

【绝嗜禁欲，所以除累[1]。】

【1】累：负担，祸患。

注曰：人性清净，本无系累；嗜欲所牵，舍己逐物。

王氏曰：远声色，无患于己；纵骄奢，必伤其身。虚华所好，可以断除；贪爱生欲，可以禁绝，若不断除色欲，恐蔽塞自己。聪明人被虚名、欲色所染污，必不能正心、洁己；若除所好，心清志广；绝色欲，无污累。

白话：清心寡欲，能够减少自己的身心负担，免除灾祸。

解读："菩提本无树，明镜亦非台。本来无一物，何处惹尘埃？"人来到世间，本来赤条条无牵挂，为什么会在生活中被压得喘不过气来？其实主要还是因为人们欲壑难填。作为一个正常人，有欲望是正常的，适当的欲望是激励人们前进的动力，但欲望太多，则会变成一种人生的负担。欲望是个无底洞，欲望越多越容易上瘾，最后难以自拔，遂陷入万劫不复的境地。

人们要想获得愉快、自在，首先心灵要轻松。人们所感到的累，多是心累，而欲望则是造成这一切的根源。因此，适当地克制自己的欲望，不使它成为自己的负担，对自己的成功是有很大帮助的。

案例

纵欲亡国灭身

春秋时期的卫懿公非常喜欢白鹤,整日与鹤为伍,不理国政。他在后宫修筑十丈的高台,取名"鹤台",在上面养鹤数百只。每只鹤都穿上锦绣的衣服,头上装饰着金珠,每只鹤每月都享受与大夫一样的俸禄。卫懿公要是出去游玩,都要选择几十只善于舞蹈鸣叫的白鹤置于自己车驾前面,美其名曰"鹤大夫"。国中的百姓饥寒交迫,卫懿公却不闻不问。

后来北狄侵犯卫国,卫懿公收集盔甲武器,让百姓去抵抗狄人,百姓都远远地跑到野外躲避。卫懿公很生气,就让手下抓来一百多个百姓,问他们为什么要躲避。老百姓都说:"主公有一种东西足以抵御狄人,哪里还用得着我们呢?"卫懿公赶紧问是什么东西,百姓就说:"是鹤啊!"卫懿公很惊奇,说:"鹤怎么能够抵御狄人呢?"百姓就说:"鹤既然不能用来作战,是没用的东西,您却抛弃有用的东西而供养无用的东西,老百姓当然不服了。"后来狄人长驱直入,卫懿公兵败身死。

不能忽视小错误

【抑非损恶,所以禳[1]过。】

【1】禳(ráng):原意指祈祷消除灾殃、去邪除恶之祭。此处表示祛除。

注曰:禳,犹祈禳而去之也。非至于无,抑恶至于无,损过可以无禳尔。

王氏曰:心欲安静,当可戒其非为;身若无过,必以断除其恶。非理不行,非善不为;不行非理,不为恶事,自然无过。

白话:抑制自身的一些不正确的行为和不好的习惯,长久下去,就能够减少自己的过错。

解读:人们常说细节决定成败。大的祸患都是平时的小错积累起来的,冰冻三尺非一日之寒，有因就有果，有果必有因。大错不犯，小错不断是危险的。故而，平时注意自己的言行，改掉自身的一些不好的习惯，日积月累，错误就慢慢地减少，成功也就离你越来越近。刘备告诫刘禅："勿以恶小而为之，勿以善小而不为"，这句话足以作为人生格言，曾子"吾日三省吾身"也是一种很好的修身方法。

案例

"挑战者"号的悲剧

因小过失而酿成大祸患的例子，最典型的莫过于1986年1月28日美国"挑战者"号航天飞机升空后爆炸造成机毁人亡的那次事故。

那天早晨，上万名参观者聚集到肯尼迪航天中心，兴致勃勃地等待"挑战者"号升空，意欲一睹航天飞机腾飞的壮观景象。航天飞机点火升空后，看台上的观众一片欢腾。仅仅过了73秒，空中传来"挑战者"号爆炸的闷响，航天飞机顷刻间化为一团橘红色的火球，碎片最后坠落于大西洋。

"挑战者"号爆炸，世界为之震惊。机上七名宇航员在这次事故中全部罹难，其中包括一位计划在太空给学生现场授课的女教师麦考利夫。这次事故是人类航天史上最严重的一次载人航天事故，造成的直接经济损失达12亿美元，航天飞机也因此而停飞了两年。

如此重大的事故，事后人们调查其原因，发现爆炸仅仅由一个O形封环失效所致。这个封环位于右侧固态火箭推进器的两个部件之间，由于气温较低，密封效果大打折扣的封环使炽热的气体泄漏点燃了外部燃料罐中的燃料，结果造成了悲剧的发生。因为这是一个小小的部件，并未引起技术人员的重视，因而酿成了重大的事故。

少了一颗钉子，丢了一个国家

1485年8月，英国国内持续了30年的玫瑰战争最关键的一场战役爆发了。约克家族的首领理查三世和兰加斯特家族的首领亨利·都铎激战于英格兰中部的博斯沃尔特。战争开始的时候，理查三世已经占据优势，将亨利·都铎的军队打得只有招架之功，而无还手之力。但亨利·都铎的军队依然顽强抵抗，双方逐渐进入胶着的状态。

理查三世的实力强于亨利·都铎，所以他一直掌握着战争的主动权。亨利·都铎虽然战斗得非常顽强，怎奈实力不敌，慢慢地觉得力不从心。

看到时机成熟，理查三世决定发起总攻，想一举消灭亨利·都铎的军队，进而统一英国，建立约克家族的天下。理查三世率先发起冲锋，慢慢地将亨利·都铎的军队冲乱。正当理查三世准备给予亨利·都铎以最致命的一击时，自己的战马却突然翻蹶，自己也被掀翻在地。理查三世的将士以为主帅已死，军心动摇。这时，理查三世军中本来就怀有二心的斯坦利爵士趁机率自己手下的3000人公开倒戈，制造混乱。结果理查三世的军队人心彻底涣散，溃不成军。战争的最后结果是：理查三世战死，亨利·都铎登上了英国的王位，开始了都铎王朝的统治。

后来人们调查理查三世突然摔落马下的原因：决战的当天早上，理查三世的马夫去准备战马时发现，马掌已经很松了，需要重新安装。马夫就让铁匠给战马钉马掌。铁匠说："我前几天给国王的军队钉马掌时把所有的马掌和钉子都用光了，我要重新打。"马夫不耐烦了，就说："等不及了，你有什么就用什么吧！"于是，铁匠找来4个旧马掌和一些旧钉子，把他们砸平打直后钉到国王战马的马蹄上。然而，钉子不够，最后一个马掌还缺了一颗钉子。大战即将来临，马夫害怕理查三世大发雷霆，不敢耽误，同时抱有侥幸心理，觉得两颗钉子应该能挂住马掌，就草草了事了。马夫回去后把这个情况报告给理查三世。大战在即，理查三世也没有太在意。结果就发生了战斗中令人丧气的一幕，理查三世在战死前痛苦地喊道："钉，马蹄钉，我的国家就毁灭在这颗马蹄钉上。"

酒色是健康和成功的定时炸弹

【贬酒阙[1]色，所以无污。】

【1】阙（jué）：去除。

注曰：色败精，精耗则害神；酒败神，神伤则害精。

王氏曰：酒能乱性，色能败身。性乱，思虑不明；神损，行事不清。若能省酒、戒色，心神必然清爽、分明，然后无昏聩之过。

白话：远离酒色，能够保持身心的清净。

解读：孟子曰："食色，性也。"喜欢美酒、美人，这是人的天性，本来无可厚非。但这些东西却容易让人沉溺其中而难以自拔，最后萎靡不振，误事伤身。历史上因酒色亡国的例子比比皆是，现在社会中因酒色亡身亡家的例子也是不胜枚举。就以百姓痛骂的贪官为例，贪官用公款购买美酒好菜，喝得昏天黑地，败坏了党性，埋没了良心，也喝丢了民心。贪官聚敛的巨额财富，除了吃喝浪费，更多用来养情妇，掀起奢侈淫靡的风气，导致社会公德败坏，百姓嗟怨。这样引起的祸患，近的说就是让自己丢掉乌纱帽，身陷囹圄；远者就是引发国家衰败，江山沦亡。回过头来想一想，不喝酒，不乱搞男女关系对一个人并无损害，反而能让人养成良好的生活习惯，保持身心的健康，何乐而不为呢？然而淫靡的风气容易盛行，与人欲的易放难收有很大关系。一个人若想长久地享受生命的愉悦，长久地守望人生的幸福，克制欲望、远离酒色是明智的选择。

亡国之君多好酒色

遗臭万年的夏桀、商纣、隋炀帝等亡国之君绝非常人想象中的低能昏庸之辈，相反，他们多是天资聪颖、勇力过人的秀出之才。正因为如此，他们一旦获得至高无上的权力,便容易刚愎自用,纵情酒色,至死也不知悔改。

商纣王智力过人,能言善辩,而且博闻强识。不但如此,他还天生神力,能赤手空拳与猛兽格斗。史载其"知(智)足以拒谏,言足以饰非。矜人臣以能,高天下以声"。这样优厚的天资,没有用来治国理政,却用来沉迷酒色。他宠幸妲己,对她言听计从。还让乐师创作出许多新的乐曲,全都是淫荡放纵的靡靡之音。在其所做的荒唐事中,广为人知的还是在沙丘(在今河北省广宗县西北大平台)这个地方以酒为池,悬肉为林,让青年男女一丝不挂地在其中追逐嬉闹,恣意淫乐。九侯的女儿很漂亮,商纣就将其纳入后宫。因为这个女孩的床上功夫不行,商纣很不满意,一怒之下将其杀死,并把她的父亲九侯剁成了肉酱。

商纣荒淫无度,刚愎自用,残暴不仁,枉杀忠臣,最终众叛亲离,国家灭亡。商纣绝望地走上鹿台,穿着华丽的衣服,一把火烧死了自己,死后脑袋被周武王砍下来挂到大白旗上示众。

西周的亡国之君周幽王同样荒淫无道。他非常宠幸美女褒姒,为了让褒姒的儿子伯服继承王位,他不惜违反宗法制,废掉申后(申侯的女儿),赶走太子宜臼。然后立褒姒为后,立伯服为太子。周室的太史无可奈何地感慨:"祸患已经酿成,没办法了!"

褒姒不爱笑,周幽王想尽办法去逗她笑,褒姒故意不笑。周幽王爱美人不爱江山,为了博得美人一笑,竟视国家安危如儿戏,做出了烽火戏诸侯的荒唐事。一次不够,还玩了好几次。这下,美人是笑了,但周幽王的悲剧也开始了。周幽王同命运开了个玩笑,命运很快也同他开了个玩笑。

周幽王废掉了申后,前面说了,申后是申侯的女儿。女儿无故被废,外孙子也被赶走,这自然惹恼了申侯。申侯一怒之下,就联合了缯国、犬戎等一起进攻周幽王。周幽王点燃烽火,召集救兵,没有一个人过来救援。犬戎杀死了周幽王,将褒姒也顺便掳走了,还把周朝的珍宝抢得一干二净。西周就这样灭亡了。

这些亡国之君最后都死得相当悲惨,但联想到他们生前的荒淫残暴,我想每个人都会说:"呸!咎由自取。"

学会远离领导的猜疑

【避嫌远疑，所以不误。】

注曰：于迹无嫌，于心无疑，事乃不误尔。

王氏曰：知人所嫌，远者无危，识人所疑，避者无害，韩信不远高祖而亡。若是嫌而不避，疑而不远，必招祸患，为人要省嫌疑道理。

白话：巧妙地避开不必要的误会与猜忌，能够在前进的道路上减少不必要的障碍。

解读：有人会说前面不是讲过"见嫌而不苟免，见利而不苟得"吗？现在又讲"避嫌远疑，所以不误"，这不是自相矛盾吗？其实不然，前面所讲的"见嫌而不苟免"是指自己身处一个容易被人误解的位置，但作为一个举足轻重的人物，你又要顾全大局，不能洁身自好，所以你得忍辱负重。此处讲"避嫌远疑，所以不误"，则是讲当你觉察到自己所处的位置已经威胁到领导，或者已经功高震主了，你就得小心，不要成为矛盾的焦点，不要让自己处在风口浪尖的位置上。要从容进退，明哲保身。总而言之，"见嫌而不苟免"讲遇事要当仁不让，有杀身成仁的意思；"避嫌远疑，所以不误"则是一种生存的技巧，该低调时要低调，尽量不要使自己成为众矢之的。虽然"嫌"字一样，但却是两种不同的人生态度。

案例

汤和得保善终

猜忌功臣是帝王的心理常态，功臣能否得保善终，从个人方面来说，就是看自己能否远离功高震主、威权迫主的嫌疑了。

明太祖朱元璋素以猜忌功臣、心狠手辣著称，与他一起打天下的功臣名将几乎被他杀了个精光。但有一个人不但得保善终，而且还生前封了王。这个人如此之牛，他是谁呢？他就是汤和。

汤和是个非常聪明的人，但年轻的时候也是相当豪放。他在镇守常州的时候，有一次，因自己请求的事情没有得到朱元璋的同意，心里很不痛快。他喝得酩酊大醉，醉后就发牢骚："我镇守这个地方，就像坐在屋脊上，想向左看就朝左，想向右看就朝右（意思就是我想怎样就怎样）。"酒醒后，汤和知道自己说了这些话后就非常后悔。朱元璋知道后并没有说什么，但心里一直记着这件事。后来平定天下，论功行赏，按照汤和的功劳，是有资格封为公的，但朱元璋为了惩罚他的那些小过失，就封他为侯。后来朱元璋念着他的功劳，晋封他为信国公，但还是把他在常州的过失写在了铁券上。

汤和终于明白朱元璋是个心机很重，而且记过不忘的人，于是就夹起尾巴，低调做人。朱元璋随着年事渐高，对部下越发地猜忌，加上边境稳定，四方无事，更不愿意大将久掌兵权。他很想剥夺部下的兵权，但一直没有合适的机会。汤和明白朱元璋的心思，为了远离嫌疑，他从容地对朱元璋说："臣老了，很想继续为陛下效犬马之劳，但年岁不饶人啊。请让我回老家（安徽凤阳，汤和和朱元璋是儿时玩伴），找一块好地皮，死后也好安息。"朱元璋听后龙颜大悦，立即赐钱为他在中都凤阳建造府邸，同时也为其他的功臣建造了府邸（意思就是你们都别贪恋权位了，都学学汤和，乖乖地把兵权交出来）。

汤和越老越谨慎，朝廷大事他一个字都不敢泄露出去。养的上百个歌儿舞女，都遣散回家。皇帝的赏赐，他全部都分给自己的乡亲父老。见到自己儿时伙伴，还跟以前一样随便，一点架子都没有。

汤和的低调谦恭让朱元璋很是放心，经常对其表示慰问关怀。汤和老年得病，失去了说话的能力，朱元璋当天就赶过去探望，惋惜了很长时间。汤和的病情稍微好转，朱元璋立即让汤和的儿子将汤和迎接到京城，用小车拉进内殿，自己设宴慰劳，赏赐甚厚。洪武二十七年（公元1394年），汤和已经病得不能起来了。朱元璋很是想念他，就让人用小车把他拉到京师，自己亲手抚摩，追叙往事。汤和不能说话，只是叩头。朱元璋泪流满面，重重地赏赐金钱作为丧葬费用。

在朱元璋所有的功臣中，能够得保善终，又能够让朱元璋如此眷顾的，只有汤和一人而已。汤和能在严酷的形势下保全身家性命，而且一直享受尊荣富贵，这与他远离权力中心、远离君主猜忌是有很大关系的。

范蠡功成不居

范蠡辅佐越王勾践最终平灭吴国，称霸中原。越王以范蠡为上将军，尊荣显贵。范蠡意识到自己功名太盛，极容易招致灾祸，再加上他非常清楚勾践的为人：可与共患难，不可与同富贵。他给勾践写了一封辞职信，信中说："当年大王被夫差围困于会稽山，遭受奇耻大辱，我作为臣子应该为此死节。之所以不死，就是想要帮助大王报仇雪恨。现在大仇得报，大耻得雪，我的愿望实现了，就请让我为会稽之耻死节吧。"勾践赶紧作书挽留："先生为寡人立下汗马功劳，寡人正要和你共分天下，共享尊荣啊，怎么要离开寡人呢？你不能走，你要走，寡人宁愿把你的尸体留下来享受越国的祭祀。"范蠡说："大王可以发号施令，臣子可以顺遂自己的志向。"然后收拾好自己的贵重行李，就坐船奔向大海了，再也没有回过越国。

范蠡主动出走，对勾践的直接威胁就消除了。勾践为出走的范蠡立庙，并把会稽山作为范蠡的封地，按时祭祀。

然而，范蠡的好友，同样为勾践灭吴、称霸立下汗马功劳的大夫文种却是另一个下场。

范蠡在离开越国时曾给文种写过一封信，劝他离开越国以求自保，信中说："狡兔死，走狗烹。飞鸟尽，良弓藏。越王的面相是脖子长，嘴巴尖，这种面相的人只能和他一起共历患难，不能和他一起享受富贵。走吧。"文种收到来信，内心很矛盾，想走但又有些留恋权位，再想到自己立下的大功，更是犹豫不决。于是称病不上朝，想看一看勾践的态度。正巧这个时候，有人诬告文种要谋反，越王勾践的态度立刻非常明朗，他给文种的待遇就是一把剑："你教寡人讨伐吴国的七种计谋，寡人只用三种就把吴国灭亡了。另外四种计谋，你就到阴曹地府去辅佐先王吧。"文种既悲愤，又悔恨，拔剑自杀了。

范蠡和文种的不同结局充分表明，身处嫌疑之地，绝不可抱有幻想，当机立断，远离斗争的漩涡才是保全身家的最好选择。

成功无止境，学习不能停

【博学切[1]问，所以广知。】

【1】切：精深地。

注曰：有圣贤之质，而不广之以学问，弗勉故也。

王氏曰：欲明性理，必须广览经书；通晓疑难，当以遵师礼问。若能讲明经书，通晓疑难，自然心明智广。

白话：广博地学习，深刻地思考发问，这样才能够增长学问，提升智慧。

解读：在这里，我们需要了解一下聪明和智慧的区别。聪明多为天生，不可强求；智慧是后天养成，得靠慢慢积淀。聪明如果不能上升为智慧，这种聪明只能算是小聪明，难以成事，"小时了了，大未必佳"的例子我们经常可以看到。因此，聪明需要提升为智慧。如何提升为智慧呢？这里给出的建议就是：广博地学习，深刻地思考发问。

 案 例

桓谭博学成大器

桓谭是东汉著名的哲学家、经学家，不但兴趣广泛，博学多才，而且目光深远，对后世颇有影响。

桓谭天资聪颖，生长于音乐世家，精通音律。不但如此，他还博学多闻，遍习五经。总是细细钻研典籍中的深邃思想，而非像世俗的儒生那样去寻章摘句。他不但精于思考，还善于发问，经常向当时的大儒刘歆、扬雄请教。桓谭不但学问渊博，而且智虑过人。

西汉哀帝、平帝时期，政治黑暗，桓谭一直担任郎官等低微的职位。汉

哀帝的皇后的父亲傅晏对其才能非常赏识，与他的关系非常好。

汉哀帝宠信权臣董贤，与他同吃同住，还封董贤的妹妹为昭仪，对皇后傅氏日益疏远。傅晏感到很失意，桓谭就劝他说："过去，汉武帝意欲立卫子夫为皇后，就暗中使人搜寻陈皇后的过失。最后，陈皇后被废，卫子夫被立。现在董贤受到皇上宠信，而他的妹妹尤其被皇上宠爱，陈皇后的悲剧恐怕要重演啊，怎么不让人忧愁呢？"傅晏听到这话，感到非常担心，就问："很有道理，我该怎么办呢？"桓谭就说："刑罚不能加于无罪之人，奸邪小人最终胜不过正人君子。士人用自己的才智获得君王的赏识，女子以自己的美貌获取君王的宠爱，道理是一样的。现在皇后年纪小，见的世面又不多，很可能为了求得宠幸而弄些旁门左道，这是很让人担心的。而您身为国丈，地位显赫，又善于结交宾客，必定会借助宾客的力量来巩固自己的权位。这样的话，就容易招来外人的议论，从而招致灾祸。请您遣散门客，正道直行，这才是保全家门的方法。"傅晏采纳了桓谭的建议，遣散门客，并进宫以桓谭的建议告诫皇后。

不久，董贤果然让人搜求傅氏的过失，并逮捕了皇后的弟弟傅喜，希望能得到点什么。由于傅氏行事谨慎，并无过失，傅喜最终被放了出来，傅氏家族也因此而得到保全。

董贤担任大司马后，听说桓谭的名气，就让人交好桓谭。桓谭给董贤提出了一些治国保身的方法，但董贤都没采纳。桓谭明白董贤一定会不得善终，就断绝了和他的关系。果然，汉哀帝死后，王莽当政，很快就整死董贤，还把他的尸体赤裸着从棺材里扒了出来。

桓谭的思想对当时和后世的影响都相当大，其著作《新论》被后世学者广为流传。

缄口沉默少是非

【高行微言[1]，所以修身。】

【1】高行微言：高调地做事，低调地做人。

注曰：行欲高而不屈，言欲微而不彰。

王氏曰：行高以修其身，言微以守其道；若知诸事休夸说，行将出来，人自知道。若是先说却不能行，此谓言行不相顾也。聪明之人，若有涵养，简富不肯多言。言行清高，便是修身之道。

白话：做事要高调，做人说话要低调，言出必行，不夸夸其谈，这是修身养性之道。

解读：老子曰："大音希声，大象无形。"孔子曰："君子欲讷于言而敏于行。"能干出一番事业的人，绝非夸夸其谈、巧舌如簧之徒。因为事情是干出来的，而不是说出来的。空口套不住白狼，朽木架不起桥梁，说的就是这个意思。夸夸其谈者不但在事业方面一事无成，做人方面，人们往往发现：夸夸其谈的人只喜欢追求形式，让人感到华而不实，缺少内涵。这样的人容易亲近，却不值得深交。现在社会上的一些富二代、浪荡子，以及一些轻浮的娱乐明星都是这样的人，虽然能哗众取宠，聒噪一时，但基本上都是昙花一现，用不了多长时间就会销声匿迹。

案例

少说多做成大事

汉光武帝刘秀当年曾和哥哥刘縯参加绿林军反对新莽，取得了赫赫业绩与威名。推翻王莽后，绿林军推举刘玄为帝，即更始帝。刘玄缺乏帝王才略，对才智过人的刘縯很是忌惮，后来借故将刘縯杀死。

刘玄的这一做法引起其政权内部很多人的不满，刘縯原来的部下都跃跃欲试，准备翻脸。但刘秀却丝毫没有声张，而是亲自从自己驻守的父城（今河南省宝丰县李庄乡古城村）赶到宛（今南阳）去谢罪。刘縯的属官迎接刘秀吊丧，刘秀一句不平的话都没说，只是深深地自责。他没有矜夸自己昆阳战役的功劳，也没敢替刘縯服丧，吃饭谈笑自若，和平常没什么两样。更始帝看到刘秀对自己如此忠诚，感到非常惭愧，对刘秀加官晋爵，收买其心。

刘秀虽然在外面装得若无其事，但每当一个人独处的时候，从来不吃肉，不喝酒，枕头席子上都有大片泪痕。刘秀手下的大将冯异知道刘秀的心思，就一边叩头一边安慰他，刘秀赶紧制止他说："你别乱说话！"

正是靠着这种低调与忍耐，更始帝并没有对刘秀斩尽杀绝，反而委以重任。刘秀在获得更始帝的信赖后，在河北发展壮大个人势力，后来终于和刘玄翻脸，建立了东汉王朝。

刚才提到刘秀手下的大将冯异，他也是一个少说多做的人物。冯异跟随刘秀起事，南征北战，善于攻坚，立下汗马功劳。但他从来都不矜夸自己的功劳，总是谦让温和。每当和别的将领车马碰头的时候，冯异总是调转车头退避让道。他治军很有法度，军中号令严整。每到宿营的地方，其他的将领都喜欢坐在一起炫耀自己的功劳，只有冯异躲在大树后面默默无言。因此，军中都称他为"大树将军"。等到攻破邯郸，消灭王郎，军队重新编制分配时，士兵们都愿意做大树将军的部下。光武帝对冯异的这一点非常赞赏，因此对他委以重任。

这里不是建议人们不要去说话，只是没必要多说。与其把时间浪费在夸夸其谈上，不如多做一些实在的事情，起码在那个时候你比别人多走一步。

为人还是低调好

【恭俭谦约[1]，所以自守[2]。】

【1】恭俭谦约：恭，恭敬，谦逊有礼；俭，自我约束，不放纵；谦，谦虚，谦逊；约，自我约束，节俭。为人谦虚谨慎，懂得自我约束，不放纵。

【2】自守：自保。

王氏曰：恭敬先行礼义，俭用自然常足；谨身不遭祸患，必无虚谬。恭、俭、谨、约四件若能谨守、依行，可以保守终身无患。

白话：具备谦虚谨慎、恭敬节俭这四种品质，可以让人保全自身，避免灾祸。

解读：其实"恭俭谦约"说的是做人要低调。一个能做到"恭俭谦约"的人，就是我们通常所说的老实人。老实人虽然偶尔吃些小亏，但往往能得大福气。人们常说"傻人有傻福"，也就是这个意思。

案例

万石君恭谨长富贵

西汉的"万石君"石奋，虽然没有什么大才略，但以为人谦恭著称，因此而长保富贵，惠及子孙。

刘邦进攻项羽的时候，经过石奋的家乡。当时石奋年仅十五岁，在官府充当小吏，正好侍奉在刘邦身旁。刘邦和他交谈，发现这个孩子说话做事非常谦恭，就很喜欢。问他："家里还有什么人啊？"石奋回答说："家里只有一个老母亲，然而不幸失明了。家里很穷。还有个姐姐，会弹琴。"刘邦就说："愿意跟我做事吗？"石奋说："很愿意。"刘邦就把石奋的姐姐招来封为美人，并让石奋管理自己的文书。石奋虽然没有什么大本事，但恭谨在当时是没有人能比得上的。汉文帝时，石奋已经升官至太中大夫（郎中令的属官，秩比千石，掌议论）。

后来，汉文帝要选一个人担任太子的老师，朝中大臣一致推举石奋。汉景帝即位后，石奋位列九卿（正部级，秩中二千石），后来又担任诸侯王的相（二千石，封疆大吏）。

石奋的儿子石建、石甲、石乙、石庆都因为驯良恭谨而担任二千石的显职。汉景帝就说："石奋老先生和他的四个儿子都担任二千石的显职，臣子所能享有的荣耀都集中在他一家啊！"于是就给石奋起了一个"万石君"的雅号。

汉景帝晚年，石奋年老退休，但新年的时候可以进宫朝见皇帝。石奋只要靠近宫殿的大门，必定下车小步快走，看见有马匹经过，必定以手抚轼表示敬意。自己的儿孙有担任小吏的，每次回家看望他，石奋一定要穿上朝服接见，很严肃。儿孙有犯错的，石奋不打也不骂，自己独自一人坐在偏屋里，对着桌子不吃不喝。儿孙没办法，相互指责，然后请乡里有威望的老人求情，脱掉上衣、光着膀子请罪，发誓一定改正错误，石奋这才原谅他们。儿孙侍奉在身旁，就算闲居他也会带上朝冠，显得严整有度。家里面的仆佣也都非常谦恭，一点也不敢嚣张跋扈。皇帝赐给他食物，石奋一定跪拜下去，伏在地上把东西吃完，就像在皇帝跟前一样。他奉行丧礼的时候，必定悲哀凄切。儿孙们都遵循他的教诲，都像他一样谦恭谨慎。

万石君以孝顺恭谨受到全国人景仰，就算是齐、鲁两地彬彬有礼的儒生都自愧不如。

汉武帝时，郎中令（汉初沿置，为皇帝左右亲近的高级官职，掌守卫宫殿门户。中二千石，正部级）王臧因为人太过虚伪而被免职。皇太后认为儒生华而不实，而万石君一家什么都不说却能身体力行，就让万石君的长子石建担任郎中令，小儿子石庆担任内史（汉景帝分置左、右内史，掌治理京师）。

万石君长寿，长子石建头发都白了，万石君依然身体硬朗。石建即使担任了郎中令这样的高官，每五天回家探亲休息的时候，都要到偏房去，悄悄地问侍奉在万石君左右的人父亲的健康状况。他还亲自为父亲浣洗衣服，洗干净后再还给侍者，不敢让万石君知道，都形成了习惯。石建担任郎中令，该说话的时候，他就支开旁人，对当事者把道理讲得非常清楚。等到朝廷相见，他就几乎不说话。石建的朴实恭谨让汉武帝很是欣赏，对石建尊崇有加。

作为万石君的长子，石建在所有儿子中是最孝顺的，其谦恭自守甚至要超过万石君。有一次，石建向皇帝奏事，皇帝的意见批下来了，石建发现自己的奏表上写错一个字，大惊："哎呀！我写了一个错别字。'马'（繁体字）的下部是五撇，我写了四撇，少了一撇。皇帝要是生气了，我可是罪该万死呀。"惶恐得不得了。

万石君在汉武帝中期去世，石建悲痛过甚，哀毁骨立，只有挂着拐杖才能行走。仅仅过了一年多，石建也去世了。

此前，万石君的小儿子石庆喝醉了，坐马车回家的时候一直冲进了外门。万石君听说这件事后，认为石庆太不像话，就绝食自责。石庆非常惶恐，光着膀子向万石君赔罪，万石君不搭理他。全家人以及石建都光着膀子请罪，万石君的火气才消了一些,他责备石庆说:"你是内史,地位已经很高了。你回家的时候,乡里的老人家都要躲避你的车驾,而你却大模大样地坐在车中不下来还礼,这像话吗?"这才饶了石庆。后来石庆和其他的儿孙回家的时候,都是步行走到家里,不敢坐车。

小儿子石庆虽然是几个儿子中最为随便的一个,但也非常谦恭谨慎。石庆担任太仆(九卿之一,为天子执御,掌舆马畜牧之事)时,一次,他为汉武帝驾车。汉武帝就随便问问有几匹马在拉车,石奋一匹一匹数完之后,这才伸出手指说:"六匹。"后来石庆担任齐国的相国,齐国的百姓都为万石君一家的德行所感化,"不言而齐国大治",并为石庆建庙立祠。

想成功,眼光要长远

【深计远虑,所以不穷[1]。】

【1】不穷:不陷于困境。

注曰: 管仲之计,可谓能九合诸侯矣,而穷于王道;商鞅之计,可谓能强国矣,而穷于仁义;弘羊之计,可谓能聚财矣,而穷于养民;凡有穷者,俱非计也。

王氏曰: 所以智谋深广,立事成功;德高远虑,必无祸患。人若深谋远虑,所以事理皆合于道;随机应变,无有穷尽。

白话: 做事谋划长远、智虑周全,可以使人游刃有余,不致陷于困境。

解读: "人无远虑,必有近忧。"做任何事都能思虑周密,安排周全,自然不会让自己陷入困境。然而,能做到这一点的离神也就没有多远了,所以,现实中这样的人少之又少,大家比较熟悉的似乎也只有姜子牙、诸葛亮和刘伯温等寥寥数人而已。一般人之所以做不到深谋远虑,乃是因为常常为眼前的小利所诱惑,吃了今天就不管明天,这就是我们所说的鼠目寸光。打个比方,现实的利益就是支票上那个"1",而长远的利益是"1"后面的许多个"0"。无论"1"与后面的"0"组成的数字有多么庞大,它都不如这个"1"

来得实在，即使这个"1"是个光杆。所以，现在你就能明白，要做到深谋远虑是多么不易，需要抵制很多的诱惑，需要很大的魄力。

虽然一般人做不到深谋远虑，但做事之前三思而后行，考虑一下长远利益，肯定能让自己走得更远。

案例

嬴政的远见

秦国自商鞅变法以后，迅速崛起，越战越强，至秦王嬴政时，吞并六国的趋势已日渐明显。这让在七雄中最弱、离秦国很近的韩国难以喘息。韩国君臣就开动脑筋，考虑如何缓解秦国的攻势。

这时，韩国听说秦王喜欢兴建大型工程，就想出一个缓解秦国攻势的办法：派出水工郑国（人名）游说秦王，希望在秦国的关中地区修建一条三百多里长的大水渠，用以灌溉农田。因为工程耗费巨大，这样就能大量地消耗秦国的人力、物力、财力，使秦国疲软，从而达到削弱秦军的目的。

春秋战国时期，各个诸侯国之间的人才流动十分频繁，开始的时候，郑国间谍的身份并未被识破。然而，不幸的是，工程进行到一半的时候，正当韩国君臣得意地看着秦国落入自己的圈套中时，韩国的意图被秦国察觉到了。秦王嬴政非常愤怒，竟然有人把自己当成傻子戏要。他立即派人抓住郑国，准备车裂。

眼看大难临头，郑国表现出了作为一个优秀间谍的良好心理素质，他不慌不忙地对秦王说："我这样做，虽然能让韩国再苟延残喘几年，但对秦国来说，却是万世长久的利益啊。"秦王认为很有道理，就赦免了郑国，让他继续修渠。渠成，可灌溉关中良田四万多顷，而且每亩田地都能收获粮食一钟（古代十釜为一钟），关中地区成为秦国最肥沃的地区，再也没有凶年。秦国更加富强，为吞并其他诸侯国积攒了更多的实力。

秦王考虑到这条渠为秦国带来的巨大福利，就把这条渠命名为"郑国渠"。

虽然修渠风波被秦王平息了下去，但秦国人却掀起了一场驱逐外国人才的风潮。秦王为此而下达了逐客令，让那些外来的人才哪里来的就回哪里去，赶紧卷铺盖走人。这时，一个关键人物走出来说话了，他就是李斯。

李斯给秦王嬴政上了一封《谏逐客书》，指出外来人才对秦国做出的巨大贡献，外来人才对秦国是利大弊小，希望秦王收回成命。秦王权衡利弊，果断地取消了逐客令。

魏国人尉缭对秦王说："以秦国的强大，各国诸侯不过相当于秦国的郡守和县令。虽然如此，山东六国若是合纵抗秦，出其不意地发动进攻，秦国就很危险了。智伯、夫差、齐湣王就是我们的前车之鉴。希望大王不要吝惜钱财，贿赂各国的权臣，阻抑他们合纵的计谋。这样不过损失几十万锭金子，却能将天下收入我们的囊中。"秦王欣然采纳，大行反间之计。

秦王嬴政依靠自己的雄才大略，深谋远虑，统一了六国，成为中国历史上第一个皇帝。

汤和不恤小难谋深远

元末明初，日本处于战国时期，内部混战不已。大批的日本武士由于缺乏政府的约束，纷纷骚扰中国的东南沿海一带。

朱元璋建立明朝后，对倭寇的骚扰很是头疼。他几次给日本的诸侯写信，让他们好好约束日本的武士，并附带恐吓威胁，结果没有什么效果（日本诸侯也是自顾不暇）。没办法，只好自己想办法了。他派曾担任过征南将军、对水军比较熟悉的汤和负责这件事。当时汤和的年纪已经很大了，朱元璋对他说："你的年纪虽然有些大，但国家有忧患，就替朕受累走一趟吧！"

汤和找来对东南沿海地形比较熟悉的方鸣谦担任顾问。为什么要找方鸣谦呢？因为他是很有来头的。他是方国珍的侄子，以前做过海盗，对东南沿海的地形非常熟悉，对海战也比较精通。汤和请教抵御倭寇的计谋，方鸣谦建议说："倭寇从海上侵扰，就需要在海上进行防御。请您按照距离的远近设置卫所，陆上聚集步兵，海上则用战船巡逻，严密防守，倭寇就不可能登陆了。从当地的百姓中四人挑选一人当兵，就地防守，这样就不必劳烦调动军队了。"朱元璋很赞同方鸣谦的防御策略，就让汤和去办。

汤和按照地理形势在浙江沿海设置了五十九处卫所，挑选三万五千名壮丁修筑堡垒，由当地的州县出资，当地的罪犯服役。有些役夫经常骚扰当地的百姓，这给浙江的百姓带来不少祸患。有人对汤和说："百姓开始怨恨我们了，怎么办？"汤和回答得很干脆："考虑长远利益的人不会太在乎眼前的嗟怨，做大事的人不关心细枝末节。再有不满，就试试我的宝剑。"老百姓的怨言就这样被压了下去，工程也被强力地推行下来。汤和按计划设置军队驻守，规定考核的办法，设定奖励、处罚的措施。浙东百姓中一家有四个成年男子的挑选一个人当兵，总共得到士卒五万八千七百人。第二年，福建的海防工程也相继竣工。汤和回京向朱元璋复命。

明朝嘉靖年间，倭寇大规模地骚扰中国东南沿海，给当地人民带来深重的灾难。由于汤和修筑的海防工事防守严密，固若金汤，倭寇拿它没有办法，浙江人多赖此得以保全。人们这才明白汤和的深谋远虑，思念汤和的恩德，作歌颂之。浙江巡抚向皇帝上奏，在浙江为汤和立庙纪念。

君子必慎交游

【亲仁友直[1]，所以扶颠[2]。】

【1】亲仁友直：亲仁，亲近有仁德的人；友直，与正直的人友善。

【2】扶颠：语出《论语·季氏》："危而不持，颠而不扶。"扶持危局。

注曰：闻誉而喜者，不可以得友直。

王氏曰：父母生其身，师友长其智。有仁义、德行贤人，常要亲近正直、忠诚，多行敬爱；若有差错，必然劝谏、提说此；结交必择良友，若遇患难，递相扶持。

白话：与有仁德、正直的人亲近友善，能够不断地匡正自身的缺点，完善品格。

解读：子曰："见贤思齐焉。"每个正常人都有羞耻向上之心，见到比自己更优秀的人，往往先是羡慕，进而模仿，最后提高。交朋友也是一样，和仁爱正直的人交朋友，不但会不知不觉地"思齐"，而且往往在你没有觉察到自己过失的时候，会得到提醒。和这样的人友善交往，首先不会遭受暗算；其次，若有困难，他们也会慷慨地帮助你；再次，你不断地提高自己，逐渐减少过失，做事更加周全，自然会不断地走向成功而渐渐地远离祸患。"君子必慎交游"，我们一定要明白这个道理。

案例

鲍叔牙与管仲

管仲年轻的时候穷困潦倒，和鲍叔牙的关系很好。管仲因为穷，就经常耍一些小聪明，占了鲍叔牙不少便宜，鲍叔牙知道后并不责怪，一直对管仲很好。

后来鲍叔牙辅佐齐国的公子小白（即后来的齐桓公），管仲辅佐公子纠。公子小白和公子纠争夺王位，管仲就在小白回国的途中趁机截杀，公子小白装死躲过一劫，并先于公子纠继承了王位，是为齐桓公。齐桓公登上王位后，想杀死管仲报一箭之仇。鲍叔牙就向齐桓公推荐管仲说："您要是想治理齐国，用高傒和我也就够了。您要是想称霸天下，号令诸侯，那就非用管仲不可。管仲辅佐哪个国家，哪个国家就一定会强盛的。"于是，齐桓公不计一箭之仇，重用管仲为相，并尊其为"仲父"。管仲辅佐齐桓公九合诸侯，一匡天下，成为春秋五霸之首。

管仲一直没有忘记鲍叔牙对自己的恩情，他说："我穷困潦倒的时候，曾和鲍叔牙一起做生意，每次分钱的时候，我都占他的便宜，拿了大份。鲍叔牙知道后，他不认为我贪婪，知道我太穷了，需要这些钱。我曾和鲍叔牙一起做事，没想到事情越做越糟，鲍叔牙不认为我是蠢材，知道时机有好有坏。我曾三次做官，三次被君王驱逐，鲍叔牙不认为我没有才干，知道我是没有机会啊。我曾三次打仗三次逃跑，鲍叔牙不认为我很怯懦，知道我挂念老母啊。公子纠争夺王位失败，召忽（公子纠的另一个老师）为这件事死节，我被鲁国囚禁受辱，鲍叔牙不认为我是无耻小人，知道我是成大事不拘小节。是我的父母生养了我，却是鲍叔牙成就了我啊！"

苏秦与张仪

苏秦和张仪曾一起跟随鬼谷子学习，是关系很好的师兄弟。后来苏秦说服了赵王与其他五国合纵，却怕秦国趁机进攻其他的诸侯国，致使盟约还未缔结就先遭到破坏。苏秦想找一个人稳住秦国。他知道张仪的才能，就暗中派人怂恿张仪说："你以前和苏秦的关系那么好，现在他已经显达了，你可以去投靠他啊，让他提携提携你。"

张仪听后，立马动身去了赵国。张仪求见苏秦，苏秦就告诉门人不要为他通报，又让人弄得他离不开赵国。张仪被折磨了好几天，苏秦这才见他。见面之后，苏秦一直对他很冷淡，让张仪坐在大堂下面，以仆妾的标准供给伙食。这还不算，苏秦还屡次教训张仪说："你就这个熊样了，你混到今天这样潦倒，完全是你自作自受啊。难道我不能为你说句话让你富贵吗？只是你的水平太次了，烂泥扶不上墙啊。"说完，就让人把张仪撵跑了。

张仪来赵国的时候，认为自己和苏秦是好哥们儿、好同学，他一定会帮自己的。没想到苏秦竟然狠狠地把自己损了一番，张仪气得七窍冒烟，心想一定要给苏秦点颜色瞧瞧。他明白，现在除了秦国，其他的诸侯国都不是赵国的对手。于是，张仪一怒之下就去了秦国。

不久，苏秦就告诉自己的门客说："张仪，他可是国家级的贤才啊，难道我不知道吗？我只是运气好，先一步被赵国重用，将来能操纵秦国权柄的人物，只能是张仪啊。但是他太穷了，没有办法施展自己的才能。我怕他贪恋小利而难以成大事，因此故意把他找来羞辱他一番，以此来激起他的上进心。你替我在暗中帮助他吧。"

苏秦让赵王配备金钱车马，让自己的门客在暗中跟着张仪，和他住在一起，慢慢地接近他，而且车马金钱张仪可以随便用。最后张仪终于见到了秦惠王，秦惠王对张仪的才能很是欣赏，让他担任客卿，并和他商量讨伐山东六国的大计。

苏秦的门客帮助张仪得到秦国的重用以后，就要告辞离去。张仪说："多亏了您的帮助，我才得以显贵。现在我富贵了，正要好好报答您啊，怎么要走呢？"苏秦的门客说："其实，您的知音不是我，而是苏秦先生啊。苏秦先生担心秦国的讨伐可能会破坏合纵的大计，认为只有您才能操纵秦国的权柄，因此故意激怒您，然后让我在暗中资助您。这些都是苏秦先生的计谋啊。现在您已经受到秦国的重用了，请允许我回去向苏秦先生交差。"

张仪很感慨："这样的计谋我和苏秦都学过，我却没能看出破绽，是我不如苏秦高明啊。我刚刚被秦国任用，不可能图谋攻赵。替我感谢苏秦，只要苏秦在，我张仪不会对赵国怎样，也不能对赵国怎样。"

好的朋友，总会在你前进的道路上予以长远的帮助，而不是对你施加小恩小惠。

做人要厚道

【近恕笃行[1]，所以接人[2]。】

【1】近恕笃行：近恕，以己推人，宽厚待人；笃行，行为淳厚，纯正踏实。

【2】接人：待人接物，与人相处。

注曰：极高明而道中庸，圣贤之所以接人也。高明者，圣人之所独；中庸者，众人之所同也。

王氏曰：亲近忠正之人，学问忠正之道；恭敬德行之士，讲明德行之理。此是接引后人，止恶行善之法。

白话：以己推人，待人宽厚，行为纯正，这是与人相处之道。

解读：为人随和宽厚，常常设身处地地为别人着想，对别人的过失能大度地包容，这样的人自然人人愿意与之交往。海纳百川，有容乃大。能成大事的人，往往具有开阔的气度与博大的胸怀，因此能得人心。得道多助，成功当然就在眼前。

案例

胸襟开阔成大功

春秋时期的齐国君主齐襄公荒淫无耻，搞得齐国大乱。他的弟弟们恐怕无故遭祸，都纷纷出国流亡。后来齐襄公被部下杀死，他的弟弟们都纷纷回国争位，公子纠和公子小白是争夺最为激烈的两位。最终，公子小白胜出，继承了王位，即齐桓公。管仲曾射杀过齐桓公，为了称霸诸侯，齐桓公就冰释前嫌，不计前怨，重用管仲为国相。管仲辅佐齐桓公"连五家之兵，设轻重鱼盐之利，以赡贫穷，禄贤能"，使得齐国迅速富强。然后"九合诸侯，一匡天下"，齐国成为春秋五霸之首。

光武帝刘秀在河北时，势单力薄，被王郎追得狼狈不堪。后来终于咸鱼翻身，攻占邯郸，诛杀王郎。在接收王郎的文件时，发现了部下与王郎暗中往来的几千封书信。部下请求一一核对，然后将那些叛徒正法。光武帝没有说话，召集诸将，当着众人的面，将那些书信全部烧毁，说了句："让那些反复不定的家伙安心！"从此，再也不提这件事。

更始帝刘玄因为猜忌，无故杀死刘秀的哥哥刘縯。后来刘玄被赤眉军打败，孤身逃离长安。刘秀怕他遭人暗害，亲自下诏："刘玄败亡，狼狈逃窜，老婆、孩子都保不住了。我很怜悯他，现在封他为淮阳王。如果有人敢害他，那就是大逆不道。"不过最后刘玄还是难逃被绞死的命运。

朱鲔曾是刘玄的大将，杀害刘縯这件事就是朱鲔亲手策划的。后来刘玄败亡，光武帝派部下包围了洛阳，洛阳的守将正是朱鲔。朱鲔把城池守得很紧，光武帝的部下攻了几个月都没攻下。光武帝派人劝降朱鲔，朱鲔害怕光武帝报复，就说："大司徒（刘缤曾担任更始帝的大司徒）被害这件事，是我和更始帝一起策划的。我还劝过更始帝不要派遣萧王（更始帝曾封刘秀为萧王）北伐。我自知罪孽深重，因此不敢投降。"

光武帝就派人对朱鲔说："干大事的人不会计较小仇恨。朱鲔要是投降，我可以保证他的官爵，更别说杀他了。我可以对着黄河发誓，绝不食言！"朱鲔投降后，光武帝果然没有为难他，还封他为平狄将军、扶沟侯，子孙世代享受尊荣富贵。

再说曹操。曹操在宛征讨张绣，本来张绣已经投降，曹操却因一时放纵，与张绣的婶母通奸，结果激怒了张绣。张绣趁曹操不备，发动了突袭，杀死了曹操的长子曹昂、爱侄曹安民以及猛将典韦，曹操也差点被弄死。后来张绣再次投降曹操时，内心很是不安，结果曹操不计前嫌，委以重任，张绣为曹操征战而死。

曹操在打败袁绍后，也发现部下与袁绍暗中勾结的书信。面对这样的事情，他和光武帝采取了同样的措施，当着众将的面将其烧毁，还说："袁绍强盛的时候，我都担心无法自保，更别说其他人了。"

曹操在担任兖州牧时，以毕谌为别驾。张邈联合吕布背叛曹操时，劫持了毕谌全家。曹操看到这种情况，就让毕谌离开自己去投奔老母、妻子："你的老母亲在那边，去吧！"毕谌对曹操叩头，发誓自己没有二心，曹操为他的忠诚所感动，泪流满面。然而这个毕谌不但是个两面派，更是绝对的演技派。一出大帐，立刻背叛曹操，逃奔到吕布那里。曹操攻灭吕布后，擒获了毕谌。大家都认为曹操一定会杀掉毕谌的，毕谌死定了。然而曹操却说："一个人能对自己的亲人尽孝，能不为自己的君主尽忠吗？毕谌就是我要寻找的贤才啊！"立即赦免了他，并让他担任鲁相。

一个好汉三个帮

【任材使能[1],所以济物[2]。】

【1】任材使能:委任有才之人,驱使有能之人,量才委用。

【2】济物:救济百姓。物,指人。

注曰:应变之谓材,可用之谓能。材者,任之而不可使;能者,使之而不可任,此用人之术也。

王氏曰:量才用人,事无不办;委使贤能,功无不成;若能任用才能之人,可以济时利务。如汉高祖用张良、陈平之计,韩信、英布之能,成立大汉天下。

白话:合理地任用和调度人才,使人才各施其能,各任其用,相互配合,如此,才能做出救世济民的大事。

解读:世界上并不缺乏美,而是缺乏一双发现美的眼睛。人才也是一样,世上并不缺少人才,关键在于如何发现和任用人才。知人善任,就能使自己手下的人才各司其职,互相配合,形成一个优良的团队,最终取得巨大成功。任人唯亲,埋没人才,必将导致人心涣散,事业废弛,受害的最终是自己。孟子曰:"天时不如地利,地利不如人和。"谚语有"一个篱笆三个桩,一个好汉三个帮"。没有贤才的帮助,不能合理地使用人才,想成就一番事业,那是绝对不可能的。

案 例

唐太宗知人善任

唐太宗是一位非常善于发现和任用人才的帝王。他以房玄龄、杜如晦为宰相。房玄龄通达国事,勤勤恳恳,唯恐有一件事办得不够妥当。他持法宽容公正,听说别人的优点就非常高兴,好像是自己的优点一样。对人不责备求全，用人所长，贞观年间的许多人才都是他举荐的。唐太宗与房玄龄谋划大事，房玄龄一定会说："这件事只有杜如晦能够做出决断。"等到杜如晦来了，必定采纳房玄龄的计谋。因为房玄龄善于谋划，杜如晦善于决断，后人称其为"房谋杜断"。房、杜二人同为宰相，配合默契，相得益彰，为贞观朝的强盛做出很大的功绩。后人提到唐朝的贤相，必定首推房、杜二人。

唐太宗对长孙无忌等大臣说："我要是不知道自己的过失，请你们直接指出来。"长孙无忌就说："陛下的伟大功绩，我们赞扬都赞扬不过来，哪里能知道陛下的过失呢？"唐太宗就说："我向你们请教自己的过错，你们都逢迎我而不愿意说。那我就指出你们的优缺点，相与借鉴，怎么样？"唐太宗接着就说："长孙无忌善于避开嫌疑是非，反应敏捷，处理事情，古代的贤人也比不了；但是统军打仗却不是他的长处。高士廉学识渊博，涉猎古今，面临祸难能坚持气节，做官立朝而不结朋党，这是他的长处；他所缺乏的就是骨鲠规谏的硬气。唐俭能言善辩，口才过人，而且善解人意；但侍奉我三十多年，对于国家兴衰的大事却没有什么积极的建议。杨师道性情温和，品质高洁，自身从不犯什么错误，这是他的优点；但也是他性格懦弱的表现，一旦有大的困难，他是帮不上什么忙的。岑文本性格质朴宽厚，富有文采；但做事说话都是引经据典，原则性很强。刘洎性格最为坚贞，对国事是很有用的；但是有些豪侠习气，容易为朋友谋私利。马周处理问题非常敏捷，性格正直，选拔人才，直言进谏，担任官职，都很能让我满意。褚遂良很有学问，性格也很正直，对我很是忠诚，容易让人亲近，就像小鸟依人，人自然对它产生怜爱之心。"

唐太宗认为兵部侍郎戴胄忠诚正直，就提拔他担任大理少卿。唐太宗察觉到在选拔官员的时候，有人伪造祖上资荫，就立即下令让作弊的官员自首，不自首而被查出的处死。不久，就有作弊者被查了出来。唐太宗想要杀了他，戴胄就上奏："根据刑律，应当判处流放。"唐太宗大怒，说："你想因为遵守律法而使我失信于天下吗？"戴胄答道："皇帝的敕令有时出于一时的喜怒，律法则是国家对天下人显示诚信。陛下对选拔人才作弊这件事很生气，所以要杀掉他。然而知道这是不合适的，就让按律令惩处，这就是忍耐小的愤怒而遵守国家诚信的表现啊！"唐太宗立即转怒为喜："卿能坚持律法，我还有什么忧虑呢？"戴胄坚持律法，屡次犯颜直谏，唐太宗都顺从他的意见。戴胄执掌国家刑罚，天下没有冤狱。

唐太宗曾对左右大臣点评自己手下的大将："当今为人称道的名将，只有李勣、李道宗、薛万彻三人了。李勣、李道宗没有打过很大的胜仗，但也很少大败；薛万彻不是大胜就是大败。"唐太宗对自己的大将了如指掌，用起来也得心应手，因此，贞观时期的武功在唐代是最强盛的。

唐太宗听说洺州刺史程名振善于用兵，就召其入朝，询问用兵方略。程名振对答如流，唐太宗对其才能十分赞赏，勉励他说："卿有将相的器量，朕不久就要重用你。"当时程名振正考虑着什么事情，忘记向唐太宗拜谢。唐太宗想试探他一下，就假装生气，看看他有什么反应："你不过是个关东（函谷关以东）浅陋的俗人罢了，得到一个刺史的官职，就达到富贵的极点了吗？竟然在天子面前举止粗疏，而且不对朕下拜！"没想到程名振面不改色，从容赔罪说："我本来就是一个粗鄙的人，未尝得到天子的接见。刚才正在思考陛下的问题，所以忘记拜谢了。"唐太宗再次询问方略，程名振思路更加清晰。唐太宗感叹道："房玄龄跟我二十多年，每次见我对其他人发怒，他都面无人色，惊慌失措。名振以前并未见过朕，我忽然责备他，他竟然毫无畏惧，言语清晰，有理有据，真是一个奇才啊。"当日就提拔程名振担任右骁卫将军。

唐太宗知人善任，用人唯长，使得其手下人才辈出，名将名相之盛蔚为大观，唐朝最终取得强盛，这应该一点都不奇怪。

让小人走远点

【殚[1]恶斥谗，所以止乱。】

【1】殚（dān）：灭，毙。

注曰：谗言恶行，乱之根也。

王氏曰：奸邪当道，逞凶恶而强为；谗佞居官，仗势力以专权，逞凶恶而强为；不用忠良，其邦昏乱。仗势力专权，轻灭贤士，家国危亡；若能侪绝邪恶之徒，远去奸谗小辈，自然灾害不生，祸乱不作。

白话： 斥退奸谗邪恶的小人，则能防止祸乱。

解读： 奸谗小人建设作用不大，但破坏作用不小。要其成事非常困难，若要其陷害忠良，祸乱朝纲，绝对是手到擒来，一气呵成。比如东汉末年的十常侍，蜀汉的黄皓，东吴的岑昏，南宋的秦桧、史弥远。这些人在建功立业、兴盛国家方面一无是处，但若要毁灭国运，个个拿来都是"好手"。一个单位也是这样，奸谗小人喜欢挑拨是非，搞得内部不和，离心离德，对单位的危害极大。

案例

郭开用谗终灭赵

郭开是赵国著名的谗臣，别的本事没有，用谗言陷害大臣非常有一套。赵孝成王死后，他的儿子赵悼襄王用乐乘（乐毅的儿子）取代廉颇为将。廉颇大怒，一时冲动，就带兵把乐乘给打跑了。廉颇自知闯祸，就流亡到魏国。魏国不敢重用廉颇，廉颇就很想回赵国。赵悼襄王由于赵国屡次被秦国攻打围困，也很想让廉颇回来支撑局面。

赵王考虑到廉颇的年纪大了，不知还能不能带兵打仗，就派一个使者到魏国去看看廉老将军的身体如何。郭开与廉颇不对眼，害怕廉颇再次得到重用，于是用重金贿赂赵国的使者，叫他诋毁廉颇。赵使到了魏国，见到了廉颇，廉颇很激动，老乡见老乡，两眼泪汪汪。廉颇为了表现自己老当益壮，还能继续带兵打仗，一口气吃下一斗米饭、十斤肉，披甲上马，英姿勃发。赵使被惊呆了。

赵使回来后，只说了一句话，就让廉颇永远失去了再次报效赵国的机会。赵使对赵王说："廉将军虽然年纪大了，但胃口还不错，饭量还好。但我们俩在一起聊天，还不到一刻钟的时间，他就拉了三次稀屎。"赵王据此判断，廉颇的确老了，就没让廉颇回来。

廉颇因为郭开的阻挠而没能回到赵国，最后客死在楚国。但赵国还不算很悲哀，毕竟还有一个连秦兵都闻风丧胆的猛将李牧，这才勉强撑住了局面。

后来，秦王嬴政要扫灭六国，统一天下，派大将王翦攻赵。王翦是秦国一流的大将，秦兵来势凶猛。但碰到了李牧，王翦一点儿办法都没有。这时，一个"重要"的人物出场了，为赵国的灭亡做出了卓越的、巨大的"贡献"，这个人就是郭开。秦王嬴政听说郭开这个人十分贪财，就派人狠狠地贿赂郭开，让他在赵国搞反间计。郭开就造谣，说李牧想造反。赵王很快就相信了郭开，让不怎么会打仗的赵葱和齐国的将领颜聚代替李牧为将。李牧知道这关系到赵国的存亡，不是闹着玩的，就拒不受命。赵王立即派人逮捕李牧，将其杀死。王翦趁机加大进攻的力度，杀掉赵葱，俘虏了赵王和颜聚，赵国灭亡。

奸臣卢杞

卢杞是唐德宗时的奸相，不但相貌丑陋，而且满面幽蓝，人们都称其为"蓝面鬼"，不敢把他当人。

卢杞登上相位后，嫉贤妒能，只要是稍稍不附和自己的，必定置之死地而后快，以此来树立自身的权威，长久巩固自己的相位。宰相杨炎觉得卢杞相貌丑陋，又无远见，自己和这样的小人同列，内心很是不悦。卢杞知道后，立即在唐德宗面前进谗言，说杨炎在修建家庙的时候，有意修到江边，抢占皇帝的王气，图谋不轨。不久杨炎就被贬谪崖州，途中赐死。

朱泚造反，唐德宗奔逃奉天（今陕西乾县）。大将崔宁从叛军中逃出来，向唐德宗痛哭流涕，陈述时事，其中涉及卢杞的奸状。卢杞知道后，对崔宁非常痛恨。不久，卢杞就在唐德宗面前诬陷崔宁，说崔宁与朱泚勾结，图谋不轨，唐德宗立即派人将崔宁缢杀。

太子太师颜真卿为当时名臣，为人正直，不肯附和卢杞，卢杞对之很是忌惮。卢杞想将颜真卿赶出朝廷，颜真卿知道后，就对卢杞说："当初安史叛军将令尊的首级传送至平原郡示众的时候，我不忍心看到首级上满是血污，就用自己的舌头将血污舔干净。现在宰相大人忍心把我这把老骨头赶出朝堂吗？"卢杞立即惊惧地站起来，向颜真卿下拜赔礼，但内心却对颜真卿恨之入骨。建中四年（公元783年），李希烈反叛，攻陷汝州。李希烈为人凶残好杀，卢杞很清楚，就对唐德宗说："李希烈虽然反叛了，假如朝廷能够派出忠心亲信的儒臣前往游说，为他陈说祸福，不用出动军队就能平定叛乱。颜真卿是三朝老臣，忠直刚决，是非常合适的人选。"唐德宗就派遣颜真卿前往，最后颜真卿被李希烈杀死。

卢杞经常这样暗地里陷害他人，制造了无数的冤案。

当时藩镇割据，动辄反叛，朝廷出兵平叛，军费开支巨大。度支使杜佑计算各道用兵，每月需耗费军费一百余万贯，国库的储藏不敷数月开支。当时若能筹措军费五百万贯，支撑半年，就可以应付朝廷的军费开支了。卢杞为了一己私利，任用亲信户部侍郎赵赞掌管度支。赵赞也无计可施，就和其党羽太常博士韦都宾商量对策，大肆搜刮百姓钱财来扩充军费。官吏的酷虐让百姓困苦不堪，有冤无处申诉，以至于走投无路，上吊自杀。长安动荡不安，如同遭到强盗抢掠。虽然如此严酷地搜刮，所得的收入也不到预计的一半，然而民怨已起，天下扰动不安。

建中四年十月，泾原兵路经长安时，由于朝廷安抚不当而反叛。乱兵冲进长安市中，鼓动百姓起来造反，人心扰动。泾原兵趁机拥戴朱泚，攻占了长安。唐德宗如丧家之犬，匆匆带领妃子、儿女奔逃至奉天。唐德宗狼狈逃窜，藩镇造反，这些灾祸全由卢杞一手造成。因此，天下人无不对卢杞切齿痛恨，视其如仇敌。

唐德宗在奉天被朱泚围困。邠宁、朔方节度使李怀光前来勤王，讨伐叛军。有人对卢杞的心腹王翃、赵赞说："李怀光经常愤恨叹息，认为天子遭此大难，都是因为宰相（指卢杞）谋划失当，度支（赵赞）赋敛沉重，京兆（少尹韦祯）克扣军粮，都是三位大臣的罪过！现在李怀光功高德昭，皇上必定对其开诚布公，向其询问朝政得失。假如让李怀光说话，你们三位大臣岂不是很危险了？"王翃、赵赞把这话告诉了卢杞，卢杞听后非常惊恐。为了自保，卢杞又在唐德宗面前进谗言，逼反李怀光。本来一支有力的勤王军队，转而与朱泚联合起来反叛。后来唐德宗醒悟，是自己误听了卢杞谗言，加之天下人都对卢杞愤怒声讨，遂将卢杞贬为新州司马。

但唐德宗对卢杞一直念念不忘,还要提拔卢杞担任饶州刺史(以便以后再次起用为相)。朝中大臣对卢杞的恶行切齿痛恨,坚决反对,德宗只得作罢。卢杞再起无望,不久在澧州抑郁而死,官员百姓无不拍手称快。

老祖宗不能丢

【推古验今,所以不惑。】

注曰: 因古人之迹,推古人之心,以验方今之事,岂有惑哉?

王氏曰: 始皇暴虐行无道而丧国,高祖宽洪,施仁德以兴邦。古时圣君贤相,宜正心修身,能齐家、治国、平天下;今时君臣,若学古人,肯正心修身,也能齐家、治国、平天下。若将眼前公事,比并古时之理,推求成败之由,必无惑乱。

白话: 用过去的经验教训来比照当前,就能对当下纷乱的世事一目了然,从而保持清醒的头脑,不致困惑。

解读: 有智慧的人总是善于总结。所谓"人非生而知之者",一个人的知识和智慧往往在很大程度上来源于前人的经验和教训。善于将古人的经验加以变通,然后用于指导自己当前行为的人,往往更容易获得成功。太阳底下没有新鲜事,古今的许多事理都是相通的,并没有太大的不同。关键在于如何利用过去的道理来把握当前的形势,进而做出准确的判断,获得成功。

唐太宗善于鉴古

唐太宗非常善于总结和借鉴古代的经验教训,常常以此自励,因而英明神武,将国家治理得井井有条。

景州录事参军张玄素对唐太宗进言:"隋朝君主喜欢大权独揽,不敢放手任用大臣。大臣都心怀恐惧，只知道受命办事而已，没有人敢违抗皇帝的旨意。以一个人的智力来处理天下的事务，就算得失各占一半，错漏之处已经相当多了。臣下谄媚，皇帝被蒙蔽，隋朝自然迅速灭亡！陛下要是真能审慎地选择大臣，放手让他们分管天下大事，而陛下只需站在高处统筹全局，根据他们的业绩加以赏罚。如此，又何愁国家治理不好呢？而且，我观察隋末天下大乱，真正争夺天下的也就那十几个人罢了，其余的不过是为了保全乡党和妻子、儿女，等待有道之君而真心归附。由此可见，老百姓中喜欢作乱的人其实是很少的，只是君王不能安抚他们而已。"唐太宗非常赞赏张玄素的观点，立即提拔他为侍御史。

一次，唐太宗对侍臣说："我看了《隋炀帝集》，发现炀帝的文辞精深广博，也知道称赞尧、舜而鄙薄桀、纣，为什么他的行为却和思想如此地相反呢？"魏徵说："君王即使是圣贤，也应该谦虚待人。这样，智者才会奉献他的谋略，勇者才会使出他的勇力，全心为君王效劳。隋炀帝倚恃自己才智过人，刚愎自用，不听人言。虽然口头上称说尧、舜，但却做出桀、纣的暴行，还不知道自我反省，最后终于导致自己的灭亡。"唐太宗就说："炀帝的教训就在眼前，应该值得我深刻地学习！"

康国想归附唐朝，唐太宗说："以前的帝王都喜欢远方的国家前来归附，借以表现自己的仁德能够让远方归心的名声。这对国家其实没有什么益处，而只会消耗百姓的财力。现在康国如果归附我们，假如它有什么紧急的事情，在道义上我们必须加以救援。但康国与我们相隔万里，军队前往救援，能不让百姓疲敝吗？辛苦百姓而博取虚名，我不这么做。"就没有接受康国的归附。

长乐公主将要出嫁，唐太宗因为长乐公主是长孙皇后所生，非常疼爱，就下令相关官员在置办嫁妆时要丰厚一些，比永嘉长公主（唐太宗的妹妹）的规格高出一倍。魏徵劝谏说："过去汉明帝在给儿子封地时曾说过：'我的儿子怎么能跟先帝的儿子相比呢？'因此就让自己儿子的封地比自己兄弟的封地减少一半。现在陛下陪送公主的嫁妆要比长公主高出一倍，这岂不是和汉明帝的意思相反吗?"唐太宗赞同魏徵的意见,将此事告诉了长孙皇后。长孙皇后对魏徵的正直非常赞叹,立即赐给魏徵帛四十匹、钱四十万。

三思而后行

【先揆[1]后度,所以应卒[2]。】

【1】揆(kuí):与后面的"度(duó)"同义,都是揣测、谋划的意思。

【2】卒:通"猝",突然发生的事情,出人意料的事情。

注曰:执一尺之度,而天下之长短尽在是矣。仓卒事物之来,而应之无穷者,揆度有数也。

王氏曰:料事于未行之先,应机于仓卒之际,先能料量眼前时务,后有定度所行事体。凡百事务,要先算计,料量已定,然后却行,临时必无差错。

白话:事前谋划周详,即使出现突发的情况,也能从容应对,不致忙乱。

解读:人们常说,走路之前,要看清路再迈步子,这样才能走得更远。在行动之前,仔细地察看当前的形势,对未来的发展做出精准的预测,然后做出比较周密的安排。各个方面的工作都做到了,自然无懈可击、无隙可乘。即使出现突发情况,也会心中有数,从容应对,不致忙乱。

 案例

张辽临危不乱

临危不乱,果断地判断形势,做出决定,这是一个大将应有的素质。

张辽是曹操手下第一大将,勇谋兼备,屡立大功。一次,张辽率军屯驻长社(今河南长葛东)。军队出发的前天夜晚,军中有人发动叛乱。叛乱者放火烧营,制造混乱。果然,全军惊扰。这时,张辽非常冷静,他果断地对身边

的将士说:"都不要动。不可能全军都发动叛乱,必定是叛乱的人以此来惑乱军心。"他下令,不反的人都安静地坐在大营中,不要惊慌失措。然后张辽率领亲兵数十人站立在军阵中间指挥调度。不一会儿,叛乱者便被揪出斩杀,军心就此稳定下来。

曹刿揆度胜齐师

齐桓公攻打鲁国,鲁庄公准备抵御齐国的进攻。曹刿请求拜见鲁庄公。曹刿的乡人说:"出兵打仗这样的大事,自然有朝廷大官去考虑,你又何必操心呢?"曹刿就说:"那些大官只知道饱食终日,目光短浅,不会有什么好的计策。"

曹刿见到鲁庄公,就问:"怎么打?"鲁庄公就说:"好的衣服、饭食,我都不敢独享,一定和部下共享,大家会为我卖命的。"曹刿就说:"你这是小恩小惠,而且还未遍及百姓,老百姓是不会为你卖命的。"鲁庄公又说:"祭祀的牛羊玉帛,从来不敢虚报,对神灵非常诚信。"曹刿说:"这点小诚信,难以令神灵信服,是不会得到他们保佑的。"鲁庄公又说:"大大小小的案件,虽然不能一一查证清楚,但一定处理得符合民意。"曹刿这才说:"这是忠于职守的一件事,能得到百姓的拥护,可以与齐国一战了。若要作战,请允许我为您效力。"

齐国与鲁国在长勺展开激战,鲁庄公下令击鼓进兵。曹刿说:"不可。"齐国军队已经击鼓三通了,曹刿这才说:"可以击鼓进兵了。"鲁国初战告捷,鲁庄公准备乘胜追击。曹刿又说:"不行。"然后走下战车,看了齐国战车溃退的轨迹,随后又登上战车,看了齐国的阵形,对鲁庄公说:"可以追击了。"鲁国军队全力追击,取得胜利。

鲁庄公很高兴,但对曹刿一系列的举动感到很不解,就询问原因。曹刿说:"打仗,靠的就是勇气。击鼓一通,能激发士兵的勇气;击鼓二通,士气已经减弱了;击鼓三通时,士气已经衰竭。他们的士气衰竭,我们的士气正盛，因此能够击败齐国。但齐国是一个大国，很难了解它的意图。怕他们诈败，埋有伏兵。我看见他们战车的车辙在撤退时混乱了，战旗也都倒下了，明白他们是真的溃败了，因此乘胜追击。"

长勺之战，鲁国以弱胜强，这是齐、鲁交战中少有的胜利。曹刿审时度势，胜败之势了然于胸，终一举击败强大的齐国。

为人要讲原则，做事要有手段

【设变致权[1]，所以解结[2]。】

【1】设变致权：变、权，都是变通、灵活的意思。

【2】结：症结，难以解决的问题。

注曰：有正、有变、有权、有经。方其正，有所不能行，则变而归之于正也；方其经，有所不能用，则权而归之于经也。

王氏曰：施设赏罚，在一时之权变；辨别善恶，出一时之聪明。有谋智、权变之人，必能体察善恶，别辨是非。从权行政，通机达变，便可解人所结冤仇。

白话：为人要正道直行，但遇事也要灵活应对，讲究变通，不能固守一道，这样就能化解许多的困难。

解读：做人要正道直行，但遇事要灵活，懂得随机应变。《孙子兵法》曾说："以正合，以奇胜"，"奇正相生"。害人之心不可有，防人之心不可无。与自己交往的人，不可能人人都是君子，也不可能人人都能坦诚相待。因此，为人处世都要机灵一些，遇事多长个心眼。自己虽然不害人，但也不能成为别人阴谋诡计的牺牲品。而且面临困窘局面，一般的大道理是行不通的，只有懂得权变，方能使自己摆脱窘迫危难的局面。

案 例

宋兴助司马睿智脱司马颖

西晋"八王之乱"时,琅邪王(即后来的晋元帝)司马睿曾侍从晋惠帝留在成都王司马颖的地盘邺城。司马颖因为司马睿的叔叔司马繇与自己离心离德,就杀了司马繇。司马睿怕牵连到自己,就想逃回自己的封地。司马颖早就敕令各个通关要道的守卫,不要放任何达官贵人出去。

司马睿逃到河阳(黄河北岸),被当地的守卫挡在那里。眼看着黄河,就是过不去,司马睿内心很着急。这时,他的侍从宋兴从后面跟上来,用鞭子抽了司马睿一下,笑着说:"舍长(古代管理驿站的小吏),法令禁止贵人出逃,怎么把你给抓了?"守卫一听,自己抓的不过个小吏,就把司马睿给放了。

司马睿匆匆过了黄河,在洛阳接上自己的母亲安全地回到了封地,躲过了劫难,最后成为东晋的第一代皇帝。

贾诩巧计脱险

东汉末年至三国时的贾诩为人足智多谋。年轻的时候曾被举为孝廉,在朝廷担任郎官。后来因病辞官,想回到家乡凉州(今甘肃武威一带)。走到汧水(今千河的古称,源出甘肃省,流经陕西省入渭河)这个地方,同行的几十号人都被叛乱的羌人捉住了。羌人准备把他们全部活埋。

要命关头,贾诩心生一计。他对羌人说:"我是当朝太尉段公的外孙,你们不要杀我,我家一定会用重金将我赎回的。"贾诩所说的段公就是东汉的太尉段颎,曾长期镇守凉州,威震西北,羌人对其极其敬畏。贾诩明白这一点,就用段颎来吓唬羌人。羌人果然不敢害贾诩,还和他结为兄弟,把他平安地送回家,而其余的几十个人都被羌人活埋了。贾诩实际和段颎没什么关系,只是随机应变,却保全了性命。

陈平脱衣保命

秦末纷争时,陈平开始是跟着项羽混的。殷王司马卬背叛项羽,项羽以陈平为武信君,让其率领魏王在楚地的门客打败了殷王。项羽让项悍封陈平为都尉,赐金二十镒。

不久,刘邦率军攻占殷地。项羽十分气恼,迁怒于陈平,要杀掉陈平及殷地的将领。陈平害怕被项羽诛杀,封好自己的赏赐和印信,让使者归还项羽,然后自己扛着一把宝剑跑了。

坐船过黄河的时候,船家见陈平器宇不凡,而且是一个人独自坐船,估计他是逃亡的将领。当时,逃亡将领的口袋中都有宝贝。船家就恶狠狠地盯着陈平,准备杀了他,抢了他的宝贝。陈平很是害怕,就脱掉自己的衣服,光着膀子帮着船家划船。船家看见陈平身上什么都没有,就打消了杀掉陈平的念头。

该闭嘴时就闭嘴

【括囊顺会[1],所以无咎[2]。】

【1】括囊顺会:括囊,扎紧口袋,比喻缄口不语;顺会,顺应时势,等待时机。

【2】咎(jiù):灾祸,祸殃。

注曰:君子语默以时,出处以道;括囊而不见其美,顺会而不发其机,所以免咎。

王氏曰:口招祸之门,舌乃斩身之刀;若能藏舌缄口,必无伤身之祸患。为官长之人,不合说的却说,招惹怪责;合说不说,挫了机会。慎理而行,必无灾咎。

白话:在机会没有到来之前,缄口不语,耐心等待,如此,则能避免无端的灾祸。

解读： 祸从口出，言多必失。言语不慎，容易露出自己的破绽，进而给人以可乘之机。平时多嘴多舌，道张家长，讲李家短，也会给别人带来不必要的麻烦，惹得人人讨厌。这里让人注意自己的言语，并不是不让人说话，而是说说话要适可而止。有些人大嘴巴，口无遮拦，结果往往因自己的无心过失而给别人造成伤害。在日常生活中，这样的人往往处理不好与周围人的人际关系，也没有人敢与他交朋友，因为没有人敢跟他讲真心话。在战场和商场，说得太多，容易透露自己的军事机密或商业机密，给对手以可乘之机，往往会陷自己于被动，关键时刻甚至能让自己丢掉性命。

案例

贺若弼言语招祸

贺若弼的父亲贺若敦为北周大将，智勇过人，权臣宇文护对其很是忌惮。后来贺若敦因为立功未被赏赐，无罪而被重罚，就发了几句牢骚。宇文护以此为借口将其诛杀。

贺若敦临刑前，把儿子贺若弼叫到跟前，对他说："我一心想要平定江南，这个愿望现在不可能实现了。你一定要继承我的志向。我因多嘴而被权臣所害，你要记住我的教训。"说完，他拿出锥子，将贺若弼的舌头刺出了血，以此告诫他出言要谨慎。后来的事实证明，贺若弼并未吸取父亲的教训，终因出言不慎而招来杀身之祸。

贺若弼曾和大臣乌丸轨议论太子宇文赟不适合做皇位的继承人。后来乌丸轨以社稷之重不可以托于非人，向周武帝进谏，为了加强说服力，乌丸轨还说贺若弼也是这样认为的。周武帝为了求证，就把贺若弼叫过来询问。贺若弼知道太子的地位是无法动摇的，怕惹祸上身，就诡辩说："太子的德行每天都在上进，没看到有什么过失。"周武帝听后沉默了好一会儿。等宇文赟即位后，对乌丸轨一直耿耿于怀，借故将其诛杀。贺若弼由于见风使舵，终于获得保全。然而，这并没有让他吸取教训。

他和韩擒虎率兵平定陈朝后，常常认为自己的功绩无人可及，并以宰辅之才自许。隋文帝杨坚以杨素为尚书左仆射，而贺若弼仍为将军。贺若弼对此颇为不平，经常发牢骚，结果被免官。贺若弼不但没有因此而收敛，反而牢骚更多。隋文帝很生气，就把他投入大牢，并质问他："我让高颎、杨素担任宰相，你却经常说这两个人都是饭桶，你是什么意思？"贺若弼说："高颎，我们是老相识，杨素是我舅舅的儿子，我对这两个人十分了解，所以说了这样的话。"满朝大臣都认为贺若弼对皇上心怀不满，罪当处死。隋文帝比较大度，记他的功，免了他的罪，将其贬为平民。过了一两年，隋文帝又让他官复原职。然而嫌隙已经产生，隋文帝表面上尊崇他，但对他已经不是那么信任了，不给他发挥才干的机会。

后来隋文帝在仁寿宫宴请群臣，让贺若弼作五言诗一首助兴。贺若弼当即作诗一首，诗中充满了怨愤之情，隋文帝看了还是宽容了他。

隋炀帝杨广为太子的时候，曾问贺若弼："杨素、韩擒虎、史万岁三个人都是当今的名将，你认为他们三个孰优孰劣？"贺若弼信口说来："杨素是猛将，但是智谋不足；韩擒虎是战将，缺少帅才；史万岁算是个骑兵将领，而不能算是大将。"杨广就问："他们三个都不算大将，那谁是大将？"贺若弼就说："殿下您认为谁是谁就是。"意思就是，我才是真正的大将之才。隋炀帝即位后，对贺若弼更是猜忌和疏远。

隋炀帝大业三年（公元607年），贺若弼跟随隋炀帝巡幸北边。隋炀帝在榆林扎下可容纳上千人的大帐，宴请突厥启明可汗以炫耀富强。贺若弼认为太奢侈，就与高颎、宇文弼私下议论朝政得失。后来被人告发，贺若弼因此而被隋炀帝诛杀，妻子、儿女都沦为官奴婢，被流放至边疆。

缄口沉默

贾诩足智多谋，深为曹操所器重。曹操晚年，一直为继承人的问题头疼。当时曹丕为长子，法理上说应该由其继承王位。但曹丕的三弟曹植才高八斗，又深得曹操喜爱，颇有夺嫡之心。两人各有朋党，明争暗斗。

贾诩倾向于曹丕，曹丕也曾向贾诩讨教自固之策，贾诩说："希望将军（曹丕时任五官中郎将）不断加强自己的道德修养，像布衣百姓一样兢兢业业，做好人子分内之事。仅此而已。"曹丕采纳，不断地以此来砥砺自身。

一次，曹操屏退身边的侍从，从容地问贾诩，两个儿子谁更适合做继承人，贾诩默然不答。曹操很奇怪，就说："和你说话，却不回应，是什么原因啊？"贾诩说："不是有意冒犯，只是刚才在想一件事。"曹操就问："在想什么呢？"贾诩说："我刚才想起袁绍和刘表了。（两人都因废长立幼而引起内部争斗，最后惨败。）"曹操会意，大笑，从此曹丕的太子地位就稳定下来了。

坚忍不拔是成功必需的品质

【橛橛梗梗[1]，所以立功；孜孜淑淑[2]，所以保终[3]。】

【1】橛橛（jué）梗梗（gěng）：橛橛，有所恃而不可动摇貌；梗梗，刚强正直貌。即做事时坚忍不拔，百折不挠。

【2】孜孜淑淑：孜孜，勤勉、不懈怠的样子；淑淑，美好的样子。即做事时要勤勉努力，精益求精。

【3】保终：全始全终，安然无患。

注曰：橛橛者，有所恃而不可摇；梗梗者，有所立而不可挠。孜孜者，勤之又勤；淑淑者，善之又善。立功莫如有守，保终莫如无过也。

王氏曰：君不行仁，当要直言、苦谏；国若昏乱，以道摄政、安民。未行法度，先立纪纲；纪纲既立，法度自行。上能匡君、正国，下能恤军、爱民。心无私徇，事理分明，人若处心公正，能为敢做，便可立功成事。诚意正心，修身之本；克己复礼，养德之先。为官掌法之时，虑国不能治，民不能安；常怀奉政谨慎之心，居安虑危，得宠思辱，便是保终无祸患。

白话：做事能坚持不懈，百折不挠，必定能够成就一番事业；做事孜孜不倦，精益求精，必定能够避免过错，得到善终。

解读：荀子在《劝学》中说过："锲而舍之，朽木不折；锲而不舍，金石可镂。蚓无爪牙之利,筋骨之强,上食埃土,下饮黄泉,用心一也。蟹六跪而二螯,非蛇鳝之穴,无可寄托者,用心躁也。是故无冥冥之志者,无昭昭之明;无惛惛之事者,无赫赫之功。"古往今来能成大事的人,未必是最聪明的人,但一定是最能坚持的人。因为做大事,成大功,遇到的情况千变万化,失败在所难免,挫折司空见惯。若无长期的坚持和百折不挠的精神,事情往往都会半途而废。只有坚忍不拔,为自己的志向和追求不屈不挠努力的人,才能做成大事。精诚所至,金石为开,道理其实很简单,但坚持下来往往不是一件容易的事。

案例

范仲淹坚忍不拔

范仲淹身怀济世安民志向,以精忠报国为己任,步入仕途,直言切谏,虽屡遭打击,但仍坚定不移,终成北宋一代名臣。

宋仁宗即位后,其嫡母刘太后执掌朝政大权。天圣七年(公元1029年),刘太后想要在冬至那天接受百官朝贺,仁宗亲率百官向其敬酒。范仲淹极力劝谏,还说:"若是侍奉父母,自然有家人的礼节。家礼与国礼混淆,不能作为后世的典范啊。"不仅如此,范仲淹还上疏奏请太后还政于仁宗。奏疏递上去,很久没有回音。不久,范仲淹就被贬为河中府通判。

江淮一带发生了严重的旱灾和蝗灾,范仲淹请求朝廷赈济灾民,朝廷对此不闻不问。范仲淹求见仁宗,坚持请求安抚灾民,言辞相当尖刻:"假如宫中半天吃不上饭,将会怎样?"仁宗被打动了,就任命范仲淹安抚江淮一带的百姓。范仲淹每到一地,就打开粮仓赈济灾民。同时他还禁止当地过度地崇奉鬼神,上奏请求减轻百姓的徭役,并献上匡正时弊的举措十条。

宋仁宗在宰相吕夷简的挑唆下,将郭皇后废黜,范仲淹率全体谏官、御史力谏,然而没能改变仁宗的心意。第二天,范仲淹准备号召百官退朝后留下,和宰相当朝辩论。结果刚到待漏院(百官晨集准备朝拜之所),皇帝就下旨将范仲淹贬为睦州知州。

宰相吕夷简执政，官员的提拔任用均出于吕夷简的私心。范仲淹上《百官图》，将官员的升迁路径全部标出来，并详细指出哪些是按照正常程序升迁的，哪些没有按照正常程序升迁，哪些是公心，哪些是私心。他还进一步指出，提拔、贬黜朝中近臣，凡超过常例的，不应该由宰相一手操控。这让吕夷简很不高兴。

过了一段时间，朝廷讨论迁都之事，范仲淹上奏说："洛阳地势险要，易于防守，而汴梁所处的地势四面受敌，不利于防守。国家太平时期可以都于汴梁，一旦有变，必定要定都于洛阳。朝廷应该增加洛阳的积储，修缮洛阳的宫室，以备将来。"仁宗征求吕夷简的意见，吕夷简出于打压范仲淹的私心，就说："这只是范仲淹不切实际的论调罢了。"范仲淹向仁宗进献四论，都是针砭朝廷弊病的，并说："汉成帝听信张禹，对外戚不加提防，结果有了王莽篡权之祸。臣担心当今的朝堂之上也有张禹，将会败坏陛下的国法。"吕夷简大怒，向仁宗告状："范仲淹离间陛下与大臣的关系，他所推荐的官员，都是他的朋党啊。"范仲淹不屈不挠，更加深切地指出朝政弊病，为此而被贬为饶州（今江西鄱阳县）知州。

范仲淹离开朝堂后，士大夫不断地制造舆论，推荐范仲淹。仁宗对宰相张士逊说："过去我之所以贬黜范仲淹，是因为他让我立皇太弟。现在其朋党如此地制造舆论，该怎么办呢？"仁宗遂再次下诏，严厉斥责。

范仲淹在饶州一年多，又调至润州，不久，又调至越州。西夏的首领元昊反宋，不断地派兵骚扰宋朝的西北边境，宋军屡战屡败。朝廷需要能人来支撑局面，仁宗遂起用范仲淹。他任命范仲淹为天章阁待制、知永兴军，不久又让其改任陕西都转运使。当时夏竦为陕西经略安抚、招讨使，主持对西夏的战事。夏竦才能平庸，又嫉贤妒能，宋军在与西夏的交锋中，一直处于不利地位。朝廷遂以范仲淹为龙图阁直学士，让其担任夏竦的副手。

范仲淹整顿士卒，加强防御，以守为攻，元昊无计可施，遂送回俘获的宋将高延德，要求与范仲淹讲和。范仲淹写信给元昊，告诫他不要轻举妄动。不久，宋将任福在好水川全军覆没，元昊给范仲淹的回信出言不逊，范仲淹当着西夏使者的面将元昊的回信烧掉。宋朝的大臣认为范仲淹不应当和元昊通信，更不该当着使者的面将元昊的书信烧掉，大臣宋庠甚至请求仁宗斩杀范仲淹，仁宗没听。不久，范仲淹被降职为本曹员外郎、知耀州（今陕西铜川耀州），又调任知庆州（今甘肃庆阳和宁夏南部一带），后又升为左司郎中，为环庆路经略安抚、缘边招讨使。

庆州西北的马铺砦正对着后桥川口，战略地位非常重要，在西夏大军的腹地。范仲淹想在此地修筑一座城池，估计西夏兵一定会前来争夺，就秘密派遣其长子范纯祐和蕃将赵明占据该地，然后自己率兵作为后援。手下众将不知行军方向，行至柔远，范仲淹才发号施令，令大军修治城池，而且筑墙的工具都全部备齐了。大军进退无路，全力筑城，十天时间修建了一座城池，就是大顺城。西夏兵明白过来后，以三万骑兵前来挑战，而且佯装战败。范仲淹告诫诸将不许追击，过了一会儿，果然发现西夏伏兵。大顺城修筑以后，环庆一带从此很少有西夏军队前来进犯了。

范仲淹心系社稷，不畏权势，直言朝中弊政，虽屡遭贬斥，依然忠心不改，每至一地，必有善政，谥为"文正"，可谓当之无愧。

本德宗道章第四

注曰：言本宗不可以离道德。

王氏曰：君子以德为本，圣人以道为宗。此章之内，论说务本、修德、守道、明宗道理。

多动脑子好做事

【夫志心笃行[1]之术，长[2]莫长于博谋[3]。】

【1】志心笃行：志心，心气，即建立高远的志向；笃行，一心一意，坚持不懈，踏踏实实地践行自己的目标。

【2】长：优。

【3】博谋：精通谋略，善于应对。

注曰：谋之欲博。

王氏曰：道、德、仁、智存于心，礼、义、廉、耻用于外。人能志心笃行，乃立身成名之本。如伊尹为殷朝大相，受先帝遗诏，辅佐幼主太甲为是。太甲不行仁政，伊尹临朝摄政，将太甲放之桐宫三载，修德行政，改悔旧过。伊尹集众大臣，复立太甲为君，乃行仁道。以此尽忠行政贤明良相，古今少有人；若志诚正心，立国全身之良法。君不仁德、圣明，难以正国、安民。臣无善策、良谋，不能立功行政。齐家、治国，无谋不成；攻城破敌，有谋必胜。必有机变，临事谋设，若有机变谋略，可以为师长。

白话：树立远大志向，将之一心一意施行的方法，最好的莫过于精通谋略，善于应对了。

解读：做事没有方法和手段是不行的。蒲松龄曾在《聊斋志异》中写道："智欲圆而行欲方"，意思就是说立身做事要讲求原则，但做事的时候却要考虑周全，懂得随机应变。成功的过程，往往困难重重，挫折不断。出现问题的时候，你束手无策，让事情牵着鼻子走，必然会一败涂地。这个时候，需要的是冷静面对，随机应变，拿出解决问题的方法，并能果断施行。

如何应对困难，方法非常重要。比如，现在房价大幅上涨，而且是畸形地、持续不断地上涨。老百姓住房困难，怨声载道，可房价依然居高不下。为什么？其中的原因大家都心知肚明。如何去抑制房价的上涨？如何去惩治贪官？如何去规范奸商？如何去拉动经济增长？如何解决社会的就业问题？这都是政府执政所面临的严峻问题。解决好了，国家经济能够良性发展，百姓安居乐业，社会自然和谐稳定。解决不好，国家经济发展放缓、停滞，甚至崩溃都有可能。工人失业，人们生活质量下降，社会动荡不安，后果绝对是很严重的。如何解决这些问题，就要看政府所采取的措施和手段了。事关国计民生，方法手段之重要，可见一斑。

再比如，受次贷危机的影响，许多工厂倒闭，大量工人失业。作为老板，如何去应对？怎样解决资金问题，如何转换产品结构和品质，怎样保证工人不失业，同时又不大幅度降低工人的待遇，怎样保持市场份额，怎样拿出解决问题的方案，如何去实施等等，这都需要方法。

懂得随机应变，关键的时候能够解决问题，是保证成功的最重要的品质。失败的英雄，固然令人扼腕叹息，但成功的小人物或许对普通人更有启发意义。

案例

晏子巧救马夫

齐景公有匹好马，非常难伺候，养马的人照顾不来，又怕君王怪罪，就把这匹马给杀了。景公非常生气，操起手中的戈就要杀死这个马夫。

晏子想救这个马夫，但又不能直接跟齐景公顶撞，不然事情会更加糟糕。只见他从容地对齐景公说："如果这个马夫不知道自己的罪过就被君王杀死,外人都会对此加以议论。就让臣下替君王来责备他,好让他知罪。"

景公说:"好。"就把手中的戈递给了晏子。

晏子拿起戈对着养马的人说:"你替我们君王饲养好马却又把它杀掉,罪该死;你让我们君王因为马的缘故而杀掉养马人,让君王背负不仁之名,罪又该死;你使我们君王因为重视牲畜、轻贱人民而让邻国知道,陷国家于不利的境地,罪更该死!"说完就要刺去。

齐景公听了说:"放了他吧!不要为了一匹马而损害我的仁德。"

种世衡多谋

种世衡镇守西北时,为了抗击西夏军队,亟需一批善射的军士。但是当时延、绥一带的百姓并不善于射箭,种世衡很是头疼。为此,他想出了一个很特别的方法。他让官吏百姓把射箭作为任务,人有过失,射中目标就能免罪。谁要是推辞某事,或者请求某事,只要能射中目标,都能获得准许。延、绥一带的百姓因此而人人勤于练习射箭,一段时间以后,几乎人人都是神箭手,西夏军队因此而数年不敢靠近种世衡的防地。

能伸能屈真丈夫

【安[1]莫安于忍辱。】

【1】安:心境平和,处境安定。

注曰:至道旷夷,何辱之有。

王氏曰:心量不宽,难容于众;小事不忍,必生大患。凡人齐家,其间能忍、能耐,和美六亲;治国时分,能忍、能耐,上下无怨。相如能忍廉颇之辱,得全贤义之名;吕布不舍侯成之怨,后有丧国亡身之危。心能忍辱,身必能安;若不忍耐,必有辱身之患。

白话:保持身心安定平和的最好方法莫过于忍受耻辱。

解读:苏轼在《留侯论》中曾说:"人情有所不能忍者,匹夫见辱,拔剑而起，挺身而斗，此不足为勇也。天下有大勇者，卒然临之而不惊，无故加之而不怒。此其所挟持者甚大，而其志甚远也。"

在不得志的时候，别人的冷眼、歧视乃至嘲讽，甚至是恶意的侮辱都是非常常见的。普通人面对侮辱往往暴跳如雷，或是自暴自弃。但这对成功没有任何意义。志向远大、目标坚定的人往往对其泰然处之，或许有失落，或许有愤懑，但却不会因此而影响自己前进的步伐和方向。这不只是一种胸怀，更是一种人生的智慧。

现代人不提倡忍辱，讲求反抗。但作为一种生存的方法，在适当的时候忍一忍，往往会在环境对自己不利的时候，保存自身的力量，等待最佳的时机。一旦时机成熟，便可幡然翱翔，不可复制。

案例

忍辱含垢成大事

春秋时期，大国争霸。晋国和楚国为了争夺霸权，进行了长达百年的战争，互有胜负。而夹在晋、楚中间的中小国家则是晋强附晋、楚强附楚，朝晋暮楚，难以自主。郑国就是这样一个中小国家。一次，郑国站错了队，依附于晋国，使得楚庄王大怒，发兵进攻郑国。

楚庄王围攻郑国，三个月拿下其都城。楚庄王得意扬扬地举行入城仪式，郑襄公光着膀子牵着一只羊向楚庄王请罪："我愚昧，不能尽心侍奉您老人家。您生我的气，最后让郑国的百姓都受到牵连，这是我的罪过啊。我哪敢对您不唯命是从？假如把我流放到南海，把我的臣、妾都赐给诸侯，我也没意见。如果能顾念天子的恩德，不断绝他们的祭祀，让我回头臣服于楚国，这是我的意愿啊。"楚国的大臣劝楚庄王："大王不要和他讲和！"楚庄王却说："郑国的国君能够忍辱负重，一定能够取信于他的百姓，怎么能不允许和他讲和呢？"楚庄王亲自举起大旗，指挥军队撤退三十里，和郑国达成和议。

韩信年轻的时候游手好闲，整日在淮阴的市井之中游荡。一天，一个年轻力壮的屠夫对韩信说："你虽然长得高高大大，又喜欢佩带刀剑，但你是个懦夫。"说完，他当众对韩信说："你要是不怕死，就一刀捅了我；要是怕死，就从我胯下钻过去。"韩信无端被辱，内心十分愤怒。他仔细看了看这个屠夫，最终还是从他的胯下钻了过去。淮阴城中的人都嘲笑韩信，认为韩信果真是懦夫、窝囊废。

后来，韩信以自己不世出的军事才能辅佐刘邦建立汉朝，并受封为楚王，淮阴就在韩信的封地内。韩信回到封地，召见了那个曾经侮辱自己的屠夫，并让他担任楚国的中尉（掌管都城的警卫治安），并对自己的部下说："这个人是条好汉。他当众侮辱我的时候，我难道不能杀了他吗？但是杀了他却没有任何意义，因为我忍了，所以才有今天的富贵。"

吴王夫差打败越王勾践，把他围困在会稽山上。勾践在范蠡的建议下，让大夫种求见夫差，请求和解。种到吴国后，跪在地上，以膝盖爬行，边爬边叩头，说勾践愿意自己作为吴王的奴仆，妻子作为吴王的婢女来与吴国讲和。种还给吴国的权臣太宰伯嚭送去了金钱、美女，以求能与吴国讲和。夫差答应和越国讲和，越王勾践就到吴国给夫差当起了奴仆。夫差生病，勾践亲自品尝夫差的粪便以了解病情。夫差被感动了，就把勾践放回了越国。

勾践回到越国后，一刻也没有忘记自己所受的耻辱。他卧薪尝胆，而且每次舔苦胆的时候，他都要问自己："你忘记会稽的耻辱了吗？"勾践一直以会稽之耻来激励自己，励精图治。他亲自参加耕作，夫人亲自纺织，衣食简朴，尊重贤才，抚恤百姓。越国在勾践的治理下，慢慢地富强起来。二十年后，勾践一举消灭吴国，并北上中原，争得霸主之位。

做人做事德为先

【先莫先于修德。】

注曰：外以成物，内以成己，此修德也。

王氏曰：齐家治国，必先修养德行。尽忠行孝，遵仁守义，择善从公，此是德行贤人。

白话：人生在世，第一件要做的事情，就是修养德行。

解读： 人若无德，必然无耻，人若无耻，祸害极大。无耻之人往往损人利己，虽然能得逞于一时，气焰嚣张，炙手可热，但往往不能长久。他祸害别人，但往往也为自己掘好了坟墓，最后不但自食恶果，还会殃及子孙。有德之人，往往先为别人着想，考虑别人的利益，顾及别人的感受，与人为善，舍己为人。刚开始可能会吃一些小亏，但往往在以后会获得更大的回报，不但利于自身，也会福泽后代。

案 例

德将徐达

徐达是明朝第一大将，威名远著，战功赫赫。不但如此，徐达的品德也非常高尚。

每次带兵打仗，他都是春天出征，岁末还朝，习以为常，不辞劳苦，回来即归还上将印绶。朱元璋赐宴，每次喝得兴起，都和徐达称兄道弟，而徐达反而更加恭敬。

朱元璋曾对徐达说："徐兄劳苦功高，但现在还没有一间像样的房子，就把我的旧房子赐给你吧！"朱元璋所说的旧房子，就是他登基前的吴王府，徐达坚决推辞。一天，朱元璋和徐达到以前的吴王府喝酒。朱元璋给徐达强行灌酒，把他灌醉后，蒙上被子，让人把徐达抬到自己睡过的床上。徐达酒醒后，看到自己睡在朱元璋睡过的床上，赶紧下跪，大呼死罪。朱元璋看到徐达如此谦恭，内心更加高兴，就让人在吴王府前为徐达修了一区宅子，并亲自为这所房子题写"大功"牌坊。

胡惟庸担任丞相，一直想巴结徐达。徐达看不起胡惟庸的为人，一直都不搭理他。胡惟庸就贿赂徐达的看门人福寿，福寿把这件事报告给徐达，徐达也不追究，只是经常提醒朱元璋，胡惟庸不堪丞相重任。后来胡惟庸因谋反而被诛杀，朱元璋对徐达更为敬重。

徐达为人言语简练，思路缜密。他在诸将面前威风凛凛，在皇帝面前却非常谦恭，似乎很木讷。他善于抚恤士卒，能与部下同甘共苦。士卒们都非常感激他的恩德，乐意为他出生入死，因而他每次征战都战无不胜。他治军非常严格，平定两座都城、三座省会、郡县数百，每次百姓都非常安定，没有士兵敢骚扰百姓。每次退朝，他都坐着小车回家，从不张扬。他对儒生非常尊敬，认真地向他们学习，气氛非常融洽。

朱元璋曾评价徐达："接到命令立即出动，每次都能打败敌人凯旋。从不夸耀自己的功绩。不贪女色，不爱财物，品质中正无瑕，就如日月一样光辉，大将军（徐达）空前绝后啊！"

洪武十八年（1385年），徐达因背生毒疮病逝，时年五十四岁。朱元璋为之辍朝，临丧的时候，朱元璋恸哭不已。后追赠徐达为"中山靖王"，追赠祖上三世为王爵。赐葬钟山之北，皇帝亲自题写神道碑文。配享太庙，塑像列于功臣庙，位次都排第一。

做好事是快乐之本

【乐莫乐于好善。】

王氏曰： 疏远奸邪，勿为恶事；亲近忠良，择善而行。子胥治国，唯善为宝；东平王治家，为善最乐。心若公正，身不行恶；人能去恶从善，永远无害终身之乐。

白话： 人生最大的快乐莫过于好做善事。

解读： 人生最大的快乐莫过于心灵宁静时所流溢出来的欣悦。有人家财万贯，有人位居权力巅峰，他们在常人眼里往往风光无限，应该是最快乐的。但事实上，他们并不快乐，孤独、寂寞之感远甚于常人。家财万贯者，若是为富不仁，他整日思考的便是损人利己，算计他人；位高权重者，若是奸恶之人，必然想的是钩心斗角，如何保住自身的权力和地位。思虑太过，又时常担惊受怕，自然连常人的快乐都得不到。只有那些喜欢付出，喜欢将自己所拥有的东西与别人分享的人，才会最快乐。他们不会担心自己会失去什么，因为他们以付出和分享为快乐。他们乐于付出，周围的人自然愿意和他亲近，愿意和他友好相处，到处都是他的朋友，他还有什么必要提防别人？他们没有负担，他们最轻松，也最快乐。

案例

岳飞父亲喜行善

岳飞是河南相州（今河南安阳）人，世代务农。父亲岳和为人乐于好善，常常节衣缩食来救济贫苦饥饿的人们。有人侵占其耕地，岳和就直接把土地让给别人；有人向岳和借钱，岳和从不追债。因此，岳和在当地很有善名。岳飞受父亲影响，仗义疏财，爱惜士卒，终成一代名将。

态度决定一切

【神莫神于至诚。】

注曰：无所不通之谓神。人之神与天地参，而不能神于天地者，以其不至诚也。

王氏曰：复次，志诚于天地，常行恭敬之心；志诚于君王，当以竭力尽忠；志诚于父母，朝暮谨身行孝；志诚于朋友，必须谦让。如此志诚，自然心合神明。

白话：最神异的境界莫过于精诚一心。

解读："精诚所至，金石为开"，人世间最有力量的东西，就是至诚。

拥有至诚之心的人，做事都是全力以赴，对自己目标之外的东西毫不在意。他把自己的所有注意力都集中到一点，必然锲而不舍。绳锯木断、水滴石穿，往往能取得最后的成功。

拥有至诚之心的人，心胸最开阔，不会轻易猜防别人。坦诚与别人交往，也最能感动他人。

说到底，至诚之心，不是智力，也不是意志，而是一种态度。看似最简单，却最具智慧。

案例

富弼以诚待人

宋仁宗年间，契丹向边境集结大量兵力，并派遣其大臣萧英、刘六符出使宋朝，要求宋朝割让周世宗时收复的关南地。契丹的要求甚是蛮横无理，宋朝需要选派使臣出使契丹，既要维护宋朝的尊严，又要解决边境的实际问题。大臣都认为契丹的意图很难揣测，怕有去无回，没有一人敢于担当重任。宰相吕夷简推荐富弼，欧阳修认为这跟卢杞推荐颜真卿安抚李希烈（卢杞厌恶颜真卿的正直，知道叛将李希烈凶残好杀，就向唐德宗推荐颜真卿去安抚李希烈，颜真卿果然被李希烈杀害。）一样，用心险恶，请求仁宗让富弼留在京师，不要去出使契丹。富弼知道后，立即入朝求见仁宗，叩头作响说："主上为国事而担忧，这是臣子的耻辱。臣不敢爱惜自身，愿以死来报答陛下的厚恩。"仁宗深受感动，为之动容，就让富弼先作为接伴使接待契丹的使臣。

萧英等人入境，仁宗派出宦官接待慰劳他们，萧英自称身体不适，不愿下拜。富弼说："过去我出使贵国，生病躺在车中不能动弹，听到贵国陛下的使命到了，立即振奋而起。现在我国陛下的使者到来，而阁下不拜，是什么道理啊？"萧英知道碰到能人了，惊惧而起，向仁宗的使者下拜。

富弼推心置腹地与萧英交谈，两人谈得十分投机。萧英渐渐地放松了对富弼的戒备，也不再隐瞒他们的真实意图，还悄悄地将他们国君的底牌告诉富弼，并建议说："能答应，就答应；不能答应，随便用一件事搪塞过去就行了。"富弼就将情况汇报给仁宗。仁宗只答应增加一些岁币，宗室女嫁给契丹王子的惯例不变。

富弼在这次外交博弈中，用自己的真诚感动了对手，最大限度地维护了宋朝的利益。

刘秀推诚收铜马

刘秀消灭了王郎的势力后，被更始帝刘玄封为萧王。刘秀以河北作为根据地，逐渐自立门户。在镇压铜马军的起义中，刘秀以自己的诚心收服了人心。

刘秀在蒲阳彻底击败铜马军后，封他们的首领为列侯。铜马军初降，军心很是不安，不知道刘秀究竟会怎样对待他们。杀降的事，历史上是有很多的，白起坑杀赵卒，项羽坑杀秦兵，都是罩在铜马降兵心头上的巨大阴影。

刘秀理解他们的顾虑，就命令众将各自归营整饬军队，而自己则亲自率领几名护卫视察降卒的情况，毫不设防。降卒都被刘秀的诚心所感动，说："萧王推赤心于腹中，我们哪敢不效死力呢？"由此，铜马军全部真心归附刘秀。刘秀将铜马军分配给诸将率领，实力大增，人称刘秀为"铜马帝"。

借我一双慧眼吧

【明莫明于体物[1]。】

【1】体物：体察万物，洞悉其运行的规律。

注曰：《记》云："清明在躬，志气如神。"如是，则万物之来，其能逃吾之照乎！

王氏曰：行善、为恶在于心，意识是明，非出乎聪明。贤能之人，先可照鉴自己心上是非、善恶。若能分辨自己所行，善恶明白，然后可以体察、辨明世间成败、兴衰之道理。复次，谨身节用，常足有余；所有衣、食，量家之有无，随丰俭用。若能守分，不贪，不夺，自然身清名洁。

白话：最睿智的事情莫过于能体察万物，了然其运行的规律，获得一双慧眼，保持头脑清醒，永不迷惑。

解读：《西游记》真假美猴王一节，讲到六耳猕猴幻化成孙悟空的模样，俩猴从天宫打到地府，众神都不能分辨。最后闹到灵山，请求如来辨认。如来问观音能否辨认出两个猴子谁真谁假，观音说不知。如来就笑道："你们虽然法力广大，但也只能大致了解周天（天地间）的事情，却不能遍识周天内所有的事物，也不能知晓周天内所有事物的种类。"观音又问天地间所有事物的种类，如来说："周天之内有五仙，系天、地、神、人、鬼；有五虫，乃蠃、鳞、毛、羽、昆。这个假悟空不在这两种之列。周天之内有四种猴子，不在上述十种之内。"观音又问是哪四种猴子，如来一一详细道来，分别为灵明石猴、赤尻马猴、通臂猿猴、六耳猕猴，本事都大得不得了。如来接着说，假悟空"能知千里外之事，凡人说话，亦能知之，故此善聆音，能察理，知前后，万物皆明"，是为六耳猕猴。一下子就道破了玄机，并将其打回原形，六耳猕猴后被孙悟空一棒打死。

从天宫到地府，见识了各路神仙，都不能辨明真相，只有如来能一眼看透玄机，为什么？因为他已经大彻大悟，参透了天地万物的造化，具有一双法眼。

做人处世，若能参透天地人事的规律，就能对事物发展的趋势了然于胸，从而做出正确的判断，获得理想的结果。一个人做事若能处处先人一步，必然能充分掌握主动权，做到游刃有余。

案例

曹彬体物明察

曹彬是北宋第一名将，品质高尚，而且极其智慧明察。

曹彬率军攻灭南唐后，李煜和南唐大臣上百人都到曹彬的军营前请罪。曹彬对他们善言抚慰，以礼相待。李煜请求回宫整理行装，曹彬就派遣几名骑兵在宫门外护卫。手下亲信对曹彬说："李煜万一自杀，那该怎么办？"曹彬笑着说："李煜向来懦弱寡断，现在已经投降了，一定不会再去自杀了。"李煜果然没有自杀，被毫发未损地押送到开封。

平定南唐前，赵匡胤对曹彬许诺说："等到平定江南，我就让你担任枢密使。"曹彬的副手潘美提前祝贺，曹彬却说："我当不了枢密使的。这次我们进攻南唐，必须倚仗皇上的天威，遵守皇上的教诲才能成功。我有什么功劳呢？再说枢密使位极人臣，不是我所能奢望的！"潘美不解，就问："怎么说呢？"曹彬就说："北汉还没有平定呢。"等到平定南唐，献上俘虏，赵匡胤又对曹彬说："本来要授予你枢密使的，但是刘继元（北汉的国君）还在和我对着干。等消灭北汉，我再让你担任枢密使，怎么样？"潘美听到这话，非常佩服曹彬的见识，偷偷地看着曹彬微笑。赵匡胤觉察，感到很奇怪，就问潘美怎么回事。潘美不敢隐瞒，就把实情对赵匡胤说了，赵匡胤听后大笑，立即赏赐曹彬二十万钱。

刘裕明断灭南燕

后燕灭亡后，鲜卑贵族慕容德在青州建立南燕，定都广固（今山东青州市西北）。慕容德死后，他的侄子慕容超即位，经常骚扰东晋的边境。东晋太尉刘裕认为南燕的政治昏暗，大臣离心离德，可以一举将其消灭，遂决定率军北伐。东晋很多大臣都反对北伐南燕，认为慕容超一定慑于刘裕的军威，不敢出战。慕容超若是不出战，必定会阻断大岘山，或是坚守广固，然后派兵割去田地里的庄稼，坚壁清野。到时北伐大军无粮，不但难以立功，恐怕归路都要被切断。大臣们的分析很有道理。

刘裕却力排众议，信心十足，他说："这件事我考虑很久了。鲜卑贪婪，目光短浅，必定不会做长远打算。他们进兵贪图子女金帛，撤军又吝惜田地里的庄稼。而且，他们一定会认为我们孤军深入，不能够长期坚持。所以他们进不过据守临朐（今山东潍坊西南），退不过坚守广固。我军一旦越过大岘山，则进入死地，只能奋勇向前，不会有退缩之心。我们驱动抱定必死决心的将士，进攻人心不定的敌人，必定会取得胜利！南燕一定不会坚壁清野，我敢向你们保证。"

慕容超听说刘裕的北伐大军将至，就和大将公孙五楼商量退敌之策。公孙五楼建议："我们应该占据大岘山，阻断刘裕的归路，然后坚壁清野以待晋军。他们孤军远征，必然缺乏粮草，利在急战。求战不成，锐气必然逐渐丧失。这样坚持一个月，我们就能轻而易举战胜敌军。"果然不出刘裕所料，慕容超没有采纳公孙五楼的建议，他说："晋军长途跋涉，一定人困马乏，攻势必然不能持久。我们应该让晋军越过大岘山，以铁骑主动攻击，不愁打不败晋军。哪用得着割掉自己的庄稼，示弱于敌呢？"

刘裕顺利地进入大岘山，高兴地以手指天说："我的事情成功了。"

晋军很快就击溃了南燕骑兵，包围了广固。慕容超向后秦姚兴求救。姚兴派出使者警告刘裕："燕与秦是友好邻邦，现在又因为困迫向我求救，我将会派出十万铁骑，屯驻洛阳。晋军若是再不退军，我的铁骑就要长驱直入了。"没想到刘裕威严地指着姚兴的使者说："你替我跟姚兴说，我本打算在平定燕国之后息兵三年，然后再去找后秦算账。现在你愿意来送死，那就快点吧。"

刘裕的参军录事刘穆之才略过人，刘裕有什么事情必定先与他商量，然后再做决定。他听说姚兴派来了使者，就狂奔去大营。跑到了，发现姚兴的使者已经被刘裕打发走了。刘裕把姚兴的恫吓和自己的回答都告诉了刘穆之。刘穆之听了大吃一惊，就对刘裕抱怨说："平常不论事情大小，您都会和我商量。这件事更应该好好考虑一下再做应答，为什么这么草率就给出了回答呢？您对姚兴说这些话，不但不能威慑敌人，反而会把他激怒。假如我们攻燕国未下，后秦的骑兵突然来到，那时又该如何去应付？"刘裕拍了一下刘穆之的肩膀，劝他消消气，然后笑着说："这是军事谋略，你不懂的，所以没对你说。兵贵神速，假如姚兴真能派兵救援，一定会怕我知道他的行动，哪里会先派人告诉我呢？他这是看到我讨伐燕国，兔死狐悲，内心恐惧，不过是给自己打气罢了。"果然，一直到刘裕灭掉南燕，活捉了慕容超，扬长而去，后秦也没有派出一兵一卒。

人苦不知足

【吉莫吉于知足；苦莫苦于多愿[1]。】

【1】愿：欲望。

注曰：知足之吉，吉之又吉。圣人之道，泊然无欲。其于物也，来则应之，去则无系，未尝有愿也。古之多愿者，莫如秦皇、汉武。国则愿富，兵则愿强；功则愿高，名则愿贵；宫室则愿华丽，姬嫔则愿美艳；四夷则愿服，神仙则愿致。然而，国愈贫，兵愈弱；功愈卑，名愈钝；卒至于所求不获而遗恨狼狈者，多愿之所苦也。夫治国者，固不可多愿。至于贤人养身之方，所守其可以不约乎！

王氏曰：好狂图者，必伤其身；能知足者，不遭祸患。死生由命，富贵在天。若知足，有吉庆之福，无凶忧之祸。心所贪爱，不得其物；意在所谋，不遂其愿。二件不能称意，自苦于心。

白话：最吉利的事情莫过于知足而不贪婪，最大的苦恼莫过于欲望太多而难以填满。

解读：关于知足，中国人有两句话："知足常乐"，"人苦不知足"。一个人懂得知足，知道适可而止，就不会任凭欲望的支配，做出利令智昏的举动。人若不知足，就会"既得陇，又望蜀"，贪欲不断膨胀，最后迷失自我，从而使自己陷入万劫不复的境地。欲望是个无底洞，欲壑难填啊。因此，一个明智的人往往会节制自己的欲望，懂得知足，不贪，不夺，内心中正平和，心如止水，任何时候都能让自己处于最有利的位置。

案例

孙叔敖之子请封寝丘

楚国贤相孙叔敖病入膏肓，临死前，他把自己的儿子叫到床前，告诫他说："大王屡次要赐我封地，我都拒绝了。我死之后，大王一定会赐你封地，你一定不要贪图好地。楚国和越国交界的地方有一片乱坟岗子，叫'寝丘'，地很贫瘠，名字也不好。楚人怕鬼，越人迷信。因此，不会有人跟你争，你可以长久地拥有它。"孙叔敖死后，楚王果然以一片好地封给孙叔敖的儿子，孙叔敖的儿子拒绝了，而请求封给自己那片乱坟岗子。楚王就把那片乱坟岗子封给他，他家保有那片土地至西汉年间都没失去。

光武帝告诫大臣知足

光武帝刘秀登基称帝后，对功臣很是优厚，不仅都封授侯爵，而且封地也极其广大，大的能封到四县。在厚恩抚慰的同时，刘秀也对功臣加以告诫："知足是人之常情。人生的苦难在于放纵，满足一时的欲望而将国家的法律忘诸脑后，这是很危险的。诸位将军创下了丰功伟绩，建立了广大的家业，我深切希望你们能够将这份功业永远地传承下去。因此你们更要谦虚谨慎，遵纪守法。"为此,光武帝采取了退功臣而进文吏的做法,给予功臣优厚的待遇,但不让他们插手国家大事。这样就避免了功臣挟权恃势,使其绝大部分都能得到善终。在所有的开国君主中,与功臣关系处理最好的,除了唐太宗,就是光武帝了。

为人要专一

【悲莫悲于精散。】

注曰:道之所生之谓一,纯一之谓精,精之所发之谓神。其潜于无也,则无生无死,无先无后,无阴无阳,无动无静。其含于神也,则为明、为哲、为智、为识。血气之品,无不禀受。正用之,则聚而不散;邪用之,则散而不聚。目淫于色,则精散于色矣;耳淫于声,则精散于声矣;口淫于味,则精散于味矣;鼻淫于臭[1],则精散于臭矣。散之不已,岂能久乎?

【1】臭(xiù):气味。

王氏曰:心者,身之主;精者,人之本。心若昏乱,身不能安;精若耗散,神不能清。心若昏乱,身不能清爽;精神耗散,忧悲灾患自然而生。

白话:人生最大的悲哀莫过于精气分散而无法专一。

解读:小猴子下山,看见玉米,就掰玉米;看见桃子,就丢掉玉米去摘桃子;看见西瓜,又丢掉桃子去摘西瓜;看见兔子,又丢掉西瓜去追兔子。兔子跑得没了踪影,小猴子只得两手空空而回。小猫钓鱼,看见蜻蜓飞来,就放下鱼竿去追蜻蜓。看见蝴蝶飞来,就丢掉鱼竿去追蝴蝶,最后自然是一条鱼都没钓上来。这两个小故事中,小猴子不知道自己需要什么,所以摘了丢,丢了摘,结果两手空空。小猫三心二意,同样也是两手空空。它们有个共同的缺点,就是心浮气躁,不能专一。

人若心浮气躁,不能专一,稍有干扰,就会分心,事情自然不能做好。同样,对自己的追求不能专一,就容易见异思迁,朝三暮四,结果就会迷失自我,最终一事无成。

案 例

一只苍蝇要了一条命

1965年9月7日在纽约举行的一场世界台球冠军争夺赛上,路易斯·福克斯和约翰·迪瑞正在进行紧张而又激烈的对决。

他们的技术都可谓炉火纯青,但福克斯显然技高一筹。随着比赛时间一分一秒地流逝,福克斯逐渐占据了明显优势,只要他再拿上几分,冠军的金杯和四万美金的奖金就非他莫属。

胜负似乎已无悬念,观众只等福克斯漂亮、潇洒地击出最后几杆,然后轻松地结束比赛。台下不断地有人向福克斯飞吻,福克斯的对手迪瑞已经对比赛不再抱有希望。

就在这时,出现了一个小小的意外,一只苍蝇嗡嗡地盘旋而下,最后落在了福克斯的主球上。福克斯轻轻地一挥手,苍蝇立刻飞起,似乎要走。不料等福克斯俯下身击球时,苍蝇又嗡嗡地飞到主球上。台下观众中有人看到这一戏剧性的场面,就发出了一阵哄笑。这时,福克斯心中已有小小的不快,轻嘘一声再次将苍蝇赶走。但出乎他意料的是,这只苍蝇似乎专门与他作对,在台球上空盘旋一圈后,再次落在福克斯的主球上。台下观众觉得这只苍蝇不只是有趣,简直有些恶作剧,都哄堂大笑起来。福克斯心中烦躁起来,再也无法控制自己的情绪,挥杆直捣苍蝇,虽然赶走了苍蝇,却不幸触动主球。福克斯失去了再次击球的机会,而他的对手迪瑞利用福克斯小小的失误,越战越勇,连续击球,终于将比分扳平直至超过福克斯。最后,迪瑞击败了福克斯,赢得了世界台球冠军。本该属于福克斯的荣誉和奖金仅仅因为一只苍蝇而完全丧失,福克斯内心沮丧到了极点。

比赛结束的第二天,人们在河面上发现了福克斯的尸体,他自杀了。

一只小小的苍蝇,就这样间接地杀死了一位潜在的世界冠军,教训何其深刻。

成功需要沉下心

【病莫病于无常[1]。】

【1】无常：失去常态，难以稳定。

注曰：天地所以能长久者，以其有常也；人而无常，不其病乎？

王氏曰：万物有成败之理，人生有兴衰之数；若不随时保养，必生患病。人之有生，必当有死。天理循环，世间万物岂能免于无常？

白话：人生最大的疾病莫过于失去常态，难以稳定下来。

解读：人不能安定下来，频繁变动，做事就会半途而废。对人而言，要是心浮气躁，就不能专一。一个国家若是朝令夕改，就会让百姓手足无措，莫知所从，从而造成社会混乱，危及国家安定。就工作而言，一个人若是频繁跳槽，他必将难有所作为。因为心沉不下去，就难以深入工作之中，对这个行业自然就不会有深刻的了解。对一个行业没有深刻的了解，却想在这个行业做出成绩，显然是不可能的。不劳无获是自然的法则。而且在一个行业中，人脉的积累对一个人的成功也非常关键。在这个行业蹲的时间太短，接触的人少，人脉也就非常虚薄，若有困难，外援就少，事情自然难以成功。

案例

贾似道乱成法

南宋末年，奸相贾似道专政，权倾朝野。贾似道本为无赖小人，专门拔擢小人为其羽翼，随意更改朝廷法度。

贾似道将吏部原来的四个部门增设为七个。他又废除和籴法（官府出资向百姓公平地购买粮食），直接买回公田。浙西田地肥沃，一亩田价值上千缗，贾似道均以四十缗买进。数目稍多的时候，就用银子和绢帛抵偿。再多的话，就发放度牒（一种身份证明。中国封建时代僧尼出家，要由政府发给身份凭证）、告身（委任官职的文凭）予以抵偿。

下面的小吏急促严厉地执行贾似道的意旨,浙江中部因此而受到扰乱。凡是对买田执行不力的官员,贾似道就令提领刘良贵加以弹劾。各级官员为了保住乌纱帽,纷纷迎合贾似道,以买田多寡为政绩,全部以七八斗为一石来虚报数字。后来,田少、土地贫瘠以及欠负租税的百姓纷纷逃亡,贾似道又将这些人的租税全部施加给其他田主。浙中六郡的百姓为此而家破人亡的,比比皆是。贾似道的亲信包恢为平江知州,严厉地推行贾似道的买田政策,以至于用肉刑逼迫百姓。

后来,贾似道又认为纸币太贱,就下令制造银钱关子,废除原来流通的会子。银钱关子发行以后,物价暴涨,纸币更加贬值。

贾似道随意更改成法,搞得百姓怨声载道,言官上疏弹劾他,贾似道上疏辩解,还请求罢去宰相之位。宋理宗百般挽留,说:"如果公田不可行,在卿家建议之初我就会下令禁止了。现在国家百姓都非常宽裕,每年的军饷都靠此项供给。假如因为别人几句话就废除这项政策,虽然迎合一时的舆论,将置国家于何地呢?"太学生萧规、叶李等上疏,言贾似道专权,贾似道命京兆尹刘良贵罗织罪名,并在他们脸上刺字,然后流放。

后来贾似道又实行推排法,江南的土地,每尺每寸都要缴税,百姓被搜刮殆尽,民力穷困。十几年之后,元兵灭亡南宋。

得自己该得的

【短莫短于苟得。】

注曰: 以不义得之,必以不义失之,未有苟得而能长也。

王氏曰: 贫贱人之所嫌,富贵人之所好。贤人君子不取非义之财,不为非理之事;强取不义之财,安身养命岂能长久?

白话: 人生最容易失去的就是靠不正当手段得来的东西。

解读: 利不可以虚受,名不可以苟得。通过不正当手段得来的东西,必然会很快失去。因为苟得之物,不曾花费太多力气,得到了也不会太珍惜,失去了也不会太可惜。用马克思政治经济学原理来说,制造某种商品的社会必要劳动时间越少,这个商品的价值也就越小。价值很小的东西,没人会特别珍惜。

有一个故事:一个有钱人老了,想把自己的家产都留给儿子。但他怕儿子不成器,会在他死后把家产挥霍光,就想磨炼儿子一下。他对儿子说:"我老了,这些家产以后都是你的。但我怕你没本事,保不住这些财富。我想看看你的本事,你自己去挣一万文钱回来。若是能挣得回来,就说明你真有这个本事,我也能放心地把家产传给你了。"

儿子就向母亲要来一百两银子,然后出去玩了一圈,回家后用剩余的银子换得一万文钱,拿到父亲那里,说是自己赚的。父亲看都没看,一把就把这些钱扔到水井里,说:"这钱不是你自己挣的!"儿子虽然内心诧异,但还是惭愧地退了出去。

不久,儿子又出去了。他这次出去,父亲严厉告诫母亲,不要给儿子一文钱。但儿子却从自己的朋友那里轻松借得二百两银子。游玩很多地方后,儿子回家又交给父亲一万文钱。父亲仍然是看都没看,一把扔进池塘里,说:"这钱不是你挣的!"儿子争辩几句后,对着池塘看了一眼,离开了。

又过了一段时间,父亲再次让儿子出去挣钱。这次他对儿子进行了彻底的封锁,并告诫儿子,若是挣不到一万文钱,就不要回来见他。说完就把儿子赶出家门。儿子离家后,身上的钱很快就花完了。朋友不敢借钱给他,他也不敢回去。没办法,就一直向前走,最后饿昏在另外一个镇子上。父亲派来暗中保护他的人将他救醒,然后又假装成陌生人离开了。儿子两顿没吃饭,饿得实在受不了了,就开始想办法谋生。他没有什么本事,一般的工作干不了,只得找出卖苦力的工作。正好当地要建寺庙,需要大量的木材,雇佣工人扛木头,管吃管住,扛一根木头十文钱。

儿子从小养尊处优,别人吃馒头、喝稀饭都津津有味,他觉得这些东西难以下咽;窝棚又脏又臭,别人躺下就能呼呼大睡,他却被别人的呼噜声吵得无法入睡;别人能扛一根木头,他连木头都搬不起来。他干活不像样,监工对其动辄打骂。他逐渐体味了穷人的艰辛和赚钱的不易。开始的时候,他总是挨打挨骂,饭也吃不好,觉也睡不好,人整整瘦了三圈。过了一个多月,他慢慢适应了。稀饭、馒头他也吃得津津有味,又脏又臭的窝棚他也能香甜入睡,一个人也能扛起一根木头了。干了三个多月,他终于攒够了一万文钱。他揣好钱,高高兴兴地拿回家交给父亲。

父亲初见儿子,几乎没认出来。儿子已经变了个人,黑了,瘦了,但也壮实许多。当他从儿子手中接过钱时,看到儿子满手的老茧和伤疤,心疼得几乎流下眼泪。

只见父亲接过钱,一挥手就扔进炉灶里去了。儿子一见,大惊失色,一边哭,一边从炉灶中捡钱。钱已经被烧得很烫,儿子却全然不顾。这次,父亲激动得眼泪都流下来了,拍拍儿子的肩膀,说:"我知道了,这次真的是你自己挣的钱。"遂放心地将家产留给儿子。

中国人往往富不过三代,先祖辛苦创业,儿孙苟得而来,自然不能长久保有。苏轼曾说过"天地之间,物各有主,若非吾之所有,虽一毫而莫取",人间之至理也。

案例

赵国贪地自取祸

公元前262年,秦国大将白起攻下了韩国的野王(今河南沁阳),韩国的上党郡和韩国的联系从此便被切断了。上党郡守冯亭和上党的百姓商量说:"上党通往外界的道路被截断了,秦兵又日益逼近,韩国已经无法救援上党了。我们不如以上党郡投降赵国,赵国接受我们的投降,秦国一定会进攻赵国。赵国遭到秦国的进攻,就会亲近韩国。赵国和韩国团结一致,就能够抵挡秦国的进攻了。"

大家认为这主意不错,就派出使者对赵王说:"韩国已经没有办法守住上党了。上党的吏民都不愿意投降秦国,而愿意投降赵国。上党郡有十七座城池,请大王接收,但请大王把城中的钱财赐给上党的吏民。"

赵王大喜,就召见平阳君赵豹商量,对他说:"冯亭献给我十七座城池,接受它们怎么样?"平阳君说:"圣人都把凭空得利看作是灾祸。"赵王说:"别人敬佩我的德行,愿意归附我,怎么能说是无故呢?"平阳君说:"秦国之所以从中间把韩国与上党截成两段,就是想造成上党孤立无援之势,然后坐等上党送入囊中。韩国吏民之所以不降秦而降赵，就是想嫁祸于赵。秦国费了这么大的劲，好处全让赵国得了，怎么会善罢甘休？现在秦国实力强大，兵势正盛，我们难与之争锋。请大王一定不要接受冯亭的投降。"赵王说："我们出动百万大军，辛辛苦苦忙了一两年，也没攻下一座城池。现在我们不费一兵一卒就能得到十七座城池，何乐而不为呢？"赵王决意接受冯亭的投降。

赵豹离开后，赵王又找平原君赵胜和大夫赵禹商量这件事。赵胜和赵禹都说："我们出动百万大军，耗费一两年的时间都没能得到一座城池。现在坐收十七座城池，是大利，绝对不能丧失这个机会。"赵王说："太好了！"就让平原君赵胜接受冯亭的投降，并发兵据守上党。

秦国果然把斗争的矛头指向了赵国，双方就在长平爆发了大战。赵国大败，秦军坑杀赵卒四十多万，赵国元气大伤，从此一蹶不振。

贪婪是死亡的铺路石

【幽[1]莫幽于贪鄙[2]。】（嗇于财曰贪鄙，如虞受晋璧，蜀纳秦金牛是也，利令智昏。）

【1】幽：昏暗不明。

【2】贪鄙：贪婪而目光短浅。

注曰： 以身殉物，过莫甚焉。

王氏曰： 美玉、黄金，人之所重；世间万物，各有其主，倚力恃势，心生贪爱，利己损人，巧计狂图，是为幽暗。

白话： 最大的愚昧莫过于贪婪。

解读： 容易被钱财诱惑的人，往往目光短浅。贪图一时的小利，往往因此而落入别人设下的陷阱。所谓猪油蒙了心，利令智昏，说的就是这类人。

胸怀大志，目光长远的人更注重事物的长远价值，不会为一时的诱惑或挫折所误导。贪鄙之人则私心太重，为了个人的私利往往会损人利己，虽然能得到一时的蝇头小利，却将自己以后的发展道路给堵死了。生产假冒伪劣商品的厂家堪为这方面的"杰出"代表，贪图一时的暴利，置消费者的生命健康于不顾，结果害人害己。消费者无辜遭受重大损害，黑心的厂商要么因此而破产，要么因此而身陷囹圄。

贪小便宜往往吃大亏。贪鄙之人总是容易为眼前的小利所诱惑，进而迷失自我，走上不归路。贪官贪污，动辄成千上百万，有的甚至过亿。贪官真的那么缺钱吗？非也。所有这些，不过源于私欲膨胀，最后欲罢不能，结果越滑越远，越陷越深。贪官贪污所得，往往不敢光明正大地去花。一旦奸状败露，轻则官位不保，身败名裂，重则身陷囹圄，被杀头枪毙。赌徒一掷千金，可能在一夜之间就倾家荡产、妻离子散，为人所笑。所有的不幸都源于心中的那份贪念和私欲膨胀后的难以自拔。

平时，人们都能清楚地知道，钱财乃身外之物，生不带来，死不带去。而一旦诱惑来到面前，走上不归路的比比皆是。因此，人们在平时就要不断地遏制自己的贪欲，加强对诱惑的抵抗力，如此，即使诱惑到来，也不会迷失方向。

案 例

楚怀王利令智昏

秦惠王想要讨伐齐国，但齐、楚两国合纵，实力很强，秦国难以下手。秦惠王就派张仪去游说楚怀王："大王要是能够听从我的建议，与齐国绝交，秦国就会把商于之地六百里献给大王，并把秦国的公主作为姬妾送到楚国侍奉大王。这样的话，秦、楚互通婚姻，作为兄弟之国，长久地保持友好关系。"

楚怀王听后非常高兴，就答应了。楚国君臣都沉浸在天上掉馅饼的巨大喜悦之中，大臣们都向楚怀王道贺，只有陈轸向楚怀王吊丧。楚怀王大怒，质问陈轸："我们不费一兵一卒，就能得到六百里土地。这样的好事，你却来吊丧，是什么意思？"陈轸就说："我并不认为那是什么好事。以我看来，商于之地您不但得不到，还会破坏我们与齐国的联盟，让秦、齐两国走到一块儿去。秦、齐两国若是联起手来，楚国的祸患也就不远了。"

楚怀王就说："此话怎讲？"

陈轸说："秦国之所以不敢轻视楚国，是因为需要楚国来制约齐国。现在您若是和齐国绝交，楚国必定会被孤立。楚国一旦被孤立，对秦国也就没有什么利用价值了，秦国怎么会献给您六百里土地呢？张仪要是回到秦国，必定会失信于大王。到那时，楚国在北边和齐国交恶，在西边又受到秦国的威胁，两国军队一定会前后夹击，让楚国疲于奔命。为大王考虑，不如表面上和齐国绝交，而暗地里与齐国交好。让人跟随张仪到秦国索地，等拿到土地后再与齐国绝交也不迟。"

陈轸的这番话不对楚怀王的胃口，楚怀王对陈轸说："请你闭嘴。你就等着看我接受秦国的土地吧！"随后，楚怀王以张仪为楚国的相国，给予丰厚的赏赐，然后正式与齐国绝交。

一切做完了，楚怀王就派一位将军跟随张仪到秦国接收商于六百里的土地。张仪回到秦国后，佯装不慎从马车上跌落，称病休假三个月。楚怀王知道张仪受伤的消息后，就说："张仪这么做，难道是因为我与齐国的关系断得不够彻底吗？"就派遣勇士辱骂齐王。齐王大怒，与楚国彻底断绝了关系，一心一意与秦国修好。

张仪见秦国和齐国结盟，目的已经达到，这才上朝，对楚国的使者说："你怎么不接收土地呢？从某地到某地，方圆六里。"楚使大怒，回来把张仪的话报告给楚怀王。楚怀王勃然大怒，就要发兵攻打秦国。陈轸劝谏，楚怀王不听，派大将屈匄率军攻打秦国。秦、楚两国就在丹阳展开激战，楚兵大败，被秦国斩首八万级，大将屈匄被俘，汉中郡也被秦国抢去。楚怀王不甘心，又发动全国的军队在蓝田袭击秦军，结果又被打得落花流水。

韩国、魏国知道楚国内外交困，就派兵攻打楚国北部。楚国知道后，赶紧将军队撤回，并割让两座城池向秦国请和。

楚怀王偷鸡不成蚀把米，丧权辱国，一切都是因自己的贪鄙所致。

做人不能太骄傲

【孤莫孤于自恃[1]。】

【1】自恃：倚仗自己的才智而目空一切。

注曰： 桀纣自恃其才，智伯自恃其强，项羽自恃其勇，高莽自恃其智，元载、卢杞，自恃其狡。自恃，则气骄于外而善不入耳；不闻善则孤而无助，及其败，天下争从而亡之。

王氏曰： 自逞己能，不为善政，良言傍若无知，所行恣情纵意，倚著些小聪明，终无德行，必是傲慢于人。人说好言，执蔽不肯听从；好言语不听，好事不为，虽有千金、万众，不能信用，则如独行一般，智寡身孤，德残自恃。

白话： 最容易让自己陷于孤立无援境地的莫过于倚仗自己的才智而目空一切。

解读： "一个篱笆三个桩，一个好汉三个帮"，一个人再牛，也不可能牛到遗世而独立的地步，没有别人的帮助和配合，圣贤也难成事。

胸襟开阔、从谏如流的人总会最大限度地听取别人的意见，善于借助别人的力量，从而取得辉煌的成就，建立不世之功绩。那些才智过人，却刚愎自用、对别人的意见不屑一顾的人，即使本身再有才，做好事往往也会一事无成，做坏事则出手即是。

商纣王是文武全才，力能与猛兽格斗，跑起来快若奔马，头脑灵活，能言善辩。但不能听进任何忠言，王叔比干坚持劝谏，被他挖了心。最后他众叛亲离，自焚而死。

隋炀帝南灭陈朝，北击突厥，颇多作为，而且本人极富文采，其作品连唐太宗读了都非常感叹。但他刚愎自用，目空一切，大臣高颎、苏威、薛道衡向其进谏，均被杀害。结果隋炀帝也是众叛亲离，他随身携带毒药，随时准备自尽。后来他被江淮的农民起义军困在江都，终被部将宇文化及缢杀。

石虎

石虎（后赵国君）是石勒的养子，身材魁梧。他行动敏捷，精通骑马射箭，勇冠三军，在当时几乎无人与之匹敌。部下亲戚都对石虎敬畏异常，石勒非常器重他，让他担任征虏将军。

但石虎为人暴虐残忍。军中将士若有才力和自己不相上下的,石虎便立即加以残害,为此而死的人不可胜数。只要攻下城池,石虎便不分是非善恶,将城中的老百姓全部活埋。石勒为此而屡次严厉批评石虎,然而石虎依然我行我素。

石虎认为自己功高盖世,石勒当皇帝后,大单于的位置一定会由自己接替。然而石勒却将大单于的位置授予了他自己的儿子石弘,石虎美梦破灭,因此对石勒怨恨不已。石勒死后,石弘知道自己不是石虎的对手,主动让位。石虎不答应,石弘泪流满面,坚持让位给石虎,石虎却说:"你要是当不了皇帝,自然有人来当,用得着你让给我吗?"后来石虎篡位,将石勒的儿孙杀得一个不留。

石虎当上皇帝后,整日游乐,荒废政事,他让儿子石邃掌握国政,自己只管打仗和刑罚等大事。

石虎骄奢淫逸,不停地兴建宫殿、佛寺,大肆地耗费民力。由于屡兴劳役,战争不息,再加上持久的干旱,使得农业荒废、庄稼无收。一斤黄金只能买到二斗米,老百姓嗷嗷待哺,难以为生。

石虎对杀人非常钟情,酷爱打仗。鲜卑慕容部的首领慕容皝和辽西鲜卑段部不和,就派人向石虎称臣,鼓动石虎讨伐鲜卑段部,还说自己愿意和石虎联合出兵。石虎热爱打仗,马上就答应了。他立即发动水、陆军各十万人,浩浩荡荡地杀向鲜卑段部。鲜卑段部无法与石虎相抗衡,被打得落荒而逃。本来答应和石虎联合出兵的鲜卑慕容部却一直按兵不动。石虎很生气,认为自己被耍了,就要出兵攻打慕容皝。石虎的国师天竺僧人佛图澄劝谏石虎:"燕国(指鲜卑慕容部)政治清明,百姓用命,有福有德,不可以兴兵讨伐。"石虎生气地说:"我军将士天下无敌,慕容皝那些乌合之众怎能与我抗衡?"太史令赵揽以天象不利来劝阻石虎讨伐燕国,石虎大发雷霆,用鞭子狠抽了赵揽一顿,将其贬为小县县长。

石虎执意讨伐慕容皝,率大军包围了燕国的都城,十多天也未攻克。慕容皝让儿子慕容恪率领两千骑兵偷袭石虎的军队,还反复地调动军队,造成每个城门都有军队出击的假象。石虎看了燕国军队的阵势,心中大惧,不战而逃。虽然讨伐燕国没有讨到便宜,但这丝毫没有影响石虎打仗的热情,他穷兵黩武，不断地四面出击。他让儿子石宣统率两万步骑兵进攻朔方鲜卑斛摩头，取得大胜，斩首四万级。他以夔安为征讨大都督，统率步骑兵七万攻略东晋荆州和扬州的北部边境。石虎还以张伏都为使持节、都督征讨诸军事，统率步骑兵三万进攻前凉，结果被前凉大将谢艾打得大败。

石虎倚恃自己的武力，以天下人为奴隶，残暴荒淫。当时赵国四面没有友国，全为敌国。石虎驭下无恩，凭杀戮立威，大臣离心。他的几个儿子荒淫骄纵，自相残杀，禽兽不如。石虎死后，他的养孙冉闵大杀石氏，很快就灭亡了后赵。

用自己信得过的人

【危莫危于任疑[1]。】

【1】任疑：任用自己不信任的人。

注曰：汉疑韩信而任之，而信几叛；唐疑李怀光而任之，而怀光遂逆。

王氏曰：上疑于下，必无重用之心；下惧于上，事不能行其政。心既疑人，勾当休委。若是委用，心不相托。上下相疑，事业难成，犹有危亡之患。

白话：最大的危险莫过于重用自己不信任的人。

解读：对部下不信任，却又加以重用，这是很危险的。一个人可能会害你，你还把刀柄递到他的手里，后果之严重自不待言。

中国人素来讲究"用人不疑，疑人不用"。对人不信任，又委之以大任，自己定然会不放心，对这个人越是重用，这种担忧越是强烈。如此，就会对其采取措施加以约束，甚至动辄掣肘。这样的话，部下做事就难以顺利，轻则劳而无功，事业失败；重则使得人心怨叛，祸起萧墙。

掌握大权的人对任何人都有不信任感，这是容易理解的。事关自身的荣华富贵、生死存亡，除了自己，没有任何人可以相信，这也是一种现实。但关键在于如何平衡制约和任用之间的关系。不信任是正常的，别人也能够理解。你不信任他，就不必重用他，他对这件事就不担负责任，没有不平。若是已经重用，却横加猜忌，必会让人不敢立功，立功则怕功高震主；又不敢失败，失败必得受到诛罚。不但如此，心怀猜忌的领导为了保证大权不会旁落，必定派人对部下加以监视，做事时又对其进行掣肘。部下动辄得咎，事又难成，就算不想反，最后也被逼反了。唐代宗猜忌仆固怀恩，最后将其逼反，仆固怀恩遂联合回纥、吐蕃兵攻唐，对唐朝造成极大的震动；唐庄宗猜忌李嗣源，李嗣源最后被迫起兵造反，唐庄宗众叛亲离，被亲信伶人射杀。

案例

燕昭王用人不疑

乐毅率领五国联军长驱直入，一举拿下齐国七十余座城池，只有莒和即墨两座城池攻了一年也没攻下。乐毅下令解围，然后让军队在离城九里的地方驻扎，并下令："莒和即墨城中的百姓若是出城，不准捕捉他们；生活困难的，要予以赈济，让他们恢复旧业；安抚新降的百姓。"这样坚持了三年，依然没有攻克。

有人在燕昭王面前进谗言："乐毅智谋过人，讨伐齐国，轻而易举就拿下了七十余座城池。现在只有两座城池攻不下，不是他没有能力拿下来，而是想倚恃军威来收服齐国百姓的人心，进而自己称王。现在齐国人心已经归服，乐毅之所以没有背叛燕国，是因为他的妻子、儿女都在燕国做人质呢。齐国美女多，估计用不了多久，乐毅连妻子、儿女都不会管了。请大王认真考虑这件事。"

燕昭王听后什么话都没说，而是大宴群臣，把进谗言的人叫出来，当众责备他说："齐国趁着燕国内乱而侵占我们，这是我们的奇耻大辱。我即位后，一心想要报仇雪恨，因此广揽人才。我曾说过，谁能帮我做成这件事，我愿意和他共同统治燕国。现在乐毅将军攻破齐国，毁了齐国的宗庙，为我洗刷了奇耻大辱。乐毅将军攻破齐国，齐国本来就该为他所有。假如乐毅将军能够统治齐国，与燕国结盟修好，共同对抗诸侯的入侵，那是燕国的福气，也是我的心愿啊！你怎能说出这样挑拨离间的话呢？"说完，燕昭王便下令斩杀那个进谗言的人，并给予乐毅的妻子、儿女以王后和公子、公主的待遇，并派遣燕国的相国立乐毅为齐王。乐毅非常惶恐和感动，坚辞不受，发誓效忠燕昭王。

通过这件事，燕国人完全为燕昭王的赤诚所感动，诸侯们也敬畏燕昭王的诚信，再没有人敢打燕国的主意。

自私的人走不远

【败莫败于多私。】

注曰：赏不以功，罚不以罪；喜佞恶直，党亲远疏；小则结匹夫之怨，大则激天下之怒，此多私之所败也。

王氏曰：不行公正之事，贪爱不义之财；欺公枉法，私求财利。后有累己、败身之祸。

白话：最容易让一个人失败的就是私心太重。

解读：人都有私心，这一点不可否认，也无可厚非。问题的关键在于不能以私废公。西方的民主国家坚持个人利益神圣不可侵犯，但这有一个前提，就是个人在追求自身利益的时候，不得以损害其他公民的个人利益为代价。因此，真正民主的国家，能够充分尊重公民个人的发展，发达国家之所以发达，与此有很大的关系。

前面曾提及，一个人的私心太重，往往会损人利己。这样的人身居高位则以权谋私，贪渎害民；经商则投机取巧，制售假冒伪劣产品；与人交往则处处算计别人，将人推入火坑。在上祸乱国家，在下出卖朋友。如此行事，必然要犯众怒，为官则为国法所难容，为民则为亲友所唾弃。天地不容，就是弃民。弃民不能容于世间，只能容于地下，所以地狱往往是其最好的归宿。

因此，自私之人总是自取败亡。

案例

奸邪李林甫

李林甫身居宰相之位近二十年，在位期间，排除异己，陷害忠良，可谓作恶多端。唐朝由鼎盛转为衰弱，李林甫"功"莫大焉。

李林甫大的本事没有，但极其善于察言观色、阿谀逢迎。当时唐玄宗年纪大了，怠于政事，而李林甫善于诱导皇帝享乐，与此时的玄宗一拍即合。从此以后，玄宗便耽于享乐，久居深宫。李林甫每次奏事之前，都要收买玄宗左右亲信，窥探皇帝的意图，然后乘风上奏，每次都颇能符合玄宗的口味，因此宠信不衰。

李林甫为人口蜜腹剑，阴险异常，而且性格残忍。他整天像个笑面虎似的，看起来非常和蔼可亲，然而一旦与其深交，就能发现这个人城府极深。即使是公卿，若非出于李林甫的门下，必定会被他搞得贬官流放；若是附和他的，就算是市井无赖，李林甫也能让他受到重用。名相张九龄、李适之都因为他的谗言被皇帝疏远流放，杨慎矜、张瑄等人更是被他陷害得家破人亡。李林甫以宵小之徒为爪牙，罗织罪名，残害忠良，让正人君子为之侧目。李适之的儿子曾设宴邀请宾客，慑于李林甫的淫威，酒席摆了一天，竟然没有一个人敢去赴宴。

唐玄宗想接见天下有一技之长的人加以提拔任用，李林甫害怕正直的士人抨击他，就对玄宗说："那些人都粗鄙无知，不知道朝廷的禁忌，只会胡说八道扰乱圣听，请让尚书左、右仆射来考试吧。"后来李林甫让御史中丞担任总监考，结果无一人中第。李林甫却向唐玄宗道贺，说天下人才都被皇上用尽，朝堂以外再也没有人才了。

李林甫不学无术，说话极失水准，听到的人都会暗暗发笑。他和苑咸、郭慎微交好，就让他们担任自己的秘书。李林甫虽然没有大的本事，但对吏事非常熟悉，用的人假如不是谄附自己的，则用规章严格管理，因此在小的方面也算是有条不紊，手下人也往往惧怕他的威严。

李林甫身为宰相十九年，只知道巩固自己的权势地位，蒙蔽皇上。谏官基本上缄口不言，没人敢向皇帝进谏。补阙（拾遗、补阙都是唐朝言官）杜琎上疏讨论国家大事，立即被李林甫贬为下邽令，并警告其他言官："皇上英明神武，你们忙自己的事都忙不完，有什么可说的？你们没看见朝堂上的立仗马吗？一天到晚不作声，吃的是三品官的俸禄，一旦叫一声，就会被立即斥退。这匹马以后想不叫了，但已经晚了！"从此以后，无人敢于进谏。

贞观以来，极受重用的少数民族将领如阿史那社尔、契苾何力等虽然都是战功显赫，忠诚无比，但都无法担任上将，而由宰相直接领导。因此，皇帝有更多的精力治理天下。先天（玄宗年号，公元712年8月—公元713年11月）、开元（玄宗年号，公元713年12月—公元741年12月）年间，大臣薛讷、郭元振、张嘉贞、王晙、张说、萧嵩、杜暹、李适之等都是方镇节度使入朝担任宰相。李林甫担心儒臣通过军功担任宰相，进而威胁自己的地位，就想彻底解除这个威胁。他对唐玄宗说："以陛下的英明神武，国家如此富强，却一直不能扫灭夷狄，这都是因为任用文官担任边帅所致啊。文官都贪生怕死，不能身先士卒，所以不能立功。不如任用少数民族的将领，他们生来强悍，善于打仗，这都是天性。假如陛下能真心委用，他们必定会效死力，夷狄根本不用陛下费心。"唐玄宗很赞同这个观点，就大力提拔少数民族将领，安禄山、高仙芝、哥舒翰都为大将，专制一方。李林甫认为这些人都是胡虏，军功再大，都不可能入朝担任宰相，这样就不可能威胁到自己的地位了。因此，胡人得以久掌军权，安禄山身兼三镇节度使，掌握北方三处要塞的精兵，十四年没有挪动一寸地方。唐玄宗安于李林甫的计策，对安禄山推心置腹地任用，最后终于酿成安史之乱。

虽然李林甫生前位高权重，活得无比滋润，死后还被追赠为太尉、扬州大都督。然而他所引荐的另一个奸臣杨国忠由于和他有权位之争，在李林甫死后就开始反戈一击了。李林甫死后还未下葬，杨国忠就唆使安禄山揭发李林甫的罪恶。安禄山让阿布思的降将入朝，告发李林甫曾与阿布思约为父子，阴谋造反。相关部门调查这件事的时候，李林甫的女婿杨齐宣害怕李林甫的奸恶暴露会牵连到自己，就诬陷李林甫利用巫蛊诅咒皇上，杨国忠趁机弹劾李林甫的罪恶。唐玄宗大怒，下诏曰："李林甫巫蛊诅咒皇上，大不敬"，并以勾结叛将、图谋危害国家的罪名削夺李林甫所有的官爵，又劈开他的棺材，取回钦赐的含珠等宝物，更以小棺材盛殓尸体，用平民的礼仪下葬。李林甫的儿子司储郎中李崿、太常少卿李屿和将作监李岫都被流放到岭南和贵州等蛮荒之地，家也被抄；女婿张博济、郑平、杜位、元捴，侄子李复道、李光都被贬官。

李林甫作恶多端，最终累及子孙，真是死有余辜！

遵义章第五

注曰：遵而行之者，义也。

王氏曰：遵者，依奉也。义者，宜也。此章之内，发明施仁行义、赏善罚恶、立事成功道理。

人至察则无徒

【以明示下者暗[1]。】

【1】暗：昏昧，愚昧。

注曰：圣贤之道，内明外晦。惟不足于明者，以明示下，乃其所以暗也。

王氏曰：才学虽高，不能修于德行；逞己聪明，恣意行于奸狡；能责人之小过，不改自己之狂为，岂不暗者哉？

白话：喜欢在下属面前卖弄小聪明的领导，实际上是愚蠢的。

解读："水至清则无鱼，人至察则无徒。"一个人太蠢，往往为人所鄙视；一个人太聪明了，往往会惹得人人讨厌。关键在于如何去把握度。

作为一个领导，在平时做事时能够明察秋毫，有功必赏，有罪必罚，事业必能蒸蒸日上，也必为下属所敬服。此处所讲的"以明示下"，乃是有意在下属面前卖弄其小聪明的领导。一个领导有智慧，往往在处世时不经意间就能显露其才干与明断，无须有意为之，下属自然能够心领神会。只有那些无才无德的领导，往往喜欢在下属面前显露其小聪明，希望以此来树立自身权威。这样的领导往往不抓大事，专事细节，对下属的要求异常苛刻，总想找出别人的差错来表现自身的明察。这样做，往往搞得下属动辄得咎，有功不得赏，有错则重罚。人心怨叛，做事当然不成。

案 例

难得"糊涂"

太过聪明而坏事的领导,这里要说到两个,一个是东晋的桓玄,一个是北齐的高洋。

桓玄废掉晋安帝自立,不想着如何安抚百姓、治理国家,却专门挑百官的小错,施加刑罚,进而为自己立威。桓玄永始二年(公元404年,东晋元兴三年),尚书因为错把"春蒐"写成"春菟",凡是批改过这份文件的官员都被贬职。史载:"玄大纲不理,而纠摘纤微,皆此类也",所以很快就失去了人心。后来刘裕起兵反对桓玄,桓玄很快就失败了。

北齐的高洋,在没做皇帝之前,虽然非常聪明,但表面上却装得如傻如痴,他的哥哥高澄因此而非常看不起他,说:"这个家伙要是能够得到富贵的话,看相的都得失业了!"只有他的父亲高欢知道这个孩子不简单,对自己的大臣薛琡说:"这个孩子比我厉害。"

后来高澄被部下刺杀,事出紧急,朝廷上下震惊不已。高洋神色不变,指挥若定,很快稳定了混乱,斩杀了刺客,并从容不迫地对外宣告说:"就是几个奴才造反而已。大将军(指高澄)受了点轻伤,没有什么大碍。"这个时候,所有人都对高洋刮目相看。

高洋接管高澄的权力后,政事务从宽厚,办事程序有不方便的,全部简省,一切都处理得井井有条。他从小就深沉有大度,见识过人,反应敏捷,外表随和,但内心果断刚强。他喜欢处理具体的事务,了解一件事的开头就能推测出事情的结果,虽然烦琐,但他一整天做下来也毫不倦怠。开始掌管大政的时候,高洋以律令治理天下,公道为先,即使是亲戚、功臣犯了法,也不宽容,因此百姓安定,政治清明。他做事非常有决断,思虑深远,有君王大略。所以开始一段时间,北齐被他治理得相当繁荣。

然而,高洋却不能善始善终。当政六七年之后,他就以自己的功业自矜,开始逞自己的聪明智略。他沉湎于酒色,狂暴淫邪。有时他亲自击鼓跳舞、唱歌，通宵达旦；有时他一丝不挂，披头散发；有时他涂脂抹粉，穿红戴绿；有时他张弓拔刀，在闹市游玩，没事喜欢到大臣家里胡闹。他喜欢骑驴、骑马、骑牛、骑骆驼，不用马鞍、缰绳，直接骑上去。他喜欢盛夏的中午在阳光下暴晒，也喜欢在寒冬腊月里光着身子在大雪里狂奔，从者都受不了，高洋却如痴如醉。他还广征善淫的妇女，让她们和自己的侍从交媾，自己早晚观赏，当作娱乐。只要是他杀掉的人，往往都要被肢解，然后要么焚烧，要么扔到河里。他酗酒，长年累月，后来喝得自己神志都不清醒了，晚年经常说自己看到鬼魅。

高洋还极其喜欢杀戮，只要是有一点点不合心意，一定要将对方杀死。北魏的宗室基本都被他杀干净了，高隆之、高德政、杜弼、王元景、李愔之等老臣也都无辜被杀。他在晋阳的时候，用槊和都督尉子耀开玩笑，随手就将尉子耀刺死了。后来，他又在三台大光殿上用锯锯都督穆嵩，很快就把穆嵩锯成数段。一次，他去开府暴显家玩，都督韩悊稀里糊涂地被他点名，然后被推出斩首，连自己怎么死的都不知道。高洋杀人如麻，朝廷上下没有一个人不战战兢兢对他满怀怨毒的。他平时对部下要求十分严酷，再加上他本人记性好，对犯了错的部下一直念念不忘，所以百官一见到他都战栗恐惧，文武近臣，朝不保夕。

正是有了这样一位严酷而又十分"聪明"的皇帝，北齐的大臣都过着地狱般的日子。开始的时候，北齐比北周强大许多，北周由于害怕北齐军队渡过黄河偷袭，士兵每年冬天都要到黄河边上锤冰。后来由于北齐的皇帝胡作非为，百官不附，北齐很快衰落，不久就轮到北齐的士兵去黄河边上锤冰了。

过而能改，善莫大焉

【有过不知者蔽[1]，迷而不返者惑。】

【1】蔽：遮挡，遮盖。此处为愚昧的意思。

注曰：圣人无过可知；贤人之过，造形而悟；有过不知，其愚蔽甚矣！

迷于酒者，不知其伐吾性也；迷于色者，不知其伐吾命也；迷于利者，不知其伐吾志也。人本无迷，惑者自迷之矣！

王氏曰：不行仁义，及为邪恶之非；身有大过，不能自知而不改。如隋炀帝不仁无道，杀坏忠良，苦害万民为是，执迷心意不省，天下荒乱，身丧国亡之患。日月虽明，云雾遮而不见；君子虽贤，物欲迷而所暗。君子之道，知而必改；小人之非，迷无所知。若不点检自己所行之善恶，鉴察平日所行之是非，必然昏乱、迷惑。

白话：有了过错而不自知的人是愚蠢的。沉迷于一些事物而不知改正，人就会迷失自我。

解读：所谓的"有过不知"讲的是对自身的过错视而不见，而不是对别人的过错不能觉察。老子曰："知人者智，自知者明。"孙子曰："知彼知己，百战不殆。"知道自身的缺点，就能清楚地了解自身的薄弱所在，进而扬长避短，使自身处于有利的地位。

战国中期以前，秦国一直与西方的戎狄部落杂处，政治、经济、文化都相当落后，其他诸侯都以戎狄视之。秦孝公了解到"诸侯卑秦"，感觉"丑莫大焉"，遂发愤图强，决意变法。他重用商鞅，令其全权主持变法事务，对反对变法的人予以坚决镇压。变法之后，秦国一跃而起，最后打败了当时的霸主魏国，夺取了西河之地。最终扫灭诸侯，一统天下。

日本在1853年美国的佩里舰队叩关以后，自耻落后，遂奋发图强，推翻幕府，大力维新。虚心学习西方先进的政治、经济、文化制度，急起直追，日本因此而富强，后在几十年时间里，一跃成为东亚第一强国，在国际上争得了与欧美平起平坐的地位。

有些人可能了解自身的缺点与不足，但知道了也不改正，这样的人人们称其为"执迷不悟"。执迷不悟者似乎比有过不知者更聪明一些，实际上两者在本质上是一样的。

隋炀帝知道自己的荒淫无道引起了天下人的怨恨，仍然不知悔改，而是坐以待毙。他随身携带毒药，以备随时自尽。一次，他对着镜子自照，自言自语地说："好头颅，谁来斫杀？"明知道这样搞下去会让自己死无葬身之地，却仍然眼睁睁地看着自己堕落下去。后来隋炀帝在江都被部下缢杀。死之前，他仓促之间没能找到随身带的毒药，结果被勒死。

法国国王路易十五奢侈无度，对百姓横征暴敛，使得"太阳王"帝国的余晖迅速暗淡。有人对其劝谏，路易十五却不以为然地说："我死后哪怕洪水滔天！"典型的执迷不悟。路易十五虽然没有遭到横死，但他的孙子路易十六却被法国民众送上了断头台，也算是一种报应。

案例

过而不改，身死国灭

晋武帝平吴之后，志得意满，纵情享受游乐宴饮，对国家大事逐渐感到倦怠。他的后宫之中有近万人，自己玩不过来，就乘着羊拉的小车在宫中游逛。羊车停在哪个地方，就到哪个宫人的房中过夜。宫人们为了取得皇帝的临幸，就利用山羊嗜咸的特性，将盐水洒在自己门前的地上，以吸引山羊停留。

杨后的父亲杨骏及杨骏的弟弟杨珧、杨济被重用，三人朋比为奸，勾结大臣，权倾内外，人称"三杨"，晋武帝旧臣多被斥退。山涛屡次劝谏晋武帝，晋武帝虽然知道了，但没有改过。晋武帝死后，杨骏辅政，终于搞得天下大乱。

一次，晋武帝到南郊祭祀。祭祀完毕，他感慨地对司隶校尉刘毅说："我可以和汉朝的哪个皇帝相比？"刘毅是个非常正直的人，立即答道："汉桓帝和汉灵帝。"晋武帝大吃一惊，心想就算自己不能和汉高祖、汉文帝相比，也不至于和汉桓帝、汉灵帝这样的昏君相提并论吧！就问刘毅："这话怎么讲？"刘毅郑重地说："汉桓帝和汉灵帝卖官得来的钱尚且送入国库，陛下卖官得来的钱却装进自己的私囊。从这方面看，陛下似乎还不如汉桓帝和汉灵帝！"晋武帝虽然算不得英明神武，但还算有度量，心里虽然很失落，但还是笑着说："汉桓帝、汉灵帝时，没人敢说这样的话，而我有你这样正直的大臣，看来我还是比他们强。"虽然晋武帝知道卖官鬻爵是国家的大弊病，但却一直没有决心去廓清吏治。

西晋选拔官吏沿用曹魏的九品中正制，后来弊端丛生，高官士族把持用人大权，"上品无寒门，下品无士族"。刘毅和李重就曾上疏，要求废除九品中正制，晋武帝认为这个建议非常好，但考虑到众多高官显宦的利益，最终还是没有采用。

晋武帝知过而不改，使得西晋初期的许多弊政都没能得到有效的纠正。晋武帝死后不久，西晋王朝就爆发了"八王之乱"，中国从此陷入最无序、最混乱的历史时期。

请闭上鸟嘴

【以言取怨者祸。】

注曰：行而言之，则机在我，而祸在人；言而不行，则机在人，而祸在我。

王氏曰：守法奉公，理合自宜；职居官位，名正言顺。合谏不谏，合说不说，难以成功。若事不干己，别人善恶休议论；不合说，若强说，招惹怨怪，必伤其身。

白话：因为自己出言不慎而招致别人的怨恨，离灾祸也就不远了。

解读："祸从口出，患从口入"，嘴虽然重要，但却也是祸患的源泉。出言不慎往往会为自己招来无端的灾祸。

沉默虽然不是金，但在正式场合说话，一定要慎重。这一点似乎不成问题，一般人往往也会注意到。因言取祸的悲剧往往出于亲近朋友及同事间的无意调笑。言者无心，听者有意，从而招来别人的怨恨。若被调笑者的心量不宽，却又手握大权，说话的人暗中招来灾祸是极有可能的。即使是非常要好的朋友，在拿对方开玩笑时也一定要注意，不能过当，不能让对方下不了台。不然，轻则翻脸，重则招怨。

因言取祸起因小，且多为无心之过，为此而招祸，实在不值得。圣人教导我们要谨言慎行，是绝对有道理的。

案例

一语不慎，招来叛乱

前秦国君苻健将大将张遇的继母纳为昭仪，经常在大臣面前对张遇说："你呀，你是我的假子啊！"苻健和张遇的年龄相差不大，张遇认为苻健经常在大庭广众之下这样开自己的玩笑，简直是奇耻大辱，难以忍受，遂图谋反叛。

张遇想趁着苻健的弟弟苻雄率领精兵在外，暗地里联络关中的豪杰，里应外合，一举消灭苻氏，然后以前秦的土地投降东晋。当年七月，张遇与黄门侍郎刘晃策划，刘晃夜里偷偷打开宫门，然后引张遇进来偷袭苻健。然而事不凑巧，苻健正好要派刘晃出去公干。约好要为张遇开门，刘晃不想出差，但没推辞掉。张遇不知道刘晃已经不在城中，仍然按原计划行事，结果计划破灭，张遇被杀。关中的豪杰趁机造反，纷纷向东晋请求救兵，搞得国家大乱。虽然这场变故最后被镇压下去，前秦损失却很大，苻健也差点丧命。

一句话引出一场叛乱，出言不慎的害处值得我们吸取教训。

法令要统一，说话要算数

【令与心乖[1]者废[2]，后令缪[3]前者毁[4]。】

【1】乖：背离，不一致。

【2】废：废止。

【3】缪（miù）：违背，相矛盾。

【4】毁：毁弃。

注曰：心以出令，令以心行。号令不一，心无信而事毁弃矣！

王氏曰：掌兵领众，治国安民，施设威权，出一时之号令。口出之言，心不随行，人不委信，难成大事，后必废亡。号令行于威权，赏罚明于功罪，号令既定，众皆信惧，赏罚从公，无不悦服。所行号令，前后不一，自相违毁，人不听信，功业难成。

白话：发布的命令与本心相违背，必定难以实行下去；朝令夕改，前后推行的法令相抵触，事情就难以进行下去。

解读：号令作为行动的依据，务必要明确、严肃，具有很高的稳定性。若非如此，或者漏洞百出，或者自相矛盾，或者与民心相悖。这样的话，号令不但难以推行，而且还影响决策者的权威性。

统筹兼顾，考虑周全，进而做出合理的决策，即使在推行法令的过程中遇到困难和阻力，也能够坚定地推行，取得事功。

若朝令夕改，一则显得决策者思谋欠周到，领导个人没水平；二则丧失了法令的公信力和严肃性，使得下面视法令为儿戏，那就相当于在误导百姓犯法。

一个领导者，做出决策前务必慎重，做出决策后务必坚持。如此，做事有功，权威自立。

案例

孙叔敖守法而楚国大治

孙叔敖担任楚国的令尹后，以善政教导百姓，吏治清明，盗贼不起，上下和畅。他还劝导老百姓不失农时，开发山地资源，并为百姓修建大型的水利设施，楚国因此而风调雨顺，连年丰收，百姓安居乐业。

楚庄王认为市场上流通的钱币太轻，就下令将小的钱币换成大的，百姓都觉得很不方便，纷纷罢工。管理市场的市令向孙叔敖汇报说："市场乱了，老百姓都不知所措，连社会秩序都不稳定了。"孙叔敖就问："这样的情况出现多长时间了？"回答说："三个多月了。"孙叔敖果断地说："废除这个法令，我现在就命令楚国恢复原来的币制。"过了五天，孙叔敖朝见楚庄王，对楚庄王说："前一段时间大王认为钱币太轻，就换用大的钱币，结果老百姓都认为很不方便。市令向我汇报说：'市场乱了，老百姓都不知所措，社会秩序都为此而动荡了。'我已经下令恢复原来的币制，请大王恕罪。"楚庄王也赞同孙叔敖的主张。恢复币制的法令下达三天，楚国的市场秩序就恢复正常了。

楚国的百姓喜欢乘坐矮车，楚庄王认为矮车不便于用马匹驾驶，想下令楚国制造高车。他召见孙叔敖商量此事，孙叔敖说："我们屡次修改法令，老百姓就会不知所措，这样做不好。假如大王一定要增加车的高度，我请求先让老百姓增高他们的门槛。乘车的人都是君子，君子又不能总下车。这样的话，他们自然会想到增加车子的高度了。"楚庄王很是赞成，遂下令百姓增高门槛。果然，不到半年，百姓都自行增加了车子的高度。

都门立木，取信于民

秦孝公任用商鞅实行变法。商鞅已经起草了变法的法令，还未公布。担心百姓不相信，他就在国都闹市的南门外立下一根三丈长的木杆，发出布告说：谁能将这根木杆扛到国都北门，赏赐黄金十镒。百姓都来围观，但不知道官府有何意图，议论纷纷，却无人敢试。商鞅又加重酬金，对百姓说："能扛到北门的，赏金五十镒。"有一个人壮着胆子将木杆扛到北门，商鞅立即当着众人的面赏赐其黄金五十镒。取得百姓的信任后，商鞅才发布变法的法令。

新法刚刚实行一年，老百姓纷纷拥到国都，说新法不好的就有上千人。太子也触犯了新法。商鞅面临着前所未有的压力，但他坚定地说："国家法令之所以推行不下去，就是因为从上面开始犯法。"商鞅要依法处罚太子，但太子是国家的储君，不能动刑，商鞅就处罚了太子的两个老师公子虔和公孙贾，公子虔被处以劓刑，公孙贾被处以黥刑。处罚了太子的两个老师后，秦国百姓没有再敢违反商鞅法令的了。新法实行了十年，秦国道不拾遗，夜不闭户，山中没有强盗，百姓生活富足。

发脾气让人很受伤

【怒而无威者犯[1]。】

【1】犯：触犯、冒犯，此处指以下犯上。

注曰： 文王不大声以色，四国畏之。故孔子曰：不怒而威于鈇钺。

王氏曰： 心若公正，其怒无私，事不轻为，其威难犯。为官之人，掌管法度纲纪，不合喜休喜，不合怒休怒，喜怒不常，心无主宰；威权不立，人无惧怕之心，虽怒无威，终须违犯。

白话： 发怒而不能威慑下属的领导，往往会招致部下以下犯上。

解读： 领导处于统率下属的地位，有事说事，没必要动辄大吼大叫。下属犯错，可以进行耐心而严厉的批评，目的在于改正，达到目的即可。领导之术，讲求喜怒不形于色，不怒而威。

权威来自别人的敬畏和尊重，而人们往往对自己无知的事物感到恐惧。领导不动声色，心思人莫能测，又能在关键的时候做出正确的决策，带领下属取得成功，下属自然对其心怀敬畏与尊重。

领导没本事，却想依靠打压同事来抬高自身，这是取祸之道。没本事的人自然不会得到众人的尊敬，尤其是没有本事的领导。领导喜欢大发雷霆，开始的时候，别人或许还有些畏惧。后来发现领导不过如此，就像黔之驴，除了会叫几声外，再无长物。领导不断地对下属大发脾气的结果就是让他自己不快，也给下属添堵。领导不快在于经常大发雷霆而下属却依然我行我素，把他的话当成耳旁风。下属不快在于领导无端地发脾气，影响了他们的心情，心想那个领导自身没本事，就是靠了谁谁谁的关系才上来的，还敢在同事面前抖威风。

时间久了，领导会为自身的领导无力而不平，不平就要杀鸡吓猴，拿自己的下属开刀。下属不服，自然就会以下犯上。所以领导要有才有德，有亲和力，这样才能让下属心服，不会有以下犯上的事情出现。

案例

张飞自取祸

张飞是三国时的猛将，在蜀汉五虎上将中排名第二。曹操的谋士程昱曾称关羽、张飞乃万人敌也。关羽为人，对士兵非常爱护，但对自己的上级却非常傲慢，张飞则只尊重士人君子而轻慢自己的部卒。刘备经常告诫张飞："三弟你杀人过甚，喜欢鞭打士卒，却又让他们侍奉在左右，这些都容易招来灾祸啊！"张飞不听，喜欢喝酒，喝完酒就大发脾气，将士兵绑在树桩上狂抽。

关羽被孙权擒杀后，张飞日夜痛哭，对部将士卒动辄大骂鞭打，搞得人人怨恨。刘备讨伐孙权，让张飞率兵从阆中出发与他会合。张飞报仇心切，让部将张达、范强在三日内准备好白旗、白袍等物品。张达、范强认为没办法做到，就向张飞请求宽限几日。张飞大怒，立即将二人关入大牢，并在喝醉酒后痛打二人，还威胁说要取二人首级。

张达、范强忍无可忍，遂在大军出发的前天夜里刺杀了张飞，割取首级投奔了孙权。

众人面前，记得给人留面子

【好众辱人者殃[1]。】

【1】殃：遭受祸患。

注曰：己欲沽直名而置人于有过之地，取殃之道也！

王氏曰：言虽忠直伤人主，怨事不干己，多管有怪；不干自己勾当，他人闲事休管。逞著聪明，口能舌辩，论人善恶，说人过失，揭人短处，对众羞辱，心生怪怨；人若怪怨，恐伤人之祸殃。

白话：喜欢在众人面前置别人于有过的境地，进而博取自己正直名声的人，必定会遭受祸患。

解读：尊重别人，别人才会尊重你。无论对方在你眼里多么微不足道，都不能随便不给别人面子，更不能有意地去侮辱别人。

人们常说"多一个朋友就多一条路，多一个敌人就多一堵墙"，讲的就是这个道理。有些人喜欢当众出别人的丑，让别人下不来台，似乎这样就能显示他的英明神武。这样会让别人怀恨在心，他们可能嘴上不说什么，但在暗中给你设陷阱，使绊子，让你防不胜防，一不小心就栽进去。

案例

吕惠卿与王安石

吕惠卿是王安石变法的主要助手。开始时,吕惠卿为真州推官,任满入京述职,见到了王安石。两人讨论经义,谈论时政,非常投机,一见如故。

熙宁(宋神宗第一个年号,公元1068年—公元1077年)初,王安石主政,推行变法事宜。王安石向宋神宗推荐吕惠卿:"吕惠卿非常有才干,不要说当今,就是前代的大儒也无法与其相提并论。学习先王之道而又能变通应用的,只有吕惠卿一人啊!"变法期间,王安石设置三司条例司,以之作为国家的权力中枢,以吕惠卿为该司的检详文字。国家事务无论大小,王安石必定会找吕惠卿商量,变法上奏的奏章均为吕惠卿所写,吕惠卿是王安石变法最为得力的干将。

后来王安石又推荐吕惠卿为参知政事(副相),对其非常倚重。但吕惠卿为人奸邪诡媚,王安石的弟弟王安国对其非常厌恶,经常当着众人的面侮辱他。吕惠卿怀恨在心,就倚仗自己的权势诬陷王安国,王安国因此而得罪罢官。王安石因为王安国的事情,开始与吕惠卿发生矛盾。吕惠卿因此而背叛王安石,只要是能陷害王安石一家的事情,吕惠卿没有不做的。

夷射得罪小人丧命

齐王宴请大臣,中大夫夷射喝得酩酊大醉。罢宴之后,夷射摇摇晃晃往回走,走到郎门(即宫门)时,走不动了,就靠着大门歇息了一会儿。受过刖刑的看门人跪着向夷射乞求说:"大王赐予大人的酒真香啊,能否将您喝剩下的酒赏赐一点儿给小人呢?"夷射大声呵斥看门人说:"走开!你这个受过刑的蠢材,怎么敢向尊贵的大夫要酒喝呢?"看门人默默地离开了。

夷射离开后,看门人就在郎门的屋檐接水处洒水,造成有人小便过的样子。

第二天,齐王出门,看见屋檐下有人随地小便,勃然大怒,就大声询问："是谁在这里小便？"看门人就说："臣没看见是谁小便，但昨天夜里中大夫夷射曾在这里站了一会儿。"齐王非常生气，就杀掉了夷射。

丁谓与寇準

寇準非常赏识丁谓的才能，一直提拔他。寇準担任宰相，丁谓位至参知政事。丁谓对寇準的知遇之恩非常感激，对寇準也非常恭敬。一次，宰执们在中书省会餐，寇準喝汤的时候，不小心让胡子沾到了汤汁。丁谓赶紧走过去，慢慢地将寇準胡子上的汤汁拂拭干净。寇準对丁谓这种谄媚的行为非常反感，就笑着对丁谓说："参知政事可是国家的大臣，是为上级擦胡须的吗？"这大众场合的一句无意嘲弄，让丁谓感到非常羞愧，从此对寇準怀恨在心，最后反目成仇，不断地诬陷寇準。寇準后来就栽在丁谓的手里。

爱护下属的领导是好领导

【戮辱所任者危[1]。】

【1】危：身处险境。

注曰：人之云亡，危亦随之。

王氏曰：人有大过，加以重刑；后若任用，必生危亡。有罪之人，责罚之后，若再委用，心生疑惧。如韩信有十件大功，汉王封为齐王，信怀忧惧，身不自安，心有异志；高祖生疑，不免未央之患。高祖先谋，危于信矣。

白话：杀戮、侮辱自己委以重任的人，这是置自身于险境。

解读：作为一个领导，一方面依靠属下奋不顾身地为你打天下；另一方面，却又不断地侮辱属下的尊严，时不时还想着怎样搞掉他。这样的搞法，必然会陷自身于险境。

一方面离不开别人，一方面却要把别人往外赶，这很明显是自己跟自己过不去。你所依恃的力量被自己搞掉，这就是自断臂膀。亲者为之痛，仇者为之快，白白地便宜了对手。

你重用下属，实际上已经将你的事业和身家性命的一部分托付于他。你侮辱他，还不断地威胁他，必然会让下属感到吃力不讨好，对你心生怨恨。一旦下属起而反叛，必将置你于死地。

案例

名将斛律光

北齐大将斛律光，字明月。骁勇善战，智勇兼备，是不可多得的将才。北齐河清三年（公元564年）正月，北周派遣大将达奚成兴进攻平阳，武成帝高湛让斛律光率步骑兵三万人前往救援。达奚成兴听说斛律光率军前来，立刻撤军而走。斛律光追击，攻入北周境内，俘获两千余人而还。

同年冬，周武帝派遣柱国大司马尉迟迥、齐国公宇文宪、柱国庸国公可叱雄等率兵十万，进攻洛阳。斛律光率领五万骑兵迎战，与北周军队大战于邙山，大败尉迟迥。斛律光射杀可叱雄，斩首三千余级，尉迟迥、宇文宪仅以身免。斛律光获取了北周军队的甲兵辎重，并堆积北周军队的尸体作为京观（古代为炫耀武功，聚集敌尸，封土而成的高冢）。

武平元年（公元570年）正月，北齐后主高纬命斛律光统率步骑兵三万人征讨北周，军队于定陇驻扎。北周大将张掖公宇文桀、中州刺史梁士彦、开府司水大夫梁景兴等屯军于鹿卢交道。斛律光身披铠甲，手执兵器，身先士卒，两军刚刚交战，北周军队就溃不成军，斛律光斩首两千余级。他又率军直趋宜阳（今河南洛阳西部宜阳县），与北周齐国公宇文宪、申国公拓跋显敬相持百余日。斛律光修筑统关、丰化二城，打通了通往宜阳的道路。不久，斛律光率军撤退，行至安邺，宇文宪统率五万大军一直紧随其后。斛律光派遣骑兵攻击宇文宪大军，大破之，俘虏其开府宇文英、都督越勤世良、韩延等人，斩首三百余级。宇文宪仍令宇文桀及大将军中部公梁洛都与梁士彦、梁景兴等率步骑兵三万人屯守于鹿卢交道，断绝北齐进军的要道。斛律光与韩贵孙、呼延族、王显等合击宇文桀等,大破之,斩杀梁景兴,俘获战马千匹。当年冬天,斛律光又率步骑兵五万人在北周要塞玉壁城附近修筑华谷、龙门二城,与宇文宪、拓跋显敬等相持。宇文宪不敢动,斛律光遂进围定阳,修筑南汾城,设置州城以威胁北周,当地百姓万余户归附北齐。

斛律光为人沉默寡言,性格刚直急躁,治军严格。自青年从军,每战必胜,尤其为敌军所畏惧。北周大将对斛律光都是闻风丧胆,畏之如虎。对北齐而言,斛律光就是它的擎天白玉柱、架海紫金梁,而后主高纬却无端将其杀害。

武平二年(公元571年),斛律光救下宜阳后,撤军还师。军队还未撤回到邺都,后主高纬便下令就地解散士兵。斛律光认为军人多有功勋,还未得到皇帝的慰劳,如此解散,显得皇帝寡恩,不利于取得军心。他秘密派遣使者向后主请旨,要求军队仍然开进邺都。后主派出使者,要求军队原地停留,但斛律光一直将军队开到京师郊外的大道上。后主听说斛律光的军队已经逼近京师,感到斛律光在威逼自己,内心非常厌恶,但也无可奈何,他急忙派遣使者犒劳士兵,对斛律光加官晋爵。

权臣祖珽是个奸邪小人,专擅朝政,斛律光对其很是厌恶,祖珽对斛律光则十分嫉恨。后主的宠臣穆提婆也因求亲不成和赏赐被阻而对斛律光满腹怨恨。祖珽和穆提婆便联起手来,决心搞掉斛律光。

北周大将韦孝宽足智多谋,对斛律光的英勇非常忌惮。他得知北齐君臣不和,就设离间计。韦孝宽编了一首歌谣,让密探带到邺都散播,歌谣是这样唱的:"百升飞上天,明月照长安。高山不推自崩,槲树不扶自竖。"百升就是一斛,明月是斛律光的字,连在一起就是指斛律光。"飞上天""照长安"就是说他要起兵谋反,登基称帝。后两句"高山不推自崩,槲树不扶自竖"就是说高氏的天下不久就要自行崩溃,斛律光很快会取而代之。当时皇帝都相信谶纬、天命,对民间的歌谣非常敏感。祖珽正想除掉斛律光,听到这首歌谣,内心大喜,自己又加上两句,以图更快地将斛律光送上天。祖珽的两句是:"盲眼老公背上下大斧,饶舌老母不得语。"祖珽不但自己填词,而且谱曲,让小孩儿在路上传唱。穆提婆听到后,就将小孩儿传唱的歌谣告诉了母亲陆令萱。陆令萱认为"饶舌老母"是在指斥自己,"盲眼老公"则指祖珽,都是斛律光的对头。有了共同的敌人，两家遂结为同盟，欲共同除掉斛律光。他们将谣言告诉了后主高纬，并说："斛律光家连续几代为大将，斛律光威震关西，斛律羡（斛律光弟）威震突厥，都手握兵权。斛律光女儿为皇后，儿子娶公主，威势太盛，谣言可畏啊！"

后主本来就因犒军这件事猜疑斛律光，再经谗言、谣言诱导，就决心除掉斛律光。高纬采纳祖珽的计谋，将斛律光骗入宫中，让力士刘桃枝从后面用杖猛击其头部。斛律光血流满地而死，时年五十八岁。不久，又灭其三族。

斛律光一门被诛灭全族，北齐举国为之痛惜。周武帝听说后，大喜，大赦境内以示庆贺。后来周武帝灭掉北齐，攻入邺都，追封斛律光为上柱国、崇国公，以表彰其忠贞勇武，并说："假若斛律光还在的话，我等岂能进入邺都？"

宋文帝自毁长城

这里所说的"长城"，是指南北朝时期刘宋猛将檀道济。

檀道济和哥哥檀韶都是宋武帝刘裕帐下的大将。檀道济为人谦和孝悌，侍奉兄长和姐姐都非常尽心。刘裕讨伐桓玄，檀道济跟随入京，参刘裕军事，不久转为征西将军。讨平鲁山，俘虏桓振，拜官辅国参军、南阳太守。因为讨平桓玄有功，封吴兴县五等侯。卢循起事，盗贼蜂起，郭寄生聚众作乱，刘裕以檀道济为扬武将军、天门太守镇压了郭寄生的叛乱。跟随刘道规讨伐柏谦、苟林等人，檀道济身先士卒，所向披靡。徐道覆进逼建康，刘道规亲自率军据守，檀道济作为刘道规手下第一大将，战功最多。

义熙十二年（公元416年），刘裕率军讨伐后秦，以檀道济为先锋。檀道济奋武扬威，所到之处望风降服。攻克许昌，俘虏后秦宁朔将军、颍川太守姚坦及大将杨业。进攻成皋，后秦的兖州刺史韦华率众投降。然后直接率大军压向洛阳，后秦平南将军陈留公姚洸投降。檀道济一路俘获后秦军队四千多人，部下认为应当将这四千多人全部斩首作为京观以振奋士气。檀道济不同意，说："我们兴正义之师，伐罪吊民，就在今天，怎能滥杀无辜？"然后下令，将这些俘虏全部释放并遣送回家。檀道济以德服人，后秦军队大批大批地向他投降。后来又攻占潼关，与诸军一起攻破姚绍。

刘裕攻灭后秦，俘虏后秦皇帝姚泓，以檀道济为征虏将军、琅邪内史。刘裕以世子刘义符镇守江陵，又以檀道济为西中郎司马、持节、南蛮校尉，加征虏将军。后来刘裕称宋王，檀道济又加官世子中庶子、兖州大中正。刘裕称帝，檀道济又转为护军，加散骑常侍，领石头戍事。后来又以佐命功，改封永修县公，食邑二千户。后来出监南徐、兖之江北、淮南诸郡军事，镇北将军，南兖州刺史，后又镇守广陵。

少帝刘义符骄奢淫逸，不堪大任，顾命大臣徐羡之废掉刘义符，拥立刘义隆，檀道济参与废立，晋封为武陵郡公，食邑四千户，又增督青州、徐州之淮阳、下邳、琅邪、东莞五郡诸军事。宋文帝刘义隆要诛杀谢晦，檀道济率军跟进大将到彦之讨伐谢晦。到彦之战败，退守隐圻，檀道济大军一到，谢晦的军队不战自溃。谢晦的叛乱平息之后，宋文帝又加檀道济都督江州之江夏、豫州之西阳、新蔡、晋熙四郡诸军事，征南大将军，开府仪同三司，江州刺史，持节、常侍等官爵不变，增封千户。

元嘉八年（公元431年），到彦之讨伐北魏，先讨平了河南，不久又将其丢失，金墉、虎牢也一并丧失，北魏一直进逼至滑台。军情紧急，宋文帝加檀道济都督征讨诸军事，率军讨伐北魏。檀道济先在东平寿张县（今山东省聊城市阳谷县寿张镇）率领宁朔将军王仲德、骁骑将军段宏大败北魏安平公乙旃眷，不久又和北魏宁南将军、济州刺史寿昌公悉颊库结在高梁亭激战。檀道济分遣段宏和沈虔之出奇兵夹击悉颊库结，斩悉颊库结于马下。后来檀道济进兵至济上，与北魏军队激战二十余日，大战数十场。由于北魏军队人数众多，檀道济寡不敌众，滑台最终丢失。虽然如此，檀道济凭借自己卓越的军事才干，将军队全数带回江南。

檀道济在刘裕麾下时立有大功，威名很重，而且他的左右心腹都是身经百战的骁将，檀道济的几个儿子也非常有才气，这让宋文帝对之很是猜忌。宋文帝刘义隆连年生病，数次奄奄一息。宋文帝的弟弟彭城王刘义康害怕宋文帝死后檀道济难以驾驭，就想除掉他。

元嘉十三年（公元436年），宋文帝在檀道济回归镇所的路上将其逮捕，不久连同他的儿子和心腹大将一并斩杀。檀道济在被逮捕的时候，把自己的头巾扔在地上，愤怒地说："你这是在自毁万里长城啊！"

北魏君臣听说檀道济被杀，都高兴地说："檀道济已死，刘义隆再没有什么可怕的了。"自此以后，连年进攻南朝，颇有统一江南的志向。宋文帝晚年，派大将王玄谟北伐，被北魏太武帝拓跋焘打得大败。拓跋焘曾率军一直打到瓜步山下，直逼刘宋都城建康。宋文帝无可奈何，"北顾涕交流"，他感慨地对左右说："若道济在，岂至此？"

尊重别人就是尊重自己

【慢[1]其所敬者凶。】

【1】慢：轻慢，无礼。

注曰：以长幼而言，则齿也；以朝廷而言，则爵也；以贤愚而言，则德也。三者皆可敬，而外敬则齿也、爵也，内敬则德也。

王氏曰：心生喜庆，常行敬重之礼；意若憎嫌，必有疏慢之情。常恭敬事上，怠慢之后，必有疑怪之心。聪明之人，见怠慢模样，疑怪动静，便可回避，免遭凶险之祸。

白话：对别人心怀敬畏的人或事轻慢失礼，会置自身于凶险之境。

解读：拿破仑在国会演讲时曾经这样说过："我通过改革天主教，终止了旺代战争；通过变成个穆斯林，在埃及站住了脚；通过成为一个信奉教皇的人，赢得了意大利神父的支持。如果我去统治一个犹太人的国家，我也会重修所罗门的神庙。"善于取得成功的人都知道尊重别人所敬重的事物，而愚蠢、粗暴的人却喜欢践踏和摧毁别人最崇高的信仰。践踏别人的信仰，必然触犯众怒，使得事情举步维艰，让自己陷于不利的境地。

奥朗则布是印度莫卧儿帝国著名的皇帝，在他统治期间，莫卧儿帝国的版图几乎包括整个印度次大陆和阿富汗地区，帝国的疆域和声威达到了顶点。但奥朗则布舍弃了前几代皇帝一直奉行的宗教宽容政策（莫卧儿帝国的统治者为信奉伊斯兰教的蒙古人后裔，伊斯兰教为莫卧儿帝国的国教。但印度原居民绝大多数信奉印度教，人口在莫卧儿帝国内占据绝对优势），实施宗教迫害。奥朗则布向非穆斯林教徒征收人头税，加重其土地税；禁止印度教徒新建印度教神庙和举行印度教节日；还将非穆斯林教徒驱逐出政府机构。

奥朗则布的宗教歧视政策激起了非穆斯林的马拉地人和锡克教徒的起义。奥朗则布亲自率兵镇压，用兵二十多年，却未能征服印度南部的马拉地人，反而搞得国库空虚，百姓穷困。奥朗则布死后，印度马上就陷入四分五裂的境地，不久就为英国殖民者所征服。

案例

锦衣卫

明朝正德年间，朝廷的官员犯罪，动不动就叫锦衣卫抓起来。大臣霍韬为此而上奏道："天下的司法工作，交给三法司去办理就可以了。锦衣卫兼管司法，横加干涉，超越了拘捕的职权，又干涉了审判的权限。官员被扯掉官服，戴上枷锁，失去礼节而听任武夫的摆布。早上上朝，晚上便被投入监狱，刚正的气节丧失殆尽。有时候晚上刚从监狱出来，早晨就去上朝，解开绳索，又峨冠博带。那些武夫指着说：某某人，我曾羞辱过他；某某人，我要羞辱他。这些小人肆无忌惮，君子们也就失掉良心。因而英雄豪杰多想隐居山林，遇到事变也很少有高风亮节的人士出现。"

私心是败事的根源

【貌合心离者孤，亲谗远忠者亡。】

注曰：谗者，善揣摩人主之意而中之；而忠者，推逆人主之过而谏之。谗者合意多悦，而忠者逆意者多怨；此子胥杀而吴亡，屈原放而楚灭是也。

王氏曰：赏罚不分功罪，用人不择贤愚；相会其间，虽有恭敬模样，终无内敬之心。私意于人，必起离怨；身孤力寡，不相扶助，事难成就。亲近奸邪，其国昏乱；远离忠良，不能成事。如楚平王，听信费无极谗言，纳子妻无祥公主为后，不听上大夫伍奢苦谏，纵意狂为。亲近奸邪，疏远忠良，必有丧国、亡家之患。

白话：与自己的伙伴貌合神离的人往往无人亲近，终将众叛亲离；亲近爱进谗言的小人，疏远忠诚正直的人将会导致家国覆亡。

解读：一个领导意欲有所作为，最忌与下属貌合神离。貌合神离，表面上看似一团和气，下属对领导唯唯诺诺，内心却是离心离德。一旦领导发号施令，下属要么消极怠工，坐观成败，要么暗中阻挠，等着看领导出丑。领导因此而成为光杆司令，手下无一可用之人，事情必败。

领导为什么会和下属貌合神离呢？责任主要在于领导。作为一个下属，没人愿意和领导过不去。往往是领导处事不公正，有功不赏，有罪不罚，以权谋私，大搞裙带关系，让下属离心离德，最终与之貌合神离。领导在这方面要加以检讨和自我约束。

良药苦口利于病，忠言逆耳利于行。谗言虽然动听，而且往往能符合领导的心意，但那都是裹着糖衣的鸦片，虽然好吃，但危害极大。进谗言者往往非奸即佞，不是为了迎合上意谋求个人的权位，就是诬陷别人，残害忠良。进谗言的小人固然可恨，若领导自身正直，疏远他们，也就不会产生什么祸害。"营营青蝇，止于樊。岂弟君子，无信谗言。""谗人罔极，交乱四国。"爱听谗言的人，本身就是小人。小人掌大权，就是让兔子拉大车，岂有不翻之理？

案例

伯嚭奸邪误国

越王勾践被吴王夫差打败，被围困于会稽山上。他派大夫种向夫差求和，夫差不见。种回到会稽山后，把情况对勾践说了。勾践想杀掉妻子、儿女，烧掉宫中的宝物，然后和夫差决一死战。种劝阻了勾践，对他说："听说吴国的太宰伯嚭为人贪婪，可以用财物来收买他，或许还有希望。就让我再走一趟，悄悄地去见伯嚭吧！"

勾践答应了，就让种把美女、宝物悄悄地送给伯嚭。伯嚭果然接受了，然后把种引荐给吴王。种对吴王夫差狠狠地磕了几个响头，然后带着一副悔恨莫及的表情说："请大王赦免勾践的罪过，然后取走他所有的宝物。假若大王不赦免勾践，他就会杀掉妻子、儿女，烧掉自己的珍宝，率领手下与大王决一死战，这对大王来说是个很大的损失啊！"

伯嚭也趁机为越王求情："越王降服，作为吴国的臣属，这对吴国来说是莫大的利益。"吴王想答应，伍子胥进谏说："我们不趁现在灭掉越国，以后就会后悔莫及。勾践是贤能之君，种、范蠡都是贤能之臣，假如放他们回去，必定后患无穷。"夫差不听，最后赦免了勾践，撤军还吴。

过了两年，吴王将要讨伐齐国。伍子胥劝谏说："大王不可伐齐。臣听说勾践与百姓同甘共苦，正励精图治呢。这个人不死，一定会成为吴国的后患。越国对吴国而言，就像是要害处的疾病，而齐国对吴国而言，不过是皮毛上的疥疮而已。请大王舍弃齐国，先消灭越国。"吴王不听，遂出兵伐齐，大败齐国。吴王得胜归来，就以自己的胜利来责备伍子胥。伍子胥说："请大王不要得意忘形！"吴王大怒，伍子胥很难过，想自杀。吴王听说后，赶紧道歉制止。种对越王说："据臣观察，吴王为政已经志得意满了。请尝试向吴王借贷粮食，看看吴国的反应。"越国向吴国借贷粮食，吴王想答应下来，伍子胥苦劝，吴王不听，将粮食贷给了越国。越国君臣看到吴国将要败落了，内心都欢喜不已。

伍子胥很担心，就对人说："大王不听劝谏，吴国就要败亡了，三年后吴国就会成为一片废墟啊！"太宰伯嚭听说后，就屡次在越国的问题上和伍子胥争论，还在吴王面前进谗言："伍员（伍子胥，名员）表面上忠诚，内心却是个残忍的人。对于自己的父亲、兄长尚且不顾，还能真心辅佐大王吗？上次大王要讨伐齐国，伍员坚持反对，结果伐齐得胜，伍员反而抱怨大王。"吴王开始的时候不相信，就让伍子胥出使齐国。不久，吴王就听说伍子胥把儿子托付给齐国，勃然大怒，说："伍子胥果然在欺骗我！"伍子胥从齐国回来后，吴王就派人赐给伍子胥属镂剑，令其自尽。伍子胥凄怆一笑说："我辅佐你父亲称霸，又立你为王。当初，你要把吴国分一半给我，我没有接受。现在你却因为谗言而杀掉我。唉！刚愎自用不会有好下场的！"然后，伍子胥对使者说："我死后一定要把我的眼睛挖出来放在国都的东门上，我要亲眼看着越国的军队攻入吴国。"伍子胥说完便自杀了,吴王将国政委之于伯嚭。

几年后,越王果然率军灭掉了吴国,吴王自杀,伯嚭投降。越王以王礼为夫差下葬,然后杀掉了伯嚭。

裙带关系害处多

【近色远贤者昏[1],女谒[2]公行者乱。】

【1】昏:昏聩,糊涂。

【2】女谒:通过宫中嬖宠的女子干求请托。泛指通过有权势的女子干求请托。

注曰:如太平公主,韦庶人之祸是也。

王氏曰:重色轻贤,必有伤危之患;好奢纵欲,难免败亡之乱。如纣王宠妲己,不重忠良,苦虐万民。贤臣比干、箕子、微子,数次苦谏不听;听信怪恨谏说,比干剖腹、剜心,箕子入宫为奴,微子佯狂于市。损害忠良,疏远贤相,为事昏迷不改,致使国亡。后妃之亲,不可加于权势;内外相连,不行公正。如汉平帝,权势归于王莽,国事不委大臣。王莽乃平帝之皇丈,倚势挟权,谋害忠良,杀君篡位,侵夺天下。此为女谒公行者,招祸乱之患。

白话:亲近美色而疏远贤能是昏聩的表现,裙带关系泛滥必将导致祸乱。

解读:子曰:"吾未见好德如好色者也。"这是人的本性,漂亮的男女都令异性动心,无可厚非。英雄难过美人关,自古以来都是如此。但问题的关键不在好色,而在于远贤。

齐桓公好色,但他能重用管仲、隰朋、鲍叔牙等贤人,齐国因此称霸于诸侯。唐太宗好色,把弟弟的妃子都纳入后宫。武则天小小年纪,也被他召进宫里,还给她取了个昵称"武媚"。但他能重用房玄龄、杜如晦、魏徵、马周、李靖、李勣等贤臣,开创了一代盛世。商纣王、隋炀帝、陈后主好色,但疏远贤良,重用小人,结果人人离心,身死国灭,可悲可叹。

男人可以好色,但却不能因此而损害自己的事业。那些因为好色而使自己一败涂地的人,不但下场悲惨,成为后世笑柄,最后恐怕连自己一心爱护的美色都保不住。周幽王烽火戏诸侯，最后被犬戎杀死，美姬褒姒也被犬戎掳走。萧后在隋炀帝死后，先被宇文化及霸占，后被窦建德送到突厥，后来又被唐太宗抢了回来，形同货物。陈后主宠爱张丽华，结果陈朝灭亡，张丽华被杨广霸占，后又被杀。北齐后主高纬宠幸冯小怜，北齐灭亡后，冯小怜被当成物品赏赐给周武帝的大臣。因色而败的人，往往落得一无所有。

贪官大多奢侈荒淫，养情妇，更有甚者，聚众淫乱，最后因此而落马，乌纱帽不保。不但身前富贵丧失，昔日属于自己的美色也都玉体横陈于他人床榻。

为美色奋不顾身的人尤其喜欢大搞裙带关系，因裙带关系而进的人又往往是小人，无才无德，很容易把一个单位搞得乌烟瘴气，引起单位事业的混乱。

女子乱政

唐中宗李显被武则天废为庐陵王后，深被猜忌。在房州（今湖北房县）那段时间，是李显一生中最失意、最落魄的时光，而他的妻子韦氏一直在他身边陪伴他，安慰他，不离不弃，夫妻感情深笃。武则天的使者每次到来，李显都惶恐不已，最后承受不住压力想自杀。韦氏就安慰他说："祸福无常，早死是死，晚死也是死，何必这么急着去死呢？"韦氏的劝慰和帮助让李显非常感激，曾与韦氏约定："如果能重见天日，我就让你随心所欲，绝不牵制！"

神龙元年（公元705年），宰相张柬之发动政变，逼迫武则天退位，李显得以重登帝位。李显复位后，韦氏被封为皇后，主宰后宫，参与政事。中宗是个软弱的男人，他当皇帝，主宰国家大事的却都是女人。他妹妹太平公主、皇后韦氏、昭容上官婉儿都是当时政坛上响当当的人物。

武则天死后，大将敬晖等想斩草除根，杀尽武氏。武三思非常惊恐，就通过自己的姘头上官婉儿向韦后请命。韦后和武三思一见如故，遂勾搭成奸，放胆私通。等张柬之、敬晖等权臣死后，韦后得以专制朝政，中宗渐成傀儡。

武三思曾登上皇帝的御床和韦后赌博嬉戏，中宗在旁边亲自为他们打杂，一点都不气恼。中宗头上的帽子都绿得放光了，民间对此议论纷纷，中宗却视而不见。中宗还允许宫女出宫，即使身边的妃嫔，有时也允许她们出宫。女人自由了，但宫闱却也更加淫乱了。上官婉儿和那些被中宗亲信的宫女都在宫外建有私人豪宅，随时出入皇宫。朝廷之中的奸邪小人纷纷向她们进献自己的金钱和肉体，进而获得高官。

武三思让大臣上疏，请求上皇后尊号为"顺天皇后"，允许她进入太庙（这个资格只有皇帝才有）拜祭，追赠她的父亲韦玄贞为上洛郡王。左拾遗贾虚己上疏反对："不是李氏而称王的，天下人都要把刀锋对准她。现在恢复李唐的天下还没几天，就偏私后家，这样引起的祸患过去屡屡发生，是非常让人担心的。如果皇后坚决推辞，天下人都能知道皇后的谦让，这样岂不是更好吗？"中宗不听。武三思作为皇后的姘头，权力越来越大，搞得朝堂鸡犬不宁。敬晖、王同皎等大臣相继被杀，天下人都把责任归于韦后。

上官婉儿经常怂恿韦后效法武则天。韦后屡次改动国家制度，用小恩小惠来收买民心。她树立亲党，对自己的亲属全部授予高官实权。

安乐公主是韦后和中宗在房州所生的小女儿，降生的时候，中宗脱下自己的衣服为她包裹，因此安乐公主乳名为"裹儿"，中宗、韦后对之宠爱异常。韦后允许安乐公主开府（古代只有三公、大将军、将军等高官才能建立府署并自选僚属，作为对高级官员的特殊荣宠），并为其设置官署。安乐公主倚恃皇帝的宠爱，非常骄纵，卖官鬻爵，权倾朝野。她常常自己起草诏书，掩盖诏书的内容而请中宗签字。中宗也不管，笑着签完随她而去。她还让中宗立她为皇太女，作为中宗的继承人，中宗虽然没有答应，但对这一放肆的行为也没有加以批评。安乐公主府的僚属非常多，而且大多不能称职。安乐公主还大肆修建豪宅，奢侈无度。她的姐姐长宁公主等人也纷纷仿效，大肆盘剥百姓，搞得百姓怨声载道。

上官婉儿和她的母亲郑氏以及尚宫柴氏、贺娄氏等一群女人贪得无厌，大肆收受贿赂，以至于连奴婢、屠夫、小贩这样的人都能获得高官显位。韦后还封一个姓赵的女巫为陇西夫人，允许其随便出入皇宫，权势地位与上官婉儿不相上下。

韦后的野心越来越大，也越发放肆。她和女儿安乐公主经常欺辱太子李重俊（非韦氏所生），安乐公主甚至经常骂太子为奴，一直想要中宗废掉他。李重俊忍无可忍，就起兵发动政变，杀死了武三思及其党羽，但兵变最终失败，李重俊在逃亡途中被杀。韦后的地位更加巩固，宗楚客率领群臣请求加韦后"翊圣"的称号，中宗允许了。后来宫中谣传皇后的衣箱中升起了五彩祥云，中宗亲自画出彩云图像昭示大臣，还为此而大赦天下，赐予大臣的母亲、妻子封号。太史令迦叶志忠进献《桑条歌》十二篇，声称韦后当受天命与中宗共主天下。中宗不但不治迦叶志忠重罪，反而赏赐他豪宅一处，彩绸七百段。太常少卿郑愔还将《桑条歌》引入乐府，成为国家的正式音乐曲目。

元宵节的晚上，中宗与韦后微服出宫游玩，还放宫女出游，结果宫女们纷纷与外人私通，逃跑不还。国子祭酒叶静能擅长法术，常侍马秦客精通医术，光禄少卿杨均善于烹调，都相继被引入后宫。马秦客、杨均都和韦后私通，两人曾因守孝离职，不到十天就被韦后起复任用。安乐公主和她的驸马武延秀、侍中纪处讷、中书令宗楚客、司农卿赵履温争权夺利，相互倾轧，还不断结党营私。

韦后为了登基称帝，成为第二个武则天，遂和女儿安乐公主合谋，毒杀中宗。中宗暴死，言官将责任归于马秦客和安乐公主。韦后秘不发丧，召集亲信图谋发动政变。这时，临淄王李隆基（即后来的唐玄宗）趁机起事，率军杀入皇宫。李隆基的军队杀死韦后、安乐公主及韦氏、武氏宗族，并将韦后和安乐公主的脑袋砍下来悬挂于长安东市示众。韦后失败后，上官婉儿也被诛杀。

选拔人才要公正

【私[1]人以官者浮[2]。】

【1】私：偏爱。

【2】浮：浅浮，不厚重，不堪担当大任。

注曰：浅浮者，不足以胜名器，如牛仙客为宰相之类是也。

王氏曰：心里爱喜的人，多赏则物不可任；于官位委用之时，误国废事，虚浮不重，事业难成。

白话： 任人唯亲的人性格浅浮，不足以担当大任。

解读： 官职，国家之重器，绝不可私相授受。一些贪官以权谋私，虽然祸害极大，却不能危及根本。若是把官职当作人情，坏了国家的既定程序，就是坏了根，会危及到整个国家的安全。

因人设官的人把国家大事当作儿戏，为了一己之私，就随意变乱国家的既定程序。在当时造成的损害或许难以看出，但长远的祸患却是难以估量的，这样的人性格轻浮，自然难当大任。

杨国忠本为市井无赖，唐玄宗就因他是杨贵妃的堂兄，不断地对其加官晋爵，最后让其位至宰相。杨国忠嫉妒唐玄宗对安禄山的宠信，不断在唐玄宗面前说安禄山的坏话，以求逼反安禄山，来表现自己的忠心。安禄山最后反叛，打出的旗号就是诛杀奸臣杨国忠。安史之乱使得强盛的唐朝一蹶不振，内忧外患不断，虽然唐朝的衰败不能由杨国忠一人负责，但杨国忠千古罪人的身份无论如何都是无法更改的。唐玄宗因人设官，大搞裙带关系，最后被迫逃往蜀中，连自己的女人都不能保全，可谓自作自受！

案例

圣相李沆

宋真宗时，宰相李沆为人深谋远虑，世称其"圣相"。

宋真宗宠爱妃子刘氏，派遣使者执其手诏，要求宰相李沆颁布，欲正式封刘氏为贵妃。李沆当着使者的面，将真宗的手诏烧毁，并让使者带话回去："就说李沆认为不可。"真宗不得不改变自己的心意。

驸马都尉石保吉向真宗求使相（以亲王、留守、节度使加侍中、中书令、同平章事者皆谓"使相"，不参与实际政事）之衔，真宗征求李沆的意见，李沆说："国家赏赐，自有法度，非立功不得赏赐。石保吉因为是陛下亲戚，无攻城野战的功劳，却要除拜使相，我怕会引起大臣们的非议。"真宗就先将这件事放了一放，过几天又问，李沆仍保持原来的意见，丝毫没有通融的余地。这件事遂告终止。

不因人设官

荀彧为曹操的主要谋士，被曹操任为尚书令，掌管国家大事。荀彧持心公正，从来不因私心而违反国家定例。荀彧有子侄一人，既无才干，又无德行。有人向荀彧推荐这个人说："现在您执掌大权，难道不可以让他为议郎吗？"荀彧笑道："设官就是为国家求取人才，若是让他做官，别人会议论我什么呢？"并没有应允。

周行逢

五代时期，军阀割据，周行逢占据湖南。周行逢统治湖南时，尽心治理百姓，选拔的官员必定是清廉耿直之人。周行逢的女婿请求接替某个官职，周行逢送给他农具，对他说："担任官吏，是为了治理百姓的，你的才能不能胜任这个职务，我怎能用俸禄来偏私于你呢？你就暂时回老家种田，自食其力吧。"由于周行逢公正无私，法令简约，湖南的百姓对其很是爱戴。

什么样的领导才是好领导

【凌下取胜者侵[1]。】

【1】侵：被侵夺，被算计。

王氏曰：恃己之勇，妄取强胜之名；轻欺于人，必受凶危之害。心量不宽，事业难成；功利自取，人心不伏。霸王不用贤能，倚自强能之势，赢了汉王七十二阵，后中韩信埋伏之计，败于九里山前，丧于乌江岸上。此是强势相争，凌下取胜，返受侵夺之患。

白话：靠压制下属而获得成功的领导，终将被下属所算计。

解读：聪明的领导都会巧妙地鼓励下属为自己干活，绝不会事必躬亲，以此显示自己英明神武、才智过人。做领导的最高境界就是因势利导。

周勃和陈平平定了诸吕叛乱后,右丞相陈平认为周勃的功劳比自己大,遂主动让贤。汉文帝明白陈平的用心,就让周勃担任右相(当时以右为尊),陈平担任左相。

一天,汉文帝问周勃,国家一年内审理了多少件案子,周勃不知道;汉文帝又问周勃,国家每年征收的赋税钱粮是多少,周勃仍然不知道。由于对答不出,内心很惭愧,汗流浃背。汉文帝就问左丞相陈平。陈平说:"这事不要问我,要问就问主管的官员。"汉文帝就问主管官员是谁。陈平对答:"皇上要是问断案,就去找廷尉;要是问钱粮多少,就去找治粟内史。"汉文帝说:"既然都有主管的官员,那还要丞相做什么?"陈平说:"宰相就是辅佐天子燮理天地阴阳之气,和顺四时,抚育天下万物。对外要镇抚诸侯和四夷,让其按时进贡朝见;对内亲附百姓,让文武百官各安其职。"汉文帝对陈平的回答非常满意。周勃则惭愧异常。

退朝出宫,周勃就责怪陈平平时不提醒他。陈平笑着说:"您既然处在这个位置上,难道不知道自己的职责吗?假如陛下询问长安的盗贼有多少,您还要一个个去数吗?"周勃自知能力远远不如陈平,不久就退位让贤了。

领导,领导,说白了,就是指使别人高高兴兴地为你干活。不能以权压人,逼迫别人为你干;也不能不相信下属,事必躬亲。诸葛亮对下属的尽心程度不信任,事必躬亲,堂堂丞相,竟然亲自校书。最后因食少事烦,劳累而死。

办事能力强的未必是好领导,能让办事能力最强的人高高兴兴地为他办事且把事办好的领导才是好领导。

张所厚待岳飞

宋高宗即位后,一味南逃。岳飞上疏斥责宰相黄潜善、汪伯彦奸诡误国,要求高宗率师北伐,结果被以越级上疏的罪名罢官回家。

岳飞投奔河北招讨使张所,张所对岳飞的才能非常赏识,待以国士之礼，借补（以补充缺额的名义授予某种官职）修武郎，以其充任中军统领。张所问岳飞："你英勇绝伦，一个人能打多少人啊？"岳飞说："勇力何足道哉？行军打仗在于战前的谋划，栾枝用车曳柴起尘而大败楚国，屈瑕放纵士兵樵采而灭掉绞，都在于战前的谋划。"张所非常惊异，对岳飞说："你是将帅之才，行伍岂能容得下你？"岳飞趁机向张所献计说："国家以汴梁为都城，将黄河以北作为屏障。假如能够据守战略要地，一路设置重镇，一座城池被围困，其他的城池就能出兵援助阻拦敌军。如此，金人哪敢觊觎黄河以南呢？京师命脉之地也就因此而稳固。招抚（指张所）若能出兵直逼敌境，岳飞愿意唯招抚之命是从。"张所大喜，立即借补岳飞为武经郎，命岳飞随王彦北渡黄河，讨伐金兵。

为人要实在

【名不胜实者耗[1]。】

【1】耗：零落。

注曰：陆贽曰："名近于虚，于教为重；利近于实，于义为轻。"然则，实者所以致名，名者所以符实。名实相资，则不耗匮矣。

王氏曰：心实奸狡，假仁义而取虚名；内务贪饕，外恭勤而惑于众。朦胧上下，钓誉沽名，虽有名、禄，不能久远；名不胜实，后必败亡。

白话：徒有虚名的人最终会让自己陷于困境。

解读："名者，实之宾也。"名声是实力的衍生品，是依附于实力而存在的。名不副实恰恰颠倒了这种关系，以主为次，以次为主。屁股很小，却要坐大凳子，结果往往是让自己难受。

马谡失街亭这件事就很有代表性。刘备在临死时，曾告诫诸葛亮：马谡言过其实，不可大用。诸葛亮当时也听进去了。后来，在征南蛮的时候，马谡出色地发挥了自己参谋的才能，这让诸葛亮对刘备的告诫有所怀疑。诸葛亮第一次北伐，出师颇为顺利，军事重地街亭需要有人驻守。马谡认为自己才智过人，主动请缨。诸葛亮本不想答应，但碍于情面，又加之他知道马谡确实有些才能，也就勉勉强强地答应了。结果马谡一败涂地，街亭失守，让全局急转直下，第一次北伐因此而失败。诸葛亮最后只得挥泪斩杀马谡。

冷战初期，美国和苏联两个超级大国在世界各地展开争霸。苏联虽然号称"超级大国"，国民收入实际上只有美国的三分之一，而军费开支却超过美国，导致重工业畸形发展。苏联时常在军事上表现得咄咄逼人，实际上已是力不从心。苏联的轻工业极其薄弱，人民生活水平一直上不去，"超级大国"的名号虽然带来了一时的虚荣，却未给苏联人民带来多少实际的好处，反而成为巨大的负担。美国就利用自己强大的经济实力和科技力量，同苏联搞起了消耗战，苏联最终被拖垮。

名不副实的人往往为声名所累，虽然表面光鲜，实际上活得相当难受，一旦遇到动真格的时候，往往会一败涂地。

做人，还是实在一点好。

案例

岳飞威震敌胆

建炎四年（公元1130年），金兵大举进犯楚州，形势非常危急。宋高宗令张俊救援，张俊畏惧金兵，推辞不去。高宗改派岳飞率军救援楚州，然后令刘光世出兵援助。岳飞率军很快到达承州，三战三捷，斩杀敌将高太保，俘虏敌军酋长七十余人。刘光世畏敌如虎，不敢向前，岳飞势单力孤，楚州最终被金兵攻陷。高宗下诏让岳飞还军镇守通、泰（今江苏南通、泰州一带）二州，令其守得住就守，守不住就保护百姓撤退，等有机会再出兵偷袭。岳飞认为泰州无险可恃，遂撤兵驻守柴墟，与金兵大战于南霸桥，大破金兵。岳飞让大军保护百姓渡江撤退，自己亲率二百精锐骑兵殿后，金人不敢靠近。

绍兴元年（公元1131年），张俊请岳飞共同讨伐李成。当时李成的部将马进进犯洪州（今江西南昌），在西山安营扎寨。岳飞看到马进的阵势后，对张俊说："贼兵贪婪而不考虑退路，假如以骑兵从上流截断生米渡，再出其不意地发动偷袭，必能大破贼兵。"岳飞自请担任先锋，身披多重铠甲，策马驰骋敌阵，突入贼兵右侧。岳飞所部跟进突击，马进大败，奔逃筠州（相当于今江西高安、宜丰、上高等市县地）。岳飞率军追至筠州城东，贼兵出城列阵，阵长连绵五十里。岳飞设置完伏兵，以红罗（红色的轻软丝织品）作为旗帜，上面绣一大大的"岳"字，挑选二百精锐骑兵举着旗帜冲锋在前。贼兵看到岳飞的骑兵很少，很是轻视，发大兵迎战。岳飞出动伏兵袭击，再次大败贼兵。贼兵仓皇逃散，岳飞让人大呼："不愿跟随反贼的都坐下，免死。"坐在地上投降的有八万余人。

盗贼张用进犯江西，张用是相州（今河南安阳）人，岳飞就写信给张用说："我和你是同乡，南薰门、铁路步之战，你都知道我的威名。现在我就在这里，你想打就来打，不敢打就投降。"张用收到岳飞的书信，说："果然是我亲爹啊，不敢不降。"马上投降了。

江淮平定，张俊上奏岳飞功劳第一，高宗提升岳飞为神武右军副统制，留守洪州，弹压当地盗贼，又任命其为亲卫大夫、建州观察使。建州（在今福建建瓯市）贼寇范汝为攻陷邵武（今福建邵武市），江西安抚大使李回召岳飞分兵防守建昌军及抚州（今江西抚州一带）。岳飞派人把"岳"字旗插在抚州城门上，贼兵望见，相互告诫不要进犯抚州。后来，贼将姚达、饶青进逼建昌，岳飞派遣王万、徐庆讨伐，生擒敌将。高宗升岳飞为神武副军都统制。

绍兴二年（公元1132年），贼将曹成拥兵二十万，从江西进犯湖南，占据道州（今湖南道县）、贺州（今广西贺州）二州。朝廷让岳飞代理潭州（长沙的古称）知州兼荆湖东路安抚都总管，赐予金字牌、黄旗，让其全权负责招降曹成。曹成听说岳飞要来，惊呼："岳家军来了。"立刻逃走。

岳飞威名赫赫，令敌人闻风丧胆，靠的是自己百战百胜的骄人战绩，有此威势，实至名归。

领导要严格要求自己

【略己而责人[1]者不治[2]，自厚而薄人者弃废。】

【1】略己而责人：推脱自己的责任而苛求别人。

【2】治：治理，管理。

注曰： 圣人常善救人而无弃人，常善救物而无弃物。自厚者，自满也。非仲尼所谓："躬自厚之厚也。"自厚而薄人，则人才将弃废矣。

王氏曰： 功名自取，财利己用；疏慢贤能，不任忠良，事岂能行？如吕布受困于下邳，谋将陈宫谏曰："外有大兵，内无粮草，黄河泛涨，倘若城陷，如之奈何？"吕布言曰："吾马力负千斤，过水如过平地，与妻貂蝉同骑渡河有何忧哉？"侧有手将侯成听言之后，盗吕布马投于关公，军士皆散。吕布被曹操所擒，斩于白门。此是只顾自己，不顾众人，不能成功，后有丧国败身之患。功归自己，罪责他人；上无公正之明，下无信惧之意。赞己不能为能，毁人之善为不善。功归自己，众不能治；罪责于人，事业难成。

白话： 贪功诿过、苛待下属的领导，一定不能管理好一个单位；厚待自己、贪图个人的利益而对下属不管不顾的领导，一定会为下属所抛弃。

解读： 对自己要求宽松，对别人要求却很苛刻；对自己非常优厚，对别人却很刻薄。这样的人自然难以成事，因为他用不住人。

领导的一个很大的作用就是表率作用。领导不能以身作则，却对别人严格要求，说话自然一点儿分量都没有。比如有的官员，口口声声要求下属廉洁自律，而他却大肆贪污受贿；口口声声要求下属洁身自好，躬行节俭，而他却骄奢淫逸，浪费奢侈。这样的人自然不能让人心服，因此没人会听他的。

齐景公的时候，晋国和燕国一起讨伐齐国，齐国军队屡战屡败。齐景公为此而吃不下饭，睡不好觉。晏子认为司马穰苴"文能附众，武能威敌"，是个将才，可以率兵抵御晋、燕的入侵。司马穰苴让齐景公的宠臣庄贾为监军（监军地位很高，相当于政委），司马穰苴和他约好第二天中午在军门会合。庄贾失约，司马穰苴立即将其斩杀，齐景公求情也没用。这一招足以震慑军心。司马穰苴还亲自下到军营安抚士卒，将他的特殊待遇全部分给士卒，他自己则拿碗排队，吃大锅饭。这样过了三天，司马穰苴整军誓师，那些病得躺在地上的士兵听说要打仗了，都坚决要求随军出战，争着要上抗晋、抗燕第一线。晋国军队听说齐国的士气如此高昂，没有交战，就将军队撤回；燕国的军队听说后，渡过黄河就逃散了。司马穰苴率领士气旺盛的齐国军队大举追击，大败晋、燕两国的军队，收复了齐国所有的失地。

吴起每次率军出战，亲自背着军被和士兵们一起步行，吃大锅饭，而且饭量朝饭量最小的士兵看齐。士兵背上生毒疮，吴起亲自为其吮吸毒脓。每次打仗，士兵们都奋不顾身，哪怕前面的敌人十倍于己，士兵们连脚后跟都不转一下。

李广率军出征，遇到水源，士兵有一个人没有喝完水，李广都不靠近水；士兵们吃饭，只要有一个人没吃饱，李广就看都不看食物一眼。因此，每次打仗，士兵们都乐于为他拼命，匈奴因此而不敢靠近他的防地。

所以，领导只有以身作则，属下才会竭尽全力为他做事。

案例

刘裕躬身节俭

宋武帝刘裕心地纯净，不好声色之欲，为人严整而有法度。他躬身节俭，从来不去关心金珠宝玉及车马的装饰是否华丽，后宫也没有歌儿舞女及靡靡之音。宁州向他进献的琥珀枕，流光溢彩，异常艳丽。当时正值宋武帝统率大军北伐，听说琥珀能医治刀剑等兵器的创伤后，武帝非常高兴，立即下令将琥珀枕捣碎，然后分赐诸将。

平定后秦之后，刘裕得到姚兴的侄女，此女非常美丽，刘裕宠爱异常，为了她而荒废了国事。大臣谢晦为此而劝谏，刘裕立即将姚氏遣送出宫。当时国家的钱财都在国库，刘裕本人没有私人小金库，用度全部仰赖国家分配。

刘宋王朝建立后，有官员奏请在东、西堂内放置雕琢稍微精致的曲脚椅，用镀银的钉子加固。刘裕不答应，下诏用直脚椅代替，用铁钉加固即可。他的几个女儿出嫁，刘裕陪嫁的嫁妆都没超过二十万钱，也没有丝绸、珍宝。

在刘裕的亲身示范下，朝廷上下节俭成风。史书后来在评价刘裕时曾说："故能光有天下，克成大业者焉。"

种世衡

种世衡镇守西北的时候，一次，范仲淹令他和蒋偕修筑细腰城。当时种世衡正卧病在床，得到命令，立即站起，率领所部士兵昼夜不息地修筑城池。城池修成之后，种世衡劳累而死。

种世衡善于抚恤士卒，士卒有生病的，他就派遣自己的儿子专门负责病者的饮食汤药，因此而得到士卒的全力报效。他去世那天，当地羌人首领连续几天日夜为其痛哭，青涧和环州的百姓绘其画像并立庙纪念他。

韩世忠

南宋大将韩世忠出身贫苦，能与战士同甘共苦。其夫人梁红玉亲自编草为屋。将士有胆怯畏战的，韩世忠就送给他女人的衣服、头巾，然后设宴奏乐，把他装扮成女人而羞辱他，故而将士人人振奋。每次冲锋作战，他都身先士卒，奋不顾身，因此将士作战勇猛，从不惜命。

功过要分明

【以过弃功者损[1]。】

【1】损：损失，祸害。

注曰：措置失宜，群情隔息；阿谀并进，私狎并行。

王氏曰：曾立功业，委之重权；勿以责于小过，恐有惟失；抚之以政，切莫弃于大功，以小弃大。否则，验功恕过，则可求其小过而弃大功，人心不服，必损其身。

白话：将部下立下的大功忘诸脑后，却对其犯下的小错施加重罚，这样的领导必定会为自己招来祸患。

解读：用人用其长，若只盯着别人的缺点，估计没有一个人可用。金无足赤，人无完人，再优秀的人，都有他的缺点。若因为小过而忽视其大功，就容易因小失大。

唐代大臣韩滉为镇海军节度使时，他设置的宾客僚属都是量才委用，非常称职。他一个朋友的儿子前来投靠，几乎没什么长处，韩滉为给他安排一个职位而苦恼。一次，韩滉让他参加宴会，在整个酒席中，这个人都端端正正地坐在那里，不和旁边的客人说一句话。韩滉就让他看守军库的大门。这个人每天早上进入值班室，一直端坐到傍晚，从不多说一句话。军中的士卒没有一个人敢随便出入军库大门。

明朝的大将常遇春勇冠三军，攻无不克，战无不胜，是朱元璋的左膀右臂。但常遇春有一个缺点，就是喜欢屠城和杀降。虽然没有《关于战俘待遇之日内瓦公约》，但当时的人都认为杀降不祥，而且朱元璋对此也是非常反感。常遇春没有改，每次大战，"不能无屠戮"，但朱元璋都用其大功，不问小过，并让徐达作为主帅对其加以节制。常遇春为明朝的建立立下了赫赫战功，位列功臣第二，封开平王，地位和徐达不相上下。

种谔

种谔为种世衡之子，为当时名将，很有将略。他镇守西北的时候，西夏大将嵬名山的部落在绥州（今陕西绥德县）故地，嵬名山的弟弟嵬夷山先向种谔投降，种谔让人通过嵬夷山诱降嵬名山。种谔让人将金盂送给嵬名山，嵬名山手下小吏李文喜接受了金盂并许诺投降，嵬名山并不知道这件事。种谔将自己的计谋上奏给朝廷，朝廷让转运使薛向及陆诜委托种谔全权负责招降嵬名山。

种谔见时机成熟，未向上级禀报就率所部将士长驱直入，将嵬名山的大帐团团围住。嵬名山大惊，拿起长枪就要搏斗，嵬夷山大声喊话："哥哥已经约好向种将军投降，现在怎么能变卦呢？"李文喜随即拿出自己接受的金盂给嵬名山看。嵬名山无可奈何，扔掉手中长枪大声痛哭，然后率领部众向种谔投降。种谔得其部落首领三百人，部民一万五千户，兵万人。

种谔率军驻扎在怀远，早上起床，忽然发现西夏四万军兵蜂拥而来，将怀远城团团围住。种谔打开城门，派鬼名山率领新降百余人前去迎战，他则率大兵紧随而至，大张旗鼓出兵。行至晋祠，据险而守，派遣副将燕达、刘甫为两翼，他则亲率中军，关闭营垒，让老弱站在城墙上击鼓呐喊以迷惑敌军。不久，两军交战，大败西夏军队，种谔追击二十里，斩敌军首级甚众。随后在绥州修筑城池，驻扎防守。陆诜弹劾种谔无诏而擅自出兵，且不听上级节制，想将其逮捕治罪。神宗不听，将陆诜调至秦州。言官不停地弹劾种谔，神宗遂将种谔交付司法官吏审讯，降官秩四等，然后将其安置在随州（今湖北随县）。

后来神宗召见种谔询问水利之事，交谈中提到这件事，种谔说："臣奉陛下密旨攻取绥州而获罪，以后陛下还怎么驱使大臣呢？"神宗很后悔，遂让种谔官复原职。

大臣韩绛为陕西宣抚使，以种谔为鄜延钤辖。韩绛在啰兀修筑城池，图谋夺取横山。韩绛让种谔率兵两万出无定川，诸将皆听种谔节制，并调发河东军队和种谔会师于银州（今陕西榆林南）。啰兀城刚刚修成，庆州（今甘肃庆阳）士兵反叛，神宗诏令撤军，放弃啰兀城。种谔因治军不力而被降为汝州团练副使，不久再贬贺州（今广西贺州）别驾，后又相继调任单州（今山东单县）、华州（今陕西华县）别驾。韩绛再次入朝为相时，陈述种谔过去的战功，朝廷遂升种谔为礼宾副使、岷州知州。

董毡部将鬼章在洮州、岷州一带聚兵反叛，新归附的羌人也纷纷反叛，种谔出兵讨伐，将其诛灭。种谔后随李宪出击西夏，收复洮州，攻克逋宗、讲珠、东宜诸城池，斩首七千余级。

种谔后升为东上阁门使、文州刺史、知泾州，徙鄜延副总管。神宗说："西夏国主李秉常被其母囚禁，我们可以迅速调集军队直捣其巢穴。"种谔入朝对策，豪迈地说："西夏现在没有能人，秉常还是个小孩子，臣前往西北，必定抓着他的胳膊扭送至朝廷。"神宗为种谔的慷慨豪迈所感动，遂下定决心征讨西夏。神宗以种谔为经略安抚副使，诸将皆听其节制。

种谔立即率军队驻扎在边境之上，神宗觉得种谔在定好的日期之前就轻易出师，遂让其听命于王中正。西夏军队屯兵于夏州（今属陕西靖边县），种谔遂率各路兵将围攻米脂，三天未能攻克。西夏出兵八万人前来救援，种谔在无定川抵挡夏兵，并让伏兵截断其归路，西夏兵进退无路，大败。种谔趁机攻克米脂，俘虏其守将令介讹遇。

楚得臣死而文公喜

成得臣，字子玉，为楚成王大将。子玉是一位不可多得的将才，因战功而被楚国令尹子文推荐为接班人。子玉于楚成王三十八年（公元前634年）秋和司马子西（斗宜申）率军一举灭夔，将拒不祭祀祝融和鬻熊（祝融和鬻熊为楚国始祖）的夔国君主押解到郢都。

齐伐鲁，鲁僖公命公子遂和臧文仲向楚求援。臧文仲劝说子玉伐宋、齐两国。子玉认为宋、齐可伐，灭夔后，遂率领大军征讨宋、齐两国。

楚成王三十八年冬，子玉、子西以宋、齐两国不臣于周天子为借口，出兵东征。楚国军队将宋国的缗邑（今山东金乡县）包围了几天后解围，然后率主力部队伐齐。

此前，齐桓公死，诸子争立。公子昭争位成功，继位为齐孝公，其余七位公子全部逃亡至楚国，楚成王将其全部封为上大夫。子玉此次出征，将最有希望与齐孝公争位的公子雍带在身边。子玉很快就攻克了齐国的谷邑（今山东东阿县），然后把公子雍安置在那里，并派申公叔侯率军护卫，他和子西则班师回国。齐人虽然想夺回谷邑，但慑于子玉的军威，对此也无可奈何。

楚国有子玉，敌国都对楚国望而生畏。后来子玉在晋、楚城濮之战中战败，受责自杀。晋文公获胜后，一点高兴的神情都没有。后来听说子玉死了，就说："我击其外，楚诛其内，内外相应。"立即笑逐颜开。

团结重于泰山

【群下外异者沦[1]。】

【1】沦：灭亡，沦丧。

注曰：人人异心，求不沦亡，不可得也。

王氏曰：君以名禄进其人，臣以忠正报其主。有才不加其官，能守诚者不赐其禄；恩德爱于外权，怨结于内，群下心离，必然败乱。

白话： 下属起了异心，与领导离心离德，这个单位很快就会灭亡。

解读： 最坚固的堡垒往往都是从内部被攻破。自古以来，任何一个国家被外族欺凌，必定是内部先出了问题。所谓"人必自侮，然后人侮之；家必自毁，而后人毁之；国必自伐，而后人伐之"。

西晋末年，政治腐败，皇室内部争权夺利，酿成了"八王之乱"。司马氏自相残杀，搞得天下怨叛，匈奴、鲜卑、羯、氐、羌等五个少数民族乘虚而入，中国历史进入最分裂、最动荡的历史时期。

明朝自明武宗以来，连续几代出现昏君。皇帝荒淫无耻，使得朝纲败坏；大臣们争权夺利，相互倾轧；宦官专权，残害忠良；天灾频仍，民不聊生。百姓纷纷揭竿而起，遂有李自成、张献忠率领的流民起义。与此同时，关外的女真趁机崛起，不断地攻占明朝在辽东的城池和领地。明王朝内忧外患，风雨飘摇。虽然辽东女真崛起迅速，但它以一隅敌全国，一直难成气候。只是在李自成率领的流民军攻占了北京城，它与山海关总兵吴三桂勾结后才得以入关，进而统治中国。

"二人同心，其利断金"，内部团结一致、齐心协力，外敌就算有觊觎之心，也无可奈何。内部不团结，动辄同室操戈，祸起萧墙，自己把自己都耗光了，外敌一来，还有什么力气抵抗呢？

一个团队，领导和下属离心离德，整天不思发展，只搞斗争，自然会人人异心，最后不灭亡，那真是天理难容。

案例

刘裕失关中

刘裕率军灭掉后秦，俘获皇帝姚泓，威震天下。由于急于回到东晋篡夺皇位，刘裕留下自己十七岁的儿子刘义真镇守长安，令西征诸将辅佐义真，然后自己率大军回到东晋。关中百姓非常失望，加之刘义真纵兵大掠，关中的民心彻底丧失。正在此时，赫连勃勃趁机进攻晋军，百姓们纷纷向赫连勃勃投降，都站满了道路。

刘义真派遣龙骧将军沈田子和赫连勃勃的夏军作战，沈田子失利而退。沈田子嫉妒王镇恶的功劳，两人不和，沈田子遂趁王镇恶出城迎敌的时候将其杀死。刘义真认为沈田子擅杀大将，遂诛杀了沈田子。赫连勃勃的夏军进攻得更加猛烈，晋军不支，刘义真下令将所有的军队都撤入城中，闭门自保。关中的郡县纷纷投降夏军。赫连勃勃攻占咸阳，长安出城砍柴的道路都被夏军截断了。

刘裕得到消息后，非常惊惧，就让刘义真东归镇守洛阳，以朱龄石为雍州刺史，镇守长安。刘义真临走的时候，又对百姓狠狠地抢掠了一番。朱龄石刚到长安上任，就被百姓赶了出去。百姓赶走了晋军，将赫连勃勃迎入长安。

赫连勃勃派其子赫连璝统率三万人追击刘义真，晋军大败，刘义真单骑逃走。赫连勃勃的大将王买德俘虏了刘裕的宁朔将军傅弘之、辅国将军蒯恩、刘义真的司马毛脩之等，斫斩人头作为京观。赫连勃勃之子赫连昌大破朱龄石及龙骧将军王敬于潼关曹公故垒，擒获朱龄石和王敬，送至长安。赫连勃勃将擒获的东晋将领全部斩杀，刘裕手下能征惯战的将领几乎丧失殆尽。

李存勖

李存勖（后唐庄宗）建立后唐后，便开始骄奢淫逸。他重用伶人、宦官，猜忌杀戮功臣，刻薄对待将士。

他先让儿子魏王李继岌杀掉枢密使郭崇韬，并诛灭其族。不久，李存勖又杀掉同父异母的弟弟鄜州节度使李存义。李存义为郭崇韬女婿，因而被株连致死。没过多久，李存勖又让朱守殷带兵将滑州节度使李继麟的家围起来，杀掉李继麟，诛灭其族。不久，又杀掉李继麟的部将史武、薛敬容、周唐殷、杨师太、王景、来仁、白奉国等七人，并诛灭其族。这七人当时都位列刺史，无罪被杀。

庄宗李存勖以乐人景进为银青光禄大夫、检校右散骑常侍兼御史大夫。景进作为倡优而得幸于庄宗，善于搜集街头巷尾的粗俗琐事上奏给庄宗，还秘密地为庄宗搜罗漂亮女子，因此深得庄宗的欢心。庄宗将重镇魏州（今河北大名东北）的兵马钱粮全部交给景进管理。大臣孔谦依附景进邀宠，叫景进"八哥"。在外统军的将领无不攀附景进，以至于读书人为了做官都纷纷登景进之门。每次进宫讨论国事，庄宗必定屏退左右，景进只知道向庄宗进谗言，陷害忠良。

庄宗还派伶人、宦官抢民女入宫，一次，竟抢了驻守魏州将士的妻女1000多人，搞得怨声四起。

郭崇韬被杀，人们不知道原因，纷纷猜测："郭崇韬杀掉魏王李继岌，在西川称王，皇上因此将郭氏诛杀殆尽。"正赶上这时庄宗下密诏给史彦琼，令其杀掉朱友谦之子澶州刺史朱建徽。史彦琼半夜率军出城，没有告诉守城士卒他去哪里。第二天早上，魏州的守门人就向兴唐尹王正言报告说："史大人半夜骑马狂奔，不知去向。"当天，魏州城中人心惶惶，有谣言说："皇后刘氏因为魏王死于西川，已经杀掉皇上，因此急召史彦琼回朝。"谣言很快在魏州的邺都（魏州的治所）流传开来。贝州的士兵有私下回乡探亲的，很快就将谣言带回贝州。贝州的士兵皇甫晖等因聚众赌博不胜，满心怒火，加之对庄宗不满，遂杀掉贝州都将杨仁晸，推裨将赵在礼为首领，聚兵造反。乱兵攻略了河北的数处城池，很快就占领了邺都。兴唐尹、知留守事的王正言老朽无能，邺都遂落入乱兵之手。

庄宗知道乱兵占领邺都之后，大怒，派心腹大将宋州节度使元行钦率领三千骑兵前往邺都平叛，并调集诸道大军前往会师。元行钦讨伐不力，久而无功。当时赵太据邢州，王景戡据沧州，自为留后，河北郡县的军士纷纷杀掉其长官，响应叛乱。

为了解决军费问题，庄宗让河南府的百姓预交第二年的夏、秋两税。当时收成不好，老百姓贫困不堪，而庄宗催缴赋税又非常严酷，洛阳一带的百姓走投无路，只能在大路上痛哭。

宰相豆卢革率领百官上表，认为现在魏博已经发生兵变，形势危急，请求庄宗拿出小金库的钱帛赏赐给将士，以安定军心。庄宗吝惜钱财，置之不理。当时有通晓天象的人，认为天象已经发生变乱，需要散尽府库的财物才能消除灾祸。庄宗这才将宰相们召集到便殿，皇后刘氏拿出后宫的妆奁、银盆各两个,并推出满哥等三个皇子说:"外面的人都说内府(皇帝的私人金库)中储存有无数的金银财宝。过去各地进贡的钱物已经全部赐给将士了,现在宫中所有的东西,只有这些和三个孩子,可以拿其赏赐给将士们。"豆卢革等大臣都非常惶恐,赶紧退了出来。

当时,军士的家里都缺粮,他们的妻子、儿女只能到野地里去挖野菜来充饥。等到庄宗抚恤将士的时候,士兵们都拿起赏赐的钱粮大骂:"我们的老婆、孩子都饿死了,要这些东西还有什么用?"

庄宗御驾亲征。他派大将元行钦率骑兵沿着黄河向东进军。到达荥泽(治所在今郑州市区西北古荥镇北)时,庄宗以龙骧马军八百骑兵为前军,让姚彦温统领。姚彦温率领八百骑兵走到中牟(今河南中牟县)时,率领所部人马逃奔至开封投奔李嗣源。潘瑰镇守王村寨,有储存的粮食数万石,结果也投奔了开封的李嗣源。

庄宗看到自己众叛亲离,万分沮丧,到达万胜镇后,就下令撤军。当初,庄宗东征时,护驾的士兵有两万五千人,等到汜水驻扎时,已经有一万多骑兵叛逃了。在经过罂子谷时,道路险峻狭窄,庄宗每看到卫士手执兵器仪仗,必去善言抚慰,说:"刚才奏报,魏王李继岌又进献西川的金银五十万两,回到京城之后,我全部赏给你们。"军士答道:"陛下赏赐得太晚了,人们不会感激陛下的恩德的。"庄宗听后,痛哭流涕。

大军撤回洛阳不久,郭从谦便率兵反叛。亲信大臣和宿卫的将领几乎全部逃走,只有王全斌和符彦卿等十几个人奋力作战。庄宗率领亲军与乱兵格杀,被流矢射中,不久死去,时年四十二岁,在位四年。

后世史学家评论:"庄宗胸藏宏伟的谋略,兴起于河东(山西)之地,经艰苦攻战而平定汴梁、洛阳。家仇已经洗雪,唐朝得以重建。少康重建夏朝,光武帝中兴汉室,庄宗都有资格与他们相提并论。但为什么得到的时候如此艰辛,而灭亡却又如此地迅速呢?难道不是因为屡战屡胜而骄傲,因为居于安逸而放纵,忘记栉风沐雨的艰难,而贪图声色的享受吗?外面有伶人的祸乱朝政,内有宦官、女人的干预朝权,吝惜财物,激起全军的愤怒怨恨;穷征暴敛,枯竭百姓的财富。大臣无辜被杀害,全部缄口不言而避祸。一个国家有此一项，没有不灭亡的，更何况是数毒俱备，不灭亡还等什么呢？现在想一想，足以作为万世百代统治者的警钟啊。"

该放手时就放手

【既用不任[1]者疏[2]。】

【1】既用不任：任用一个人却又处处掣肘，不让他发挥才干。

【2】疏：众叛亲离。

注曰：用贤不任，则失士心。此管仲所谓："害霸也。"

王氏曰：用人辅国行政，必与赏罚威权；有职无权，不能立功行政。用而不任，难以掌法施行；事不能行，言不能进，自然上下相疏。

白话：任用一个人，给予他职位，却又不能放手使其发挥才干，这样的领导必然会众叛亲离。

解读：要么就用，要么就不用。既然不相信人家，就不要去搭理人家。给了别人希望，把别人的胃口吊起来，却又不让别人把事情做下去，必然会招致别人的怨恨，最后当然会坏事。

一次，齐桓公出去玩，看见一处废墟，就问身边的侍从这废墟是怎么回事。有人说："这是郭家的废墟。"齐桓公有些好奇，就问："郭家的房子怎么荒废到这地步啊？"这个人就回答说："因为亲近善人而厌恶恶人啊。"齐桓公很奇怪，说："亲近善人，厌恶恶人，就不该灭亡，现在却变成了废墟，这是为什么呢？"对曰："亲近善人却不能任用，厌恶恶人却不能驱除。善人知道郭家虽然看重他却不任用，就对郭家心怀怨恨；恶人因为郭家鄙视他而不能善待，就仇视郭家。让善人怨恨，让恶人仇恨，想要不灭亡，行吗？"

任而不用，想要不灭亡，行吗？答案是不行，郭家已经给我们深刻的教训了。前车之鉴，引以为戒。

案例

陈平

陈平离开项羽（名籍，字羽）投靠刘邦，刘邦对其加以重用。一次，刘邦感慨地对陈平说："天下纷乱不已，什么时候能够安定下来呢？"陈平说："项王（项羽，秦亡后，自立为西楚霸王）为人，恭敬爱人，廉洁有节操的读书人大多归附他。但项王对官爵、土地非常看重，吝于行赏，士人因此而离心。大王您为人傲慢无礼，廉洁有操守的读书人不会投奔大王。但大王能慷慨地赐予部下官爵、封地，因此那些贪婪无耻的读书人都前来归附大王。假如您和项王都能弥补自己的短处，发扬两家的长处，天下很快就能安定下来。但是大王任意地侮辱别人，不可能得到廉洁有节操的人来归附。以臣看来，项王所深深依赖的不过是亚父（范增）、钟离眛、龙且、周殷等寥寥数人。大王若能舍弃万斤黄金，就可以在楚君、臣之间行反间计，使其互相猜疑。项王为人多所忌讳，而且容易听信谗言，必定会斩杀心腹将领，自断臂膀。"刘邦非常赞同，就拿出黄金四万斤，让陈平随便花，一点也不过问。

陈平就花大价钱在楚军中收买间谍，散布谣言，说钟离眛等将领作为项王的大将，出生入死，屡建大功，却不能得到封地而称王，内心怨恨，想要和刘邦联合起来消灭项羽，然后瓜分项羽的地盘。项羽果然对钟离眛等将领猜忌起来，不再委之以大权。项羽猜忌范增等人，就派使者出使刘邦军中，查探刘邦军中的动静。刘邦下令用太牢（牛、羊、猪三牲全备，待客的最高规格）来招待使者，并亲自举过头顶端进来。当他见到使者后，佯装大惊，说："我还以为是亚父的使者呢，原来是项籍的使者啊！"立刻让人将太牢端回去，改换为粗劣的饭食招待项羽的使者。

使者大怒，回去后将自己的遭遇详细地汇报给项羽。项羽果然开始怀疑范增。范增建议项羽迅速拿下荥阳城，项羽怀疑范增存有私心，不听。范增知道项羽怀疑自己后，大怒，就对项羽说："天下事已基本定下来了，大王好自为之。我老了，请让我回家养老吧！"项羽没有挽留，范增在回彭城（今江苏徐州）的路上背生毒疮而死。

韩信攻灭齐国，自立为齐王，派遣使者通知刘邦。刘邦听说后大怒，大骂韩信。陈平就用脚轻轻地踩了刘邦一下。刘邦醒悟，就优厚地招待了韩信的使者，并派张良亲自去封韩信为齐王。刘邦全力重用陈平，采纳他的奇谋妙计，终于灭掉项羽。

狄青

北宋大臣庞籍开始入朝担任宰相时，广西侬智高造反。宋朝出兵征讨，屡战屡败。朝廷以狄青为宣抚使，让其全权统率军队平定侬智高的叛乱。谏官韩绛上疏劝阻，认为武将不应该单独掌握军权。仁宗征求庞籍的意见，庞籍说："狄青起自下层士兵，若以文官作为副手，则将令难以统一，不如全力委用，不加掣肘。"仁宗遂下诏，命令两广军队全部受狄青节制。

狄青果然不负众望，很快就平定了侬智高的叛乱。捷报传来，仁宗大喜，对庞籍说："狄青能够破贼，全靠卿家的全力举荐啊！"

领导不要太小气

【行赏吝色[1]者沮[2]。】

【1】吝色：舍不得的样子。

【2】沮：坏，败坏。

注曰：色有靳吝，有功者沮，项羽之刓印是也。

王氏曰：嘉言美色，抚感其劳；高名重爵，劝赏其功。赏人其间，口无知感之言，面有怪恨之怒。然加以厚爵，终无喜乐之心，必起怨离之志。

白话：该给部下论功行赏的时候，却表现得十分吝啬，这样的人难以成事。

解读：吝于赏赐的人其实是心太贪，不愿意别人和他共同分享利益。看似精明，实则愚蠢。这样的人只可与共患难，难与同富贵。这样一个领导，自然没人愿意全心全意地为他干活。人人都不肯尽力，事情必定会难以进行，败亡不可避免。

案例

吝于赏赐，难成大事

刘邦拜韩信为大将后，曾问计于韩信说："丞相（萧何）屡次向我推荐将军，将军有什么好的计策教导我吗？"韩信客气了一下，就对刘邦说："我们现在向东争夺天下的统治权，对手除了项王之外应该没有其他人吧？"刘邦说："是的。"韩信又问："大王您自认为在英勇、强悍、仁爱、强力等方面与项王相比谁强？"刘邦沉默了好久才说："我不如项王。"

韩信向刘邦行礼，然后说："我也认为大王在这几个方面不如项羽。但我曾跟着项羽干过，知道他的为人。项羽勇猛过人，若是发声怒吼，就是上千人也要被吓得胆战心惊，不敢靠前。但他不能任用贤能，所以只有匹夫之勇。项王见人都恭敬有礼、慈爱和蔼，说起话来和颜悦色。士卒生有疾病，他会为之哭泣，让其分享他的饮食。但当部下立有大功该被封赏的时候，他把印信把玩得磨去棱角也舍不得授予有功之臣，这就是所谓的妇人之仁。"

韩信在这里提到项羽的一个致命的弱点，慷慨于小恩小惠，却吝啬于大封大赏。这样项羽逐渐失去部下的忠心，搞得众叛亲离。吝于赏赐，是成功之大忌，一个有所作为的领导，是要懂得和别人分享所得利益的。

承诺要慎重

【多许少与者怨。】

注曰：失其本望。

王氏曰：心不诚实，人无敬信之意；言语虚诈，必招怪恨之怨。欢喜其间，多许人之财物，后悔悭吝；却行少与，返招怪恨；再后言语，人不听信。

白话：给予别人很多承诺，到时却又不能兑现，必然会招来别人的怨恨。

解读：轻诺必寡信，多许必少与，人性的弱点，几乎不用再怀疑。凡是会玩嘴的人，做事往往很刻薄。

就说战国时期的纵横家张仪吧。这个人平时讲话就口若悬河、滔滔不绝，游说的时候更能说得天花乱坠。他曾代表秦国一出口就向楚怀王许诺：只要楚国能和齐国绝交，秦国就会把商于之地六百里献给楚国。楚怀王是中国历史上非常典型的那种记吃不记打的人物，马上就被这六百里土地给诱惑了，不但与自己的盟国齐国断交，为了避免秦国认为自己与齐国断得不彻底，还派出使者指着齐王的鼻子，跺着脚大骂。齐王大怒，彻底与楚国断交。秦国要求楚国做的楚国都做了，轮到张仪兑现诺言了。没想到张仪不是推三阻四，就是避而不见，直到齐、楚彻底断交了，这才走出来，对楚国使者说，从这到那有六里土地，去拿吧。楚怀王大怒，发兵攻秦，结果被秦国打得大败，连汉中郡都被秦国抢去了。可谓是狐狸没打着，还惹得一身骚。

做不到还轻易地向别人许诺，其中必定有诈。这样的人不诚不信，难与交往，在与这样的人共事时一定要慎之又慎。

案 例

种世衡

种世衡在镇守西北的时候，非常善于团结当地的羌人部落，使其为宋所用。当时，羌人慕恩部落最为强盛。一次，种世衡在夜里设宴款待慕恩，并让自己的侍姬出来陪酒。不久，种世衡假装喝多了，去上厕所，然后从墙缝里偷偷地观察屋内动静。果然，慕恩看那姬妾长得漂亮，就借着酒劲儿上前调戏。种世衡看到时机成熟，突然走进来，将慕恩抓个正着。慕恩既惭愧，又恐惧，赶紧向种世衡请罪。种世衡笑着说："你想得到她吗？"当即就将侍姬送给了慕恩。慕恩感激不尽，说愿为种世衡效死力。凡羌人部落怀有二心的，种世衡即派遣慕恩征讨，无不平定。羌人部落有个兀二族，种世衡屡次招纳，兀二族都不理睬。种世衡让慕恩率兵征讨，很快就将其诛灭。从此以后，羌人的百余个部落全部归附种世衡，不敢怀有二心。

种世衡并未对慕恩许诺什么，但该赏的时候立即就赏，因此能得到慕恩的效忠。

请神容易送神难

【既迎而拒者乖[1]。】

【1】乖：背离，离开。

注曰：刘璋迎刘备而反拒之是也。

白话：邀请别人前来，却又将人赶走，必定会让人怨恨。

解读："狼来了"的故事大家都很熟悉，牧童大喊"狼来了"，实际就是请别人前来帮忙。农民前来帮忙，就问："狼在哪里？"牧童却笑着说："没有狼，逗你玩呢！"这事让谁碰上都得生气。"我这么忙，放下手中的事情来打狼，你却拿我穷开心！"农民愤然离去。后来牧童又玩了这一小伎俩，农民被他气坏了。不久，狼真的来了，牧童大叫"狼来了"，当然不会有人再来。牧童自食恶果。

叫人来的是你，挡在门口把别人往回撵的也是你。这一来一回，什么事情都没做，却白白地招致了别人的怨恨。想想，绝对是不划算的。

因此，在做决定之前一定要审慎，不要中途反悔，否则，会很容易落得吃力不讨好的下场。

案例

赵盾先迎后拒，自食恶果

赵衰跟随公子重耳在外流亡十九年，历经重重磨难，终于回到晋国，执掌国政。重耳和赵衰在外流亡时，都娶翟女为妻，遂为连襟。翟女为赵衰生子赵盾。赵衰回国后，赵衰在晋国所娶的妻子坚持将翟女接回晋国，还以翟女所生子赵盾作为赵衰的嫡子，继承赵衰的权位，而她与赵衰在晋国所生的三个儿子地位都在赵盾之下。

赵衰死后，赵盾接替赵衰执掌晋国国政。赵盾执掌国政不久，晋襄公死。当时太子夷皋尚年幼，赵盾认为晋国国内形势不稳定，需要长君来安定晋国。赵盾想立襄公的弟弟公子雍。当时，公子雍远在秦国，赵盾就派遣使者前往迎接。

赵盾这样做，太子的母亲缪嬴很不满意，她抱着小太子夷皋整日整夜地在朝堂上大哭，一边哭一边质问赵盾："先君（晋襄公）有什么罪过？他的继承人又有什么罪过？你舍弃嫡子而在外面寻求君主，把太子置于何地？"女人的撒手锏之一不就是哭吗？女人一哭，男人都受不了，赵盾和大臣们也受不了。赵盾和大臣见到缪嬴都拐着弯走，实在避不过就低着头走。但是不行，缪嬴仍然是不依不饶。赵盾和满朝大臣都怕了缪嬴，同时担心自己若要坚持立公子雍的话，有可能招来杀身之祸。没办法，赵盾只得违心地立太子夷皋为君，发兵阻拦公子雍回国。赵盾还亲自为将，率军击败护送公子雍回国的秦国军队。公子雍回国为君的梦想便化为泡影。这一点，赵盾做得很不厚道。

夷皋即位，是为晋灵公。由于灵公年幼，国家大事全由赵盾一人做主。灵公即位十四年，逐渐长大成人，却是一个荒淫无道的暴君。赵盾屡次向灵公进谏，灵公不听。灵公要吃熊掌，御厨没煮熟，灵公立刻将御厨杀死，还把尸体扔了出去。赵盾看了御厨的尸体，内心很是忧虑。灵公看到赵盾为此而忧虑，就害怕赵盾会废掉他，于是派人刺杀赵盾。赵盾被人救下，准备出国逃亡。还没逃出晋国，赵盾的弟弟赵穿就已经杀死了灵公。赵盾又返回去，继续执掌晋国国政。因此，君子讥嘲赵盾"作为国家的正卿，逃亡时不出国境，返国后也不讨伐弑君之贼"。因此晋国的太史令直接在史书上写："赵盾弑君。"赵盾因此而留下乱臣贼子的坏名声。

心存侥幸坏处大

【薄施厚望者不报[1]。】

【1】报：报答。

注曰：天地不仁，以万物为刍狗；圣人不仁，以百姓为刍狗。覆之、载之，含之、育之，岂责其报也。

王氏曰： 恩未结于人心，财利不散于众。虽有所赐，微少轻薄，不能厚恩深惠，人无报效之心。

白话： 给予别人很少，却又期盼别人回报很多，这是不可能的。

解读： 既想母鸡多下蛋，又想母鸡不吃米，这是不可能的！回报基本上和付出是成正比的，付出得少，渴求得多，那叫奢望，奢望不可能实现。

无论做事还是与人交往，一定要有一颗公平心。自己付出了多少，得到的也就多少，决不能心存侥幸。"平时不烧香，急来抱佛脚"，佛祖若是保佑这样的人，那还有谁愿意一直给佛祖烧香？

做人务必要踏实，付出不一定有回报，但不付出绝对没有回报。只有清楚地了解这一点，获得成功，你才不会得意忘形；劳而无功，你也不会灰心丧气。

案例

吝啬难有厚报

齐威王即位的第八年，楚国发动大兵进攻齐国。齐威王让淳于髡向赵国搬请救兵，以黄金百斤、车马十驷（古代四匹马驾一车称为一驷）作为送给赵国的礼物。

淳于髡看了齐王的礼单后，仰天大笑，连帽带子都笑断了。齐王说："先生嫌礼太轻了吗？"淳于髡说："不敢！"齐王就问："那你如此大笑，难道有什么要说的吗？"淳于髡就说："不久前，我从东边回来，见到路上有人为来年的收成向上天祈祷。只见他摆上一只猪蹄和一壶酒，对上天祈祷说：'请上天保佑我来年高地上收获的谷物盛满竹笼，低地里收获的庄稼装满车辆。五谷丰登，粮食满仓。'我看到他拿的祭品很少，但祈求的东西那么多，因此笑他。"

齐威王明白淳于髡的意思，于是以黄金千镒、白璧十双、车马百驷作为礼物。淳于髡到达赵国后，言明来意，送上礼物。赵王立即派出精兵十万、战车千辆支援齐国。楚国听说赵国这样玩命地来救齐国，连夜撤兵而去。

人不能忘本

【贵而忘贱者不久。】

注曰：道足于己者，贵贱不足以为荣辱；贵亦固有，贱亦固有。惟小人骤而处贵则忘其贱，此所以不久也。

王氏曰：身居富贵之地，恣逞骄傲狂心；忘其贫贱之时，专享目前之贵。心生骄奢，忘于艰难，岂能长久？

白话：富贵而忘本的人不可能长久。

解读：一旦富贵，就忘记昔日贫贱的人，一般缺乏远大的志向，因此容易因一时的得意而忘乎所以，必然不能长久。丢失了根本，进若不利，退便无路，到时只有死路一条。

蝙蝠遭到蛇的攻击，无力抵抗，就向鹰求救。鹰说："我跟你非亲非故，为什么要救你呢？"蝙蝠说："我们有着共同的祖先，可是近亲啊。"鹰说："这话怎么说？"蝙蝠说："你看我有翅膀，还会飞呢！"鹰摇摇头说："不，你没有羽毛，还能喂奶。你的祖先肯定不是鸟，我没法帮你。你还是去求助狮子吧，有可能你们是同一个祖先。"

蝙蝠无奈，只得去向狮子求援。狮子也要蝙蝠给它一个理由。蝙蝠说它们是近亲，有着共同的祖先。狮子不相信，蝙蝠说："您看，我有牙齿，还能喂奶，是兽类，当然和您有着共同的祖先了。"狮子摇摇头说："不。你长有翅膀，还能飞。你肯定不是兽类，不要再瞎扯了，我是不会帮你的！"

蝙蝠后来也搞不清自己到底是鸟类还是兽类，万般无奈的情况下，只能与蛇拼死一搏。最后蝙蝠失败，被蛇吃掉了。

案例

陈胜忘本而败

陈胜年轻的时候，曾和别人一起被地主雇佣耕田。陈胜耕了一会儿就不耕了，站在田埂上，叹息良久。他对与他一起耕田的人说："等我富贵了，一定不会忘记你的！"那个人就嘲笑他说："你也是为地主打短工的，怎么会富贵呢？"陈胜就叹息说："地上的燕子、麻雀怎么能理解鸿鹄的志向呢？"

后来陈胜、吴广率众在大泽乡起义，在陈县（今河南淮阳）建立了张楚政权，陈胜号称"陈王"。这时，以前和陈胜一起耕田的人听说陈胜富贵了，就前往陈地投靠。这个人来到陈胜的宫门前大声敲门，直呼陈胜的名字说："我要见陈胜！"守门人看到他如此无礼，就要把他绑起来扔进大牢。这个人辩解说自己以前和陈胜是多么要好的哥们儿，守门人这才放了他，但还是不愿为他通报。

这个人没办法，只好守在大路上。一天，陈胜出宫，这个人就拦驾大喊陈胜的名字。陈胜看到是以前的穷哥们儿，就让他上车和自己一起回宫。进宫之后，这个人看到陈胜的宫殿如此豪华，非常惊叹："你的宫殿真气派啊！"陈胜开始时对这个穷哥们儿非常好，好吃好喝招待着，美女陪伴着。这个人也更加放肆，经常对别人说陈胜穷困时的窘态。

有人对陈胜说："这个家伙愚昧无知，经常乱说话，这样下去有损于大王的威信啊！"陈胜听后，立即将那个穷哥们儿绑起来杀掉了。这件事传出去后，陈胜的老朋友全部离他而去，再也没人肯亲近陈胜了。

后来陈胜被章邯打败，众叛亲离，最后死于车夫庄贾之手。

王章遭斩

汉朝人王章还是诸生时，在长安求学，与妻子住在一起，处境十分艰难。一次，王章生病，家里没有棉被，王章只好裹着牛栏里的乱麻取暖。一时间万念俱灰，流着眼泪与妻子诀别。妻子生气地叱责王章，说："放眼当今朝廷众官，有谁的才学能比得上你？今天你只是有病在身，一时遭遇困顿，不自我激励奋发，反倒流泪怨叹，难道不觉得惭愧吗？"

后来王章果然发达，成帝时官至京兆尹，想上疏弹劾外戚王凤。妻子劝阻他说："一个人要守本分，不要贪求高位。你难道忘了当年在乱麻堆中流泪的日子了吗？"王章说："国家大事不是你们女人懂得的。"坚持上疏弹劾，王章果然因此而获罪下狱，妻女也都成为阶下囚。

当时王章的女儿只有十二岁，半夜惊醒，哭着说："平常狱吏要囚犯报数都是到九，今天只报数到八，父亲个性刚直，一定会先判死刑的。"第二天询问狱吏，王章果然被杀。

不要揪着别人的小辫子不放

【念旧恶而弃新功者凶。】

注曰：切齿于睚眦之怨，眷眷于一饭之恩者，匹夫之量。有志于天下者，虽仇必用，以其才也；虽怨必录，以其功也。汉高祖侯雍齿，录功也；唐太宗相魏郑公，用才也。

王氏曰：赏功行政，虽仇必用；罚罪施刑，虽亲不赦。如齐桓公用管仲，弃旧仇，而重其才；唐太宗相魏徵，舍前恨，而用其能。旧有小过，新立大功，因恨不录者凶。

白话：对下属的小怨小恨念念不忘，时时想着报复，对其新建的功劳却视而不见，不加赏赐，这样的领导会陷自身于凶险之境。

解读：能干大事的人往往具有宽广的胸怀，重人之功，容人之过，这样的领导才能获得人才的真心归附，仇敌也会因此而折服。

朱鲔是更始帝刘玄的大将，曾力劝刘玄杀掉战功卓著的刘縯（光武帝刘秀的哥哥），并劝刘玄不要授予刘秀大权，阻挠刘秀前往河北。朱鲔跟刘秀可谓有深仇大恨。刘玄被赤眉军杀掉后，朱鲔还为刘玄守着洛阳。刘秀派兵将其包围，劝其投降。朱鲔自知罪过很大，不敢投降。刘秀保证不念旧恶，并对着黄河发誓。朱鲔投降后，刘秀不但没有迫害他，后来还封其为扶沟侯。

魏徵曾是太子李建成的心腹谋士，多次劝李建成对李世民要先下手为强，屡次置李世民于死地。玄武门之变，李世民杀掉李建成和齐王李元吉，捉住了魏徵。李世民指责魏徵挑拨自己兄弟间的关系，魏徵认为自己是为主尽忠，无可厚非。李世民深为魏徵的才干所打动，不但免其死，还不断地加以提拔重用，最后任其为宰相。魏徵对李世民也全力辅佐，知无不言，言无不尽。君臣之间，同心戮力，共同开创了贞观时期的强盛局面。

对别人的过错不能释怀，"中心藏之，岂敢忘之"，使别人战战兢兢地为你做事，不但容易树立更多的敌人，还会坚定别人与你作对的决心。做事如此，做人也是一样。你不能宽容别人的过错，别人自然不会敞开心扉与你交往，你也就不能交到真朋友。这样的话，只能让你自己陷于孤立。何苦呢？

案例

黄祖念旧恶而自取祸

东吴大将甘宁在发迹前曾在长江上做强盗。他性情刚猛，敢于杀伐，豢养亡命之徒，恶名大振，一郡的人都对他闻风丧胆。

二十多岁时，甘宁决定金盆洗手，开始熟读诸子百家，然后前往南阳投靠刘表。刘表为人，安于守成，不图进取，不能重用甘宁。甘宁看到天下大乱，各路诸侯纷纷起兵，知道刘表必将一事无成，还怕以后反受其祸，就想投奔孙权。

当时刘表的大将黄祖驻守夏口，甘宁难以通过，就在夏口依附于黄祖三年。黄祖鄙视甘宁的出身，对其既不重用，也不礼遇。一次，孙权讨伐黄祖，黄祖战败逃跑。孙权穷追不舍，黄祖无以脱身。就在这危急关头，甘宁率军前来救援。甘宁擅长射箭，率兵殿后，保护黄祖撤退，还一箭射杀了孙权的大将凌操。黄祖获救后，对甘宁的鄙视依然如故。

黄祖手下的大将苏飞屡次向黄祖推荐甘宁，黄祖都因为甘宁做过强盗而对其不闻不问，还反过来招诱甘宁的部下，甘宁的部下渐渐都离甘宁而去。甘宁想投奔东吴，又怕被黄祖截获，很是郁闷。苏飞了解甘宁的苦闷，就邀请甘宁喝酒，对他说："我已经屡次向主公推荐了你，但主公没有采纳。时光过得很快，人生又很短暂，你应该自己做好打算，寻找赏识你的人。"甘宁沉默了很长时间才说："我虽然有这个想法，但不知道该怎么办。"苏飞说："这样吧，我推荐你管理邾（今湖北黄冈西北）县，到时你就没有什么牵制，想走就能走了。"甘宁说："太好了！"

苏飞就向黄祖推荐甘宁管理邾县，黄祖答应了。甘宁召集亡命之徒以及自己的老部下数百人通过邾县投奔了东吴。周瑜、吕蒙非常赏识甘宁的才能，都极力向孙权推荐。孙权觉得甘宁必定有过人的才干，对甘宁异常器重。

甘宁向孙权献策说："现在汉朝日益衰微，曹操越发骄横，必定会行篡逆之事。荆州这个地方易守难攻，地势优越，加之交通便利，的确可作为东吴西面的屏障啊。我曾仔细观察过刘表，其为人既没有什么深谋远虑，儿子又不成器，难以继承荆州的基业。请主公早点谋划攻取荆州的方略，不能让曹操抢了先机。若要谋取荆州，就应该先进攻黄祖。现在黄祖年纪大了，老迈无能。江夏现在又钱粮匮乏，黄祖身边的亲信只知道欺弄黄祖，贪污盘剥百姓。现在当地的百姓都已经非常怨恨黄祖了。而且江夏的战备废弛，百姓怠于农业生产，军队缺乏纪律。主公若是现在进攻，必定能一举将江夏拿下。黄祖被击败后，主公趁势向西，就能占据荆州。然后我们再加强自己的实力，一步步攻取川蜀之地。"孙权听从甘宁的建议，发兵讨伐黄祖，一举将黄祖擒获，将其斩首。

用好人，好用人

【用人不得正者殆[1]，疆[2]用人者不畜[3]。】

【1】殆：危险。

【2】疆（qiǎng）：通"强"，勉强，强制。

【3】畜（xù）：即"蓄"，留住。

注曰：曹操疆用关羽，而终归刘备，此不畜也。

王氏曰：官选贤能之士，竭力治国安民；重委奸邪，不能奉公行政。中正者，无官其邦；昏乱谗佞者当权，其国危亡。贤能不遇其时，岂就虚名？虽领其职位，不谋其政。如曹操爱关公之能，官封寿亭侯，赏以重禄，终心不服，后归先主。

白话：用人不当是很危险的，勉强别人为自己效力也留不住人才。

解读：领导的主要职责就是用人，人用得好，大家干劲十足，各司其职，各尽其力，团结有序，做事就会顺利。人用得不好，内部就会人心涣散，相互抱怨，难以振作，做事也就难以顺利。

领导想用人成事，必然不能重用奸邪之人，不然后患无穷。

宋徽宗重用蔡京、童贯等奸佞，搞得国家乌烟瘴气，百姓苦不堪言、怨声载道。金兵一打过来，很快就灭了北宋，还将徽、钦二帝及宗室宫女三千人全部掳至北方。靖康之耻，让中原士大夫痛心疾首。

宋高宗重用秦桧，对内残害忠良，对外屈膝求和，搞得将士寒心。宋高宗赵构自己做了一辈子的"儿皇帝"，也错过了收复失地的大好时机，从此偏安东南一隅。

宋光宗、宋理宗重用贾似道，形同亲爹，半刻不能离。贾似道专权误国，祸害百姓，蒙古人打来，南宋根本不加抵御。南宋最终被蒙古所灭，宋恭帝及南宋宗室全被俘虏，南宋治理下的百姓都沦为元朝的四等人。

用人不正，祸国殃民。

用人不但不能用小人，也不能用与你不同心之人。别人跟你不是一条心，你非得让别人为你卖命，自然留不住人。就算强行留住，留住人也留不住心。

能在一起做事，尤其是同心协力做大事，若非志同道合，绝对难有结果。诸葛亮为刘备的事业鞠躬尽瘁、死而后已，不但是为了报答三顾茅庐的知遇之恩，更是因为他们具有共同的志向：兴复汉室，平定中原。因此诸葛亮五次北伐，至死方休。

曹操政治、军事才干要远在刘备之上，也比刘备更擅长招贤纳士。但他有时也太过爱才，强行任用。徐庶本来是跟着刘备的，曹操知道徐庶是个人才后，就扣压徐庶的老母来亲戚胁迫徐庶给他效命，最后竟将徐庶的母亲逼死了。徐庶从此一言不发，终曹操一生，徐庶没有为其献一计一策。曹操打败袁绍后，得到了袁绍的心腹谋士沮授。沮授不愿意投降，曹操便强行任用。后来沮授盗马逃走又被捉回来了，曹操只得将其杀掉。

强扭的瓜不甜，不但婚姻如此，做事业同样如此。

用人是个很需要智慧和水平的工作，会用人，不容易，做一个好领导绝不简单。

案例

用人不正，祸患无穷

宋徽宗是中国历史上有名的昏君，在位时任用号称"六贼"的蔡京、王黼、童贯、梁师成、朱勔、李邦彦等人，把国家搞得乌烟瘴气、民不聊生，最终招致靖康之变，丧权辱国。

以蔡京为例，治国的本事不能算大，但阿谀逢迎的本事却是登峰造极，因此四次为相，把持朝政长达十七年。蔡京掌权期间，朝政一塌糊涂。他修改江淮七路的茶法，规定由国家垄断茶叶的买卖，搞得当地茶农困苦不堪。他还修改原来的盐法与钞法，规定旧钞全部废除，这样富商巨贾手持的数十万缗钱顷刻之间化为废墟，他们转眼间沦为乞丐，为此跳河和上吊的比比皆是。提点淮南东路刑狱章綡看到民不聊生，心生怜悯，上书奏称修改盐法与钞法误国误民。蔡京大怒，立即将其降官两级。后来，蔡京借铸当十钱之机，设计陷害章綡的几位兄弟。

当时社会稳定，府库充盈，蔡京向宋徽宗上"丰、亨、豫、大"之说，鼓动宋徽宗纵情享受。蔡京经常对宋徽宗说，现在我们府库财物有五千万缗的盈余，国家太平，就应该推广雅乐，教化万民；国家富足，就应该完备礼仪，教导百姓。宋徽宗被鼓动得躁动不已，于是下令铸造九鼎，建立名堂，修筑方泽，设立道观，成立大晟府，制作《大晟乐》，刻铸"定命宝"（唐太宗李世民因无传国玉玺，于是刻了数方"受命宝""定命宝"等玉玺，聊以自慰）。他还任命孟昌龄为都水使者，开凿大伾山、凤凰山和紫金山，架设天成、圣功二桥，大举兴起劳役，动辄征发百姓数十万。黄河两岸的百姓为此困顿不已、难以为生。百姓都没饭吃了，蔡京却认为自己功莫大焉，狂妄地自比大禹时的后稷、契，西周时的周公、召公。蔡京想通过广修宫殿向宋徽宗献媚，就召来童贯、梁师成等人，暗示他们向宋徽宗进言，说现在的宫殿太过拥挤，需要去旧立新。童贯等人无比顺从，马上向宋徽宗进谗言，要求修建豪华奢侈、华丽高广的宫殿来展示宋徽宗的厚德。宋徽宗马上下令扩建延福宫、开凿景龙江，奢华程度都超过了华丽无比的艮岳。宋徽宗视官爵财物如粪土，大肆挥霍浪费，几代人积累的财富宋徽宗一朝就耗费殆尽。

蔡京更改官名，将尚书仆射改为太宰、少宰，自称公相，总揽三省事务。他还追封王安石、蔡确王爵，三省官员废除名额限制，后来造成三省五品以上的官员就有上百个，甚至一人能领取十几份俸禄的结果。侍御史黄葆光上书批评他，蔡京立刻将其流放至昭州（今广西壮族自治区平乐县）。

蔡京任人唯亲，三个儿子蔡攸、蔡翛、蔡绦及孙子蔡行（蔡攸之子）皆官至大学士，地位堪比执政大臣。宣和六年（公元1124年），蔡京再次被宋徽宗任用为宰相。这时他已是老眼昏花，无法再亲自处理政事了，国家大小事都由其小儿子蔡绦处理。蔡绦恣意妄为，谋取私利，窃弄权柄。他任用妻兄韩梠为户部侍郎，与其密谋诬陷大臣，排斥异己。蔡绦还设置宣和库式贡司，搜集四方的金钱财物以及府库库存物资充实其中，作为皇帝的私人小金库。后来，连他的哥哥蔡攸都看不下去了，上书揭发他的罪行。宋徽宗大怒，要将蔡绦流放，蔡京苦苦哀求方得免除，只是勒令停发他的俸禄，而他的党羽韩梠则被贬官到黄州。

当时，宰相白时中奏请宋徽宗罢免蔡绦，是想借此让蔡京主动下台。没想到蔡京恬不知耻，一点主动辞职的意思都没有。宋徽宗看不下去了，就叫童贯去找蔡京，要求他自己上书请求辞职。童贯到了蔡京府上，说明来意，蔡京泪流满面地说："皇上怎么不多容忍我几年呢？必定有人诬陷我啊！"童贯面无表情地说："这个我不知道。"蔡京不得已，这才上表请求辞职。宋徽宗为了保全他的面子，让翰林学士替蔡京三次上表请求退休，然后才降诏允许。

宋钦宗即位后，金兵逐渐逼迫，边境形势日益紧张。蔡京举家南下，寻求保全之策。天下人都痛恨蔡京，认为他是"六贼"之首，罪大恶极，应该处以死刑。宋钦宗将其连续贬官并流放,最后蔡京病死在流放途中,时年八十岁。

蔡京虽死,但宋朝的江山已经烂透了,金兵很快就打过黄河,轻松占领了北宋的都城,俘虏了徽、钦二帝及宗室、宫女数千人北去。

朱序不为苻坚用

朱序原是东晋的使持节、监沔中诸军事、南中郎将、梁州刺史,镇守襄阳。苻坚派大将苻丕围攻襄阳,朱序屡次击败了苻丕的进攻。后来由于防守不严,加之督护李伯护与苻丕内外接应,襄阳失守,朱序被擒。苻坚将李伯护斩首示众,惩罚其不忠,对朱序却是以礼相待。但朱序一心想念晋朝,千方百计地想要逃回去。他潜逃到宜阳(今河南宜阳县)时,躲在好友夏揆家中。苻坚怀疑夏揆收留了朱序,就把他抓了起来。朱序为了不连累朋友,就向苻坚自首。苻坚很赞赏他的忠诚,并不追究潜逃之事,还任命他为尚书。

公元383年,苻坚为了统一中国,向东晋发动了全面进攻。苻坚亲率九十多万大军,直接向东晋压来。东晋宰相谢安坚决抵抗,派弟弟谢石和侄子谢玄率兵与之对峙。当时,苻坚的大部分兵力尚在项城(今河南项城市),大将苻融率领三十万军队作为先锋,直达淝水。

苻坚倚仗自己的兵力,想不战而屈人之兵,就派遣朱序前去谢石的大营劝降。朱序对晋朝的忠诚一直未曾改变,所以他对谢石建议道:"苻坚的近百万大军若是全部到来,我们肯定不是对手。我们应该趁着他们的兵力尚未全部集结之时发动突然进攻,这样就能打他个措手不及,获取主动。"朱序提出建议后,表示自己将会作为晋军的内应。

于是谢石就派谢琰(谢安次子)率领八千精兵渡过淝水向苻坚挑战。苻坚想趁晋军渡河时发动进攻,所以就让军队稍稍后撤,引诱晋军渡河。就在苻坚军队稍稍后撤的时候,朱序趁机在军队后面大喊:"苻坚败了,苻坚败了!"苻坚的军队本来就没有什么斗志,一听说主帅失败,立刻四处溃散。

淝水之战,苻坚大败,九十万大军顷刻化为乌有,只有慕容垂的三万军队全师而还。苻坚一路奔逃,风声鹤唳,狼狈不已。朱序趁前秦军队混乱,逃归东晋。

不要以私心用人

【为人择官者乱。】

王氏曰：能清廉立纪纲者，不在官之大小，处事必行公道。如光武之任董宣为洛县令，湖阳公主家奴杀人，（董宣）不顾性命，苦谏君主，好名至今传说。若是不问贤愚，专择官大小，何以治乱安民！

白话：任人唯亲，因人设官必定会导致朝纲紊乱。

解读：为官择人可以使能者上，庸者下，使在其位者谋其政。为人择官则是随意改变国家的正常程序，任人唯亲，任人唯私，坏国家大事来做个人人情，实属可恶。而且，正门不走，专走后门的人，往往非奸即佞，做事立功的本事没有，贪污受贿、嫉贤妒能倒是特别在行。让这样的人掌管一个部门，建设作用没有，破坏作用却巨大，如何不坏事？一颗小小的老鼠屎尚且能坏一锅汤，更别说一整只或几整只硕鼠了！

案例

杨国忠乱政

杨国忠是杨贵妃的堂兄，本无才学，平时喜欢喝酒赌博，赌输了就向别人借债，纯粹是无赖，甚为宗族亲人所不齿。

剑南节度使章仇兼琼与宰相李林甫不和，他听说杨贵妃很受玄宗宠爱，就有意拉拢杨国忠作为自己的外援。章仇兼琼派杨国忠进入长安为自己活动，杨家的姐妹便在玄宗枕边吹风，还向玄宗推荐杨国忠，说杨国忠善赌。玄宗召见杨国忠，立即擢升他为金吾兵曹参军、闲厩判官。不久玄宗又把杨国忠调到身边侍奉，让他管理自己的个人小金库。杨国忠为人非常精明，账算得很好。玄宗很高兴，称赞他说："是做度支郎（掌管全国财赋的统计与支调）的人才啊！"随后杨国忠多次升迁，累官至监察御史。

玄宗对杨国忠宠任有加，使其很快由一个小小的御史升至宰相，并兼任四十多项使职。由于吏部、度支事务繁多,杨国忠不能一一过问,这两个部门的官员就趁机公开地营私舞弊、收受贿赂,肆无忌惮。

杨国忠非常善于阿谀逢迎,只知道想方设法满足玄宗的嗜欲,而不管国家安危和百姓死活。玄宗重视开拓边疆,杨国忠就紧紧地抓住军政、财政大权不放,选择那些善于聚敛、不顾百姓死活的小吏担任相关部门的要职。只要是军事所需,杨国忠马上就能聚敛得到,不管手段如何。

一年,国家发生洪灾,庄稼收成不好,玄宗对此很是忧心。杨国忠就挑出那些长势好的水稻进献给玄宗,说:"雨虽然下得大,但还不至于发生灾害,请陛下不必担忧。"扶风太守房琯因为治所发生水灾而上报朝廷,杨国忠大怒,立即派遣御史弹劾房琯。其他地方的长官看到房琯如此下场,都不敢擅自上报水旱灾情,每次都要前去打听杨国忠的意思才敢上奏。

杨国忠虽然身居宰相之位,却兼任剑南节度副大使,招募士兵屯戍泸水南岸。由于泸水南岸山高路险,粮食难以运抵,戍守的士兵基本上都是有去无回。按惯例,建立军功的人家可以免于服役,这是朝廷激励将士建功立业的一种制度。杨国忠反其所为,下令征兵先从功勋之家开始,搞得士兵毫无斗志。招募法的规定是自愿当兵。但杨国忠派遣手下的宋昱、郑昂、韦儇逼迫地方长官为其征兵。郡县长官无计可施,只得以"当兵待遇丰厚"来欺骗穷苦的百姓前来报名,然后用绳子把他们绑起来,戴上镣铐送到屯所。如果有人逃跑,押送的官吏就要代替这个人服役。杨国忠这样一搞,老百姓人心惶惶,担忧不已。没过多久,剑南留后李宓率领十几万大军进攻南诏王阁罗凤,结果在西洱河被阁罗凤杀得片甲不留。杨国忠狗胆包天,竟然把大败改为大捷上报给玄宗。杨国忠两次对南诏用兵,结果都是全军覆没,损失唐朝精兵二十万,天下人都为此感到痛惜。

安禄山深受玄宗宠信,又在北边统率三镇精兵,骄纵不法。玄宗庇护安禄山,所以大臣们谁都不敢上报安禄山的反情。杨国忠知道安禄山将来必不在自己之下,又仗着有杨贵妃在后面撑腰,就单独揭发安禄山的大量谋反罪状。玄宗怀疑这是杨国忠因为嫉妒安禄山的恩宠而诬陷他,因此不怎么相信这些罪状。安禄山虽然长久以来准备造反,但因为玄宗对他恩宠有加,因此隐忍不发,想等到玄宗驾崩后再举兵造反。但安禄山对杨国忠甚为忌惮,非常担心他会对自己不利，因此加快了造反的步伐。不久，玄宗加封安禄山为尚书右仆射，但又担心这会让杨国忠不高兴，所以又加封杨国忠为司空。安禄山回到幽州后，预感到杨国忠正在拿自己开刀，遂下定决心造反。杨国忠让自己的门客何盈、蹇昂搜集安禄山造反的罪状，还暗示京兆尹李岘包围安禄山在长安的府邸，捉拿安禄山的亲信李超、安岱、李方来、王岷等人加以诛杀，将安禄山的党羽吉温贬斥到合浦（今广西合浦）。安禄山上书为自己辩解，同时上奏杨国忠二十条罪状。玄宗将此事归过于京兆尹李岘，将其贬为零陵太守，以此来安抚安禄山。

　　杨国忠缺少谋略、骄傲轻浮，认为安禄山骄横跋扈，难成大事，只要自己激怒他迫使其造反，那就证明自己是对的，玄宗就会完全信任自己。然而，玄宗一直不能明察安禄山的反谋。杨国忠就向玄宗建议："请陛下以安禄山为平章事，召其入朝辅政。以贾循为范阳节度使、吕知诲为平卢节度使、杨光翙为河东节度使，镇守北部边疆。"

　　安禄山以诛杀奸臣杨国忠为名举兵造反。哥舒翰据守潼关，按兵不动。杨国忠怀疑哥舒翰反对自己，就亲自督战，强令哥舒翰出击。哥舒翰兵力不支，大败，被迫投降于安禄山。败报传到皇宫后，玄宗当天就从兴庆宫（原系玄宗为藩王时故宅，后为宫，位于大明宫南）搬到了未央宫。

　　由于杨国忠当过剑南节度使，在四川经营多年，潼关失守后，杨国忠建议玄宗到四川去，玄宗同意了。大军护送玄宗到马嵬坡（今陕西兴平市西）时，将士们饥饿疲惫，颇有怨言。陈玄礼害怕发生兵变，就召集诸将说："现在天子四处奔逃，山河失陷，生人肝脑涂地，这些不都是杨国忠造成的吗？我想诛杀杨国忠以谢天下，你们认为怎么样？"诸将一致同意，说："早就想这么干了。若能杀掉杨国忠，就算为此丢掉性命，我们也心甘情愿。"当时正好吐蕃的使者有事托请于杨国忠，军士们趁势大呼："杨国忠勾结吐蕃谋反！"骑兵立即将其包围，杨国忠突围而出，正要逃跑，有人一箭射中他的鼻梁，然后将其杀死了。将士们争着割杨国忠的肉生吃下去，杨国忠被吃得只剩一堆白骨，然后将士们斩掉了他的脑袋挂起来示众。玄宗闻讯大惊，说："杨国忠真的反了吗？"那时吐蕃使者也被龙武卫大兵剿杀。御史大夫魏方进斥责将士说："为什么要杀宰相？"将士们又愤怒地将他也杀死了。

吕蒙正

吕蒙正在担任宋太宗的宰相时，一次，太宗想派一个人出使辽国，便下令中从书省选拔适合的官员。吕蒙正就把某个人的名字奉上了，但太宗不同意。第二天，太宗又询问人选，吕蒙正还是保举这个人。当第三次问及时，他还是保举这个人，太宗说："卿家怎么如此固执呢？"吕蒙正就说："不是微臣固执，而是陛下不能体察谅解啊。"然后坚持称："这个人是最好的人选，其他的人都不如他。臣不愿意谄媚附和陛下而坏了国家大事。"朝堂上的其他同僚都吓得连大气都不敢出，吕蒙正却面不改色、举止自若。太宗退朝后对左右侍从说："吕蒙正真是有气度啊，我自愧不如！"太宗最后任用了吕蒙正推荐的那个人，那个人果然非常称职。

保持自己的优势

【失其所强者弱。】

注曰：有以德强者，有以人强者，有以势强者，有以兵强者。尧舜有德而强，桀纣无德而弱；汤武得人而强，幽厉失人而弱。周得诸侯之势而强，失诸侯之势而弱；唐得府兵而强，失府兵而弱。其于人也，善为强，恶为弱；其于身也，性为强，情为弱。

王氏曰：轻欺贤人，必无重用之心；傲慢忠良，人岂尽其才智？汉王得张良陈平者强，霸王失良平者弱。

白话：失去使自己强大的东西，必定会导致自己的衰弱。

解读：老虎号称"兽中之王"，但拔掉它的牙齿，剃去其利爪，两三只鬣狗就能将其咬死吃掉；老鹰号称"空中霸主"，但剪去其翅膀，斩断其利喙钢爪，普通的乌鸦都敢嘲弄它。失去使自己强大的东西，必定会导致自己的衰弱。

这里要谈的一个问题就是，人要清醒地认识到自己的强项并要努力保持自己的优势。

以色列作为一个弹丸小国，四面受敌，虽然在地中海沿岸狭长的地带与巴勒斯坦纷争不断，却能屡战屡胜，不但在恶劣的条件下生存了下来，而且越战越强，始终保持对周围国家的强势地位。历史上，除了古希腊的斯巴达，还没有哪一个如此狭小的城邦拥有如此强大的威慑力。

以色列强在什么地方？教育。以色列知道教育是保持其长盛不衰的源泉，因此对其异常重视。以色列的义务教育可以延长至18岁，完全不用支付任何费用。以色列的教育支出占国家财政支出的比例居全球首位。即使国家经济困难时，各部门都大幅削减行政开支，但以色列政府宁可削减军费开支也不愿削减教育开支。学者在以色列非常受人尊敬，以至于其国内有这样的格言："宁可变卖所有的东西，也要把女儿嫁给学者；为了娶学者的女儿，就是丧失一切也无所谓。"

以色列强盛至今，并能在今后相当长的一段时间内保持其强势地位，绝对不存在半点侥幸。

案例

齐桓公盛极而衰

齐桓公以管仲为相，以鲍叔牙、隰朋、高傒等贤臣为辅，让他们共同执掌齐国国政，施行改革。管仲"三其国而五其鄙"，在齐国建立常备军制度。他发挥地域优势，鼓励商业贸易，促进了齐国经济的繁荣。他还赈济贫困，任用、厚待贤能之人。齐国人民因此安居乐业，齐国也因此迅速国富兵强。

齐国强大以后，立即发兵讨伐与自己颇有宿怨的鲁国。鲁国打不过齐国，就派人割地求和，齐桓公答应了。双方在柯地会盟。鲁将曹沫却在会盟时将齐桓公劫持，以此要挟齐国归还侵占的鲁国土地。齐桓公无奈，只得答应。事后，齐桓公非常恼怒，就想反悔。管仲劝谏说："当时因为被劫持而许诺别人，现在出于内心的愤恨而背约杀掉他，这是图一时痛快而失信于天下诸侯。这样会搞坏我们的名声，进而失去诸侯们的援助，得不偿失，不可！"齐桓公认为管仲的建议深谋远虑，就采纳了。于是齐国归还了鲁国三次战败而割让的土地。诸侯们听说齐桓公如此信守诺言，便争相归附。

齐桓公二十三年（公元前663年），山戎进攻燕国，燕国向齐国求救。齐桓公起兵讨伐山戎，很快就击败了它，一直将山戎赶到孤竹（今河北卢龙东南）才回师。燕庄公对齐桓公感激涕零，齐桓公撤军回国的时候，燕庄公送了又送，依依不舍，一直将齐桓公送到齐国的境内。齐桓公说："根据礼仪，非天子，诸侯不得相送出境。我不可陷燕国于无礼。"于是，齐桓公以燕庄公最后的相送地点为界，把齐国的土地划归给了燕国。齐桓公还语重心长地劝燕庄公重修召公的仁德政治，像周成王和周康王（西周最强盛的时期）时期那样对周天子纳贡。诸侯知道这件事后，皆俯首听命于齐国。

三十五年（公元前651年）夏，齐桓公在葵丘（今河南民权东北）召集诸侯，举行会盟。周襄王派宰孔参加会盟，并赐予齐桓公文武胙（周天子祭祀天地祖先后剩下的肉，赐予大臣，以示尊宠）、彤弓矢（朱漆弓，天子赐予有功诸侯或大臣专用于征伐）、大辂（诸侯朝服之车），而且允许其接受天子赏赐的时候不必拜。齐桓公认为自己功高德昭，完全有资格不下拜。管仲认为这样不合适，齐桓公这才下拜接受天子的赏赐。此次会盟，齐桓公的霸业达到了顶峰。当年秋天，齐桓公再次于葵丘大会诸侯，周襄王依然派出宰孔参加会盟。此时的齐桓公已是志得意满，对诸侯们甚是傲慢，于是很多诸侯开始背叛齐桓公。此次会盟，晋献公因生病没能及时赶到，在前去的路上碰到了周襄王的使臣宰孔。宰孔对晋献公说："齐侯已经骄横无礼了，你还是不去为好。"晋献公因而未去参加会盟。

当时，周王室已是十分衰弱，齐、楚、秦、晋是当时最为强盛的诸侯国。晋国一开始就参加了齐桓公召集的会盟。晋献公死后，晋国大乱，自顾不暇。秦穆公因为地处偏远，不参加中原诸侯国的会盟。楚成王当时刚刚征服了湖北一带的蛮夷，以蛮夷自居，对诸侯没有号召力。齐桓公把齐国治理得国富兵强，又能以德服人，所以只有齐国有资格把诸侯号召起来。齐桓公看到自己的地位是如此显赫，就说："寡人南征楚国到达召陵（今河南漯河市召陵区），南望熊山；北伐山戎、离枝、孤竹；西伐大夏（指当地的戎、狄等少数民族），深入到大漠之中；我攀登太行山，直至卑耳山而还。诸侯唯寡人之命是从。寡人三次联合诸侯讨伐戎、狄，三次召集诸侯举行会盟。寡人六次召集诸侯，定襄王太子之位。夏商周三代建立天下，其功劳也不过如此。我想封

（"封"为祭天仪式）泰山，禅（"禅"为祭地仪式）梁父，将寡人之功申诉于鬼神。"管仲苦苦劝谏，但齐桓公不听。管仲就以只有得到远方进贡的奇珍异物才能封禅作为借口，齐桓公方才作罢。

管仲辅佐齐桓公四十年，临死前，桓公问："大臣们谁可以接替您的职位呢？"管仲说："知臣莫如君。"桓公问："易牙怎么样？"管仲说："杀死自己的儿子来投君王所好，太不合情理了，这样的人是不可能担当大任的。"（易牙为齐桓公的厨师，善于烹调。一次，齐桓公对易牙说："所有能吃的东西我都吃腻了，还从来没尝过人肉。不知道人肉的滋味如何？"易牙为了向桓公献媚，竟然将自己的儿子杀死做成一道菜。）桓公又问："开方怎么样？"管仲说："抛弃自己的亲人放弃地位来亲近君王，同样不合情理，这样的人难以亲近，更不可大用。"（开方原为卫国的公子，后来来到齐国，放弃自己的地位抛弃亲人而甘心担任齐桓公的侍臣。）桓公又问："竖刁怎样？"管仲再次否决："自宫而来侍奉君王，更是不符情理，同样难以亲近。"管仲死后，齐桓公没有听从管仲的劝告，最终重用了这三个人，令其得以专权。

易牙、开方、竖刁为了各自私利，放任齐桓公的五个儿子争夺王位。齐桓公一死，五个公子就拿起刀枪厮杀起来。齐桓公的尸体放在床上六十七天没人过问，尸虫最后竟从窗户里爬了出来。齐国大乱，内讧不已，从此一蹶不振。后来，齐国虽然不失大国地位，但与霸主再也无缘。

不要和用心险恶的人商量大事

【决策于不仁者险。】

注曰：不仁之人，幸灾乐祸。

王氏曰：不仁之人，智无远见；高明若与共谋，必有危亡之险。如唐明皇不用张九龄为相，命杨国忠、李林甫当国。有贤良好人，不肯举荐，恐挽了他权位；用奸谗歹人为心腹耳目，内外成党，闭塞上下，以致禄山作乱，明皇失国，奔于西蜀，国忠死于马嵬坡下。此是决策不仁者，必有凶险之祸。

白话：和不仁之人商量大计，做出决策，结果是非常危险的。

解读： 既然是不仁之人，往往会为了个人私利而时时想着算计别人，往往会为了眼前的小利而置国家利益于不顾。不仁之人，内心凶险甚于虎豹豺狼，若与其为伍，商讨大计，必定会招来祸患。

作为一个领导，对自己下属的为人一定要清楚。用人，尤其是重用一个人，必用德才兼备之人。有才无德的人虽然一时用得顺手，一旦为害，连提拔他的伯乐都有可能栽在他的手里。此等人唯利是图，不讲人情，不顾道义，所以才有不仁之人的恶名。

北宋的丁谓非常有才，寇凖对其很是赏识，但丁谓为人奸邪诌媚，宰相李沆对此看得很清楚。寇凖屡次向李沆推荐丁谓，李沆说："看丁谓的为人，我能让他位居人上吗？"寇凖则说："看丁谓的才能，相公（宰相）能让他久居人下吗？"李沆无奈，对寇凖说："等你哪天后悔的时候，再想想我说的话吧！"后来寇凖为相，不断地提拔重用丁谓，让其官至参知政事（次相）。后来仅仅因为一句话，丁谓不但背叛了寇凖，而且凡是能置寇凖于死地的恶事，丁谓没有不做的。寇凖被丁谓搞得一贬再贬，最终客死他乡。

案例

王振不仁，丧师辱国

明英宗朱祁镇还是太子的时候，王振就在他身边侍奉。朱祁镇登基时，年纪尚幼。王振依靠自己的狡猾而颇得英宗欢心，被越级提拔，担任司礼监掌印太监（司礼监掌印太监是太监的头头，权力极大，被称为"内相"）。王振诱导英宗使用严刑峻法来驾驭大臣，大臣因此获罪而被关进大牢的事情接连不断，王振以此来显示自己的权威。然而，英宗的奶奶太皇太后张氏非常贤能，将国家大事委之于内阁。内阁大臣杨士奇、杨荣、杨溥都是数朝元老，德高望重，王振内心对他们很是忌惮，不敢怎么放肆。

正统七年（公元1442年）以后，形势逐渐变得对王振有利起来。太皇太后张氏于这一年病逝，皇宫内遏制王振的权威便不复存在。"三杨"之中，杨荣已先于太皇太后病逝，杨士奇因为儿子获罪而引咎辞职，杨溥年纪大了，身体也不好,而新任的阁臣马愉、曹鼐声望太轻,难以服众。就这样,王振的势力便无可遏制地发展起来。

王振小人得志,便在皇城东边建造豪华府邸,兴建智化寺,奢华程度当时无与伦比。他草率地对麓川用兵,引起西南骚动。侍讲学士刘球上疏陈述政事得失,言语中把矛头指向王振,王振立即把刘球关进大牢,让锦衣卫指挥使马顺将其肢解。大理寺少卿薛瑄、国子祭酒李时勉向来看不起王振,对王振也不怎么礼待。王振指使人诬陷薛瑄,差点没把薛瑄整死。李时勉也被王振整得在国子监门口头戴枷锁示众,在学生面前丢尽颜面。御史李铎看见王振不下跪,王振立即把他贬到铁岭当戍卒。驸马都尉石璟骂了家中的阉人,王振厌恶别人轻贱自己的同类,立即把石璟关进大牢。他还让户部尚书刘中敷,侍郎吴玺、陈瑺站在长安门前戴着镣铐示众。只要是王振所忌恨的人,没有一个不被治罪贬官的。内侍张环、顾忠、锦衣卫士兵王永等对王振不满,写匿名信揭发王振的罪状,事情暴露后,王振立即将上述三人千刀万剐。

王振专横跋扈到如此地步,英宗却像对待亲爹一样尊敬他。英宗称呼王振不称姓名,只称呼其为"先生"。英宗还下发诏书,对王振大加赞美。王振的权势因此日益加重,公侯贵戚见面都要叫他亲爹。畏惧祸患的人都争相攀附王振,以求免死,贿赂像洪水一样冲进王振家里,挡都挡不住。工部郎中王祐因为善于对王振溜须拍马而升任工部侍郎,兵部尚书徐晞等人每次见了王振都要下跪。王振的侄子靠王振的恩荫而官至都指挥使。王振的党羽马顺、郭敬、陈官、唐童都恣意放纵,毫无顾忌。

这样过了好几年,王振又挑起明朝和瓦剌的争端。正统十四年(公元1449年),瓦剌的部落首领也先向明朝进贡马匹,王振随意压低马匹的价格,瓦剌的使者便怨恨离去。当年七月,也先率军大举寇略明朝边境。王振为了进一步加强自己的权位,就鼓动英宗御驾亲征。大臣交替劝谏,认为这样万万不可,但王振一意孤行,英宗遂决意亲征。

英宗和王振率领五十万(一说二十万)大军浩浩荡荡地向北挺进,大军到达宣府(治今河北宣化)时,正赶上狂风暴雨。这时,又有大臣劝谏,王振非常生气,暴跳如雷。成国公朱勇等将领前去汇报情况,都要跪在地上,用膝盖爬进去。尚书邝埜、王佐抵触了王振的意愿,都被罚跪在草中。王振的党羽钦天监监正彭德清认为天象不利于皇帝亲征,但王振也听不进去。

八月一日，明军到达大同，王振还想继续北进。这时，镇守大同的太监郭敬告诉他，明军在前方战败了，王振这才感到害怕，下令班师回朝。大军经过双寨时，雨下得更大了。王振本想让大军撤退时经过他的家乡蔚州（今河北蔚县），这样他就可以邀请英宗到他家去，从而向家乡的父老展示自己的威风。后来又怕大军经过蔚州时踩踏他家乡的庄稼，招来家乡人的唾骂，就让大军改道宣府。大军迂回奔走，耽误了行军的时间，直到八月十三日，才撤到土木堡。这时，瓦剌的骑兵追了上来，并立即发动进攻，明军大败。英宗被俘虏，王振也被乱兵所杀。

保密很重要

【阴计[1]外泄者败。】

【1】阴计：内心的意图，机密的计划。

王氏曰：机若不密，其祸先发；谋事不成，后生凶患。机密之事，不可教一切人知；恐走透消息，返受灾殃，必有败亡之患。

白话：机密的计划泄露给敌人，必然要遭受失败。

解读：机密一旦泄露，其意义便不复存在，所涉及的事情越重大，后果就越严重。

贵州本来没有驴子，有一个好事者把驴子带进贵州。当地的老虎忽然看见这样一个庞然大物，吓得远远地躲开，只敢在林子里偷偷地观看。时间长了，老虎才敢慢慢地靠近驴子，但一直都小心翼翼的。一天，驴子忽然"啊"地叫了一声，声音异常洪亮，老虎以为驴子要吃自己，吓得赶紧跑开，害怕得不得了。

后来老虎看见驴子没有吃掉自己的意思，就逐渐对驴子洪亮的声音习以为常了，开始在驴子的前后左右进行观察，但一直对驴子心存敬畏，不敢挑衅。后来老虎进一步试探，故意冲撞激怒驴子。驴子大怒，就用蹄子狠狠地踢了老虎一下。老虎看驴子的本事不过如此，就咬断驴子的喉咙，将其吃掉。

驴子在一叫一踢的时候，已经将自己的机密泄露殆尽，使得老虎对它的实力一清二楚，最后驴子一败涂地，成为老虎的口中美餐。

像"撒手锏""回马枪"这样的招数，高手一般都不会轻易显露，只有在非常危急的时刻才使出来保命,以防对手记住招数加以破解。不然,泄露出来,终将死无葬身之地。

机密往往事关重大,因此无论做什么事情,都要树立保密意识,不可掉以轻心。

案例

窦武谋事不密反遭祸

东汉末年,宦官乱政,正直之士无不对其痛恨不已。

汉桓帝死后,汉灵帝即位,大将军窦武和太傅陈蕃辅政。窦武、陈蕃都有除掉宦官的想法,二人遂成为志同道合的盟友。

计划已定,窦武开始提拔志同道合的朋友进入中央实权部门。他以尹勋担任尚书令,刘瑜为侍中,冯述为屯骑校尉。征召当时的名士前司隶校尉李膺、宗正刘猛、太仆杜密、庐江太守朱宇等人进入朝堂。邀请前越巂太守荀翌担任从事中郎,征召颍川陈寔作为自己的属官。窦武与他们共同谋划铲除宦官的计策。窦武的一系列举动让天下正直的人士都感觉到朝廷就要对宦官动手了,他们都期望自己能够发挥聪明才智,为消灭阉竖出力。

当年五月正好发生了日食,陈蕃对窦武说:"过去,萧望之被区区一个石显逼得走投无路;前不久李膺、杜密等人也被阉竖迫害,祸及妻子儿女。现在我们面临的形势更加严峻,站在我们面前的就有几十个石显那样的小人。我陈蕃今年已经八十岁了,希望能为大将军除掉这些阉人。现在我们可以趁着发生日食的机会,罢斥宦官,用以弥补天灾。太后身边的赵夫人和女尚书整日扰乱太后的视听,应该予以斥退。请大将军好好考虑这件事。"窦武就进宫对太后说(窦武是太后的父亲):"过去,宦官只是为皇宫看门和管理皇帝私人的财物。现在却让他们参与政事,还授予大权。他们的父兄子弟都布列于朝堂,专做贪污暴虐的事情。老百姓人心扰乱,就是因为他们啊。我们应该将他们全部诛杀或罢免,为朝廷清除污垢。"太后说:"大汉建立以来,每朝都有宦官,要诛杀也只是诛杀有罪的人而已,怎么能够将宦官全部废除呢?"

当时,中常侍管霸很有才干,把持中央大权。窦武先禀报太后诛杀管霸和中常侍苏康等人，管霸和苏康最终被窦武杀死。窦武又要求诛杀曹节等人，太后犹豫不决，事情拖了很长时间。

当年八月，太白星（金星）出现在天空的西方。侍中刘瑜善于观天象，他看到天象非常不妙，于是上书皇太后，请求太后提防身边的奸人。同时，刘瑜也给窦武和陈蕃写信，认为天象错乱（金星应该出现在东方），不利于大臣，应该迅速做出决断。窦武、陈蕃得到刘瑜的来信后，立即以朱宇为司隶校尉，刘祐为河南尹，虞祁为洛阳令，控制了京畿地区。然后窦武上奏要求免去黄门令魏彪的官职，以自己亲近的小太监山冰接替魏彪，并让山冰上奏太监长乐尚书郑飒的罪状，然后窦武将郑飒送到黄门北寺狱审讯。陈蕃对窦武说："这些阉人逮起来杀掉就是了，何必再去审讯？"窦武不听，让山冰和尹勋、侍御史祝瑨等人审讯郑飒。郑飒的供词牵连到曹节、王甫，尹勋、山冰立即上奏，要求逮捕曹节、王甫等人，并让刘瑜上奏太后。

当时，窦武从外面回到大将军府，管理奏章的小吏就把这个消息告诉了长乐五官史朱瑀（宦官）。朱瑀偷了窦武的奏折，看后大骂："中官（宦官）有放纵不法的，你只管诛杀就是了。我们有什么罪过，你竟然要将我们灭族？"骂完就大喊："陈蕃、窦武上奏太后，要求废除皇上，大逆不道！"然后连夜召集自己平时亲近的健壮宦官十七人，歃血为盟，共谋诛杀窦武。曹节听到这个消息后，吃惊地站了起来，马上上奏灵帝："外面太乱了，请陛下到德阳前殿暂避。"曹节还让灵帝的奶妈赵娆等人紧紧地把皇帝看起来，然后取来传信的符证，关闭了皇宫所有的大门。曹节又召来尚书台的官员，拔剑逼着他们写出诏书，诏令王甫担任黄门令，持节到黄门北寺狱逮捕尹勋、山冰等人。山冰怀疑诏令有诈，拒不奉诏，王甫亲手杀了他。随后，王甫又杀掉尹勋，救出了郑飒。

王甫回宫后，就和曹节等人一起劫持了太后，夺走了太后的印玺。曹节、王甫等人下令让中谒者守御南宫，关闭门户，断绝复道。然后他们又让郑飒等人持节，和侍御使、谒者等人一起搜捕窦武。窦武拒不受诏，骑马驰入步兵营，与部将一起射死了使者，然后召集北军五校将士几千人驻扎在都亭（城郭附近的亭舍）之下。窦武对将士下令说："宦官们造反，尽力杀贼的人将会封侯重赏。"

曹节和王甫等人又下诏令，让少府周靖代理车骑将军、持节，和护匈奴中郎将张奂率领五营将士一起讨伐窦武。天快亮的时候，王甫率领皇帝的禁卫军虎贲、羽林、厩驺、都候上千人和张奂的军队会合。天亮的时候，王甫和张奂已经全部在宫殿外驻扎，与窦武的军队对峙。王甫的军队越聚越多，王甫就让军士对窦武的士兵大喊："窦武谋反，你们都是皇上的禁军，应当保卫皇宫，怎么能和窦武一起造反呢？先投降的都有赏赐！"窦武的士兵向来惧怕宦官的威势，投降的很多，到了食时（古代十二时之一，就是古人吃早饭的时间，相当于上午7时至9时那段时间），窦武的军队几乎全部投降了王甫。窦武和余下的部将逃跑，王甫率领大军将其包围，窦武和部将被迫自杀。王甫将他们的脑袋割下来，送到洛阳都亭示众。宦官又搜捕窦武的宗族、门客和姻亲，将其全部诛杀。刘瑜、冯述也被灭族。窦武的家属都被流放到越南中部，太后也被软禁于云台。

窦武谋事不密，反被宦官灭族，教训极其深刻。

富弼防乱

北宋中期，贝州（今河北清河县西北）王则发动叛乱，齐州（治所在今山东济南）禁兵也意欲响应。有人拜访青州知州兼京东路安抚使富弼，告发了齐州禁军的图谋。但齐州不属于富弼的管辖范围，但富弼又担心事情泄露会导致祸乱。适逢皇帝的亲信宦官张从训身负皇命来到青州，富弼认为他可以帮上大忙，就将这件事秘密告诉了他，让他骑快马狂奔至齐州。张从训到达齐州后，立即派遣官兵将所有图谋叛乱的人一网打尽，没有一个逃脱的。

一场即将发生的兵变就这样悄无声息地被平定下来。仁宗嘉奖富弼，升其为礼部侍郎，富弼推辞不受。

可持续发展是真正的发展

【厚敛薄施者凋[1]。】

【1】凋：衰败，衰落。

注曰：凋，削也。文中子曰："多敛之国，其财必削。"

王氏曰：秋租夏税，自有定例；费用浩大，常是不足。多敛民财，重征赋税，必损于民。民为国之根本，本若坚固，其国安宁；百姓失其种养，必有雕残之祸。

白话：对老百姓征收重税却不施加恩惠，必然会让民生凋敝，国家也会因此衰落。

解读：此处所讲，实际上就是一个可持续发展的问题。作为领导，一定要以单位的长远利益为重，不能贪图一时的小利而置单位的前途于不顾。《吕氏春秋》曰："竭泽而渔，岂不获得？而明年无鱼。焚薮而田，岂不获得？而明年无兽。"放干池塘里的水去捉鱼，自然能捉到鱼，但以后就不会有鱼吃了；将林子烧光去打猎，当然能获得野兽，但以后就不会有猎物了。贪图一时之利而置长远于不顾，无异于饮鸩止渴。

吴主孙皓

东吴的亡国之君孙皓开始当皇帝的时候很是安分。他下令抚恤百姓，开仓赈济贫民，还放出宫女分配给贫穷无力娶妻的人，并把自己苑囿中的野兽放归山林。百姓都称赞孙皓是明君。

不久，孙皓认为自己的地位稳固了，就逐渐暴露出荒淫残暴的本性。他粗暴骄横，忌讳很多，手下大臣动辄得咎。他沉溺于酒色，不理朝政，老百姓很是失望。

后来，孙皓变本加厉，宠幸宦官岑昏，无恶不作。因为孙皓是大臣濮阳兴、左将军张布所立，濮阳兴、张布看到孙皓这个德性，都非常后悔，就屡次劝谏孙皓。孙皓一生气，就下令把这两个人拉出去砍了头，还灭了他们三族。大臣们看到孙皓如此凶恶，再也不敢进谏忠言了。

东吴的都城本来在建业（治今南京），孙皓偏喜欢到武昌（今鄂州）长住。因为武昌处于长江中游，从下游运送物资很困难，扬州的百姓因为要供奉孙皓在武昌的耗费而困苦不已。丞相陆凯劝谏，说："我们国家内部没有发生灾害，百姓却连生存都困难；国家没有什么大的举动，国库却连年空虚。这让我很心痛。想当初，汉朝衰败，魏、蜀、吴三家得以鼎立。现在魏、蜀两国都因皇帝无道，被晋国所吞并，这就是前车之鉴啊。我虽然愚蠢，但也知道替您爱惜这个国家！武昌这个地方土地贫瘠，物资匮乏，不是建都的好地方。您没听童谣唱：'宁饮建业水，不食武昌鱼；宁还建业死，不止武昌居！'这可是民心与天意啊。现在国库连一年的积蓄都没有，国家的财富几乎枯竭。国家官员贪污腐败，侵暴百姓，老百姓都生活得极其痛苦。大帝（指孙权）时期，后宫的宫女不满一百人；景帝（孙休）以来，后宫人数逐渐增至上千人。后宫这么多人，耗费巨大。陛下的左右亲信都不称职，结党营私，残害忠良，这些人都是败坏政治、残害百姓的寄生虫啊。请陛下免去老百姓的劳役，废除扰民的法令，放出宫女，选贤任能，这才是治国安民的好方法啊！"

孙皓不理，继续大兴土木，建造昭明宫，还让文武百官亲自到山上采集木料。他内心空虚，召来术士尚广，让尚广占卜天命。尚广阿谀逢迎，对孙皓说："占卜得到吉兆，不久陛下就要平灭晋国，入住洛阳。"孙皓听后大喜，对中书丞华覈说："先帝采纳你的意见，分头设置了防卫。沿江一带，我们有上百个堡垒，我已经让老将丁奉统率这些军队。我要消灭晋国，统一天下，为刘禅报仇。你说我们应该首先攻取哪里？"华覈知道孙皓在做白日梦，就劝谏："现在蜀国被晋国灭亡，司马炎（晋武帝）一定有吞并吴国的野心。陛下您应该修德安抚百姓，这才是上策。假若强行出兵，就像是穿着麻布去救火，必将烧死自己。请陛下明察。"孙皓听后非常愤怒："我要乘机恢复吴国旧业，你竟然说出这样不吉利的话！若不是看在你是老臣的分上，我早就让人把你的脑袋砍下来了！"说完，就让武士把华覈撵出了宫门。华覈出门长叹："可惜了东吴的锦绣江山，不久就要落到他人的手里了！"从此隐居不出。孙皓下令让大将陆抗屯守江口，图谋攻取襄阳。

孙皓恣意妄为，穷兵黩武，搞得百姓嗟怨。丞相万彧、将军留平、大司农楼玄看到孙皓如此无道，都苦苦劝谏，孙皓却要把他们全都杀掉。孙皓前后十多年杀了忠臣四十多人。他出入都有五万铁骑随身护卫，大臣们虽感到恐怖，但也无可奈何。孙皓每次宴请大臣，命令每个人都必须喝得大醉。他还设置黄门侍郎十人为纠弹官，每次宴饮过后，就让黄门侍郎上奏大臣过失，有过错的大臣要么被剥掉面皮，要么被挖去双眼，搞得朝野上下惶惶不可终日。

后来晋国非常顺利地灭掉了吴国，孙皓本人也被俘虏。

光武帝为政

光武帝刘秀生长于民间，深通人情世道，知道农事的劳苦及百姓的疾苦。平定天下后，他以柔道治天下，让百姓休养生息，废除了王莽的繁苛政令和残酷的刑罚，恢复了西汉时期比较缓和的法令。

他身穿粗糙厚重的丝织物，衣服都不染色，不听靡靡之音，不喜欢珍宝玩物，不好色，不偏私。建武十三年（公元37年），外国向光武帝进献了一匹好马，日行千里；还进献了宝剑，价值黄金百两。光武帝就让这匹千里马去拉鼓车（鼓车是汉代的马车，车上站有木人，手中握有鼓槌。马车每驶至一定里数，木人就会挥动鼓槌，敲响前方的小鼓），将宝剑赏赐给骑兵。他还精简管理机构，废除皇帝驰骋、狩猎等游逸之事。他亲自书写诏书赐予属国，每个竹简都写十行字，并用小字书写，以节约材料。

他提拔任用的地方官员，竞相在任所做出政绩。南阳太守杜诗教导百姓开辟农田，兴修水利，南阳百姓称其为"杜母"；任延、锡光治理偏远地区的百姓，推行教化，改变当地落后的风俗，当地百姓因此懂得了礼义廉耻，大家和睦相处，社会也和谐安定。此外，还有第五伦、宋均等人，都是光武朝很有政绩的大臣。

由于光武帝励精图治，轻徭薄赋，减轻刑罚，其在位期间政治清明，社会安定，经济恢复，后世称为"光武中兴"。

尚武精神不可丢

【战士贫，游士[1]富者衰。】

【1】游士：纵横游说之士，说客。

注曰： 游士鼓其颊舌，惟幸烟尘之会；战士奋其死力，专捍疆场之虞。富彼贫此，兵势衰矣！

王氏曰： 游说之士，以喉舌而进其身，官高禄重，必富于家；征战之人，舍性命而立其功，名微俸薄，禄难赡其亲。若不存恤战士，重赏三军，军势必衰，后无死战勇敢之士。

白话： 一个国家，如果士兵贫困不堪，游说之士却既富且贵，这个国家的兵势不久就会衰落。

解读： 一个国家的强盛体现在国富兵强上。历史上任何一个强盛的朝代，无不充溢着尚武的精神。中国的强盛时代，无过于汉唐。汉武帝时期，人民殷富，国库充盈，"太仓之粟，陈陈相因，充溢露积于外，至腐败不可食。"（《史记》）汉武帝依靠雄厚的国力，北击匈奴，大败之，完全可以捉住伊稚斜单于，但最后将其驱逐至漠北，解除其对汉朝北方边境的威胁；西击大宛，控制了丝绸之路的要塞，强夺其汗血宝马；南击南越，设置汉朝九郡，正式将其纳入汉朝的版图。当此之时，汉朝声威震动天下。二百多年后，东汉的大将窦固、窦宪再次出击匈奴，匈奴遁逃，几百年间不见踪影。又过了几百年，作为汉朝手下败将的匈奴人攻入罗马帝国，纵横欧洲大陆，让罗马帝国土崩瓦解，欧洲人对此一直心有余悸，敬畏地称匈奴王阿提拉为"上帝之鞭"。

唐朝时期，人们更加崇尚武功，当时的读书人普遍存在"宁为百夫长，不做一书生"的豪迈情怀。唐太宗北灭强盛一时的东突厥，俘虏其首颉利可汗；后又击破迅猛崛起的薛延陀，使漠北少数民族对大唐俯首帖耳；后又派兵西灭吐谷浑，使其举国降唐。唐太宗的武功达到了中国历代的极致。当时周边各族无不对大唐心存敬畏，都尊称唐太宗为"天可汗"。

在世界历史上，凡是崇军尚武的时代，无一不是这个国家富强兴盛的时代；凡是蔑视军人，轻视边功的时代，这些国家全部亡于外敌入侵。北宋是中国古代史上经济、科技、文化最为繁荣的时代，但宋朝统治者重文轻武，抑制猜防武将。北宋虽然养有百万大军，但在与辽国、西夏的战争中屡战屡败，不得已掏钱购买和平，美其名曰"岁币"。后来金兵一过黄河，很快就将北宋灭亡了。

案例

强兵才有强国

战国初年，魏文侯以吴起为将，实施了一系列军事改革，其中最著名的就是实行"武卒制"。

"武卒"其实是古代的特种部队，是吴起花费巨大心血训练的精锐步兵。他选拔武卒的标准非常严格：士兵要穿三层铠甲，手持十二石的强弩，背负五十支箭，另外还要将一根长戈放置其上。头戴重盔，腰悬长剑，携带三天军粮，从早上到中午急行一百里还能投入作战的士兵才有资格成为武卒。

武卒虽然选拔严格，但待遇非常优厚。士兵成为武卒后，不但可以免除全家的徭役，而且田宅也有免税的特权。即使武卒年老退役，其享受的待遇不会有丝毫改变。武卒若阵亡，国家对其妻子儿女会大加抚恤。立有战功者，国家必加以爵赏，大力提拔重用。

吴起不但注重武卒的选拔训练，而且普遍提高士兵的待遇，奖励战功。魏文侯根据吴起奖赏战功的建议，在宴请群臣时，按军功大小排列座次，给予其不同的饮食待遇，并颁赐有功者的父母妻子于殿外参加宴饮的殊荣。对战死者，每到岁末，魏文侯就会派遣使臣前去慰问和赏赐其父母。

由于魏文侯和吴起重视军队建设，提高士兵待遇，魏国的军队强悍异常，在当时无与伦比。吴起统率魏国军队南征北战，"大战七十二，全胜六十四，其余均解（不分胜负）"，夺取了秦国黄河西岸的五百多里土地，将秦国的边界压缩到了华山以西的狭长地带。周安王十三年（公元前389年），魏国和秦国在阴晋激战，吴起以五万魏军击败了十倍于己的秦军。魏武卒的精锐和剽悍，可见一斑。

正是依靠强悍的军力，魏国联合韩国、赵国，兼弱攻昧，所向披靡，横行天下，诸侯莫敢当其锋。魏武侯时期，魏国终于坐稳了中原霸主的宝座。魏国强盛七十余年，魏惠王后来在追忆以往的强盛时曾发出了"晋国，天下莫强焉"的感叹（晋国"即三家分晋后的魏国"）。

秦孝公时，因为诸侯认为秦国与戎、狄杂处，都看不起秦国，秦孝公遂下定决心变法以富国强兵。他任用商鞅主持变法，而商鞅变法中最重要的一项就是奖励军功。商鞅下令"有军功者，各以率受上爵"，规定爵位依军功大小授予，官吏从有军功爵的人中选用。将卒在战争中斩敌人首级一颗，授爵一级，可为五十石之官；斩敌首二颗，授爵二级，可为百石之官。各级爵位均规定了田宅面积、奴婢的数量标准和衣服等次。宗室非有军功者不得列入公族簿籍。就是说，有军功的贵族子弟可享受荣华富贵，无军功的，即使家庭富有，也不得享受与其财富相称的待遇。

由于推崇战功，秦国军队的战斗力大大增强。秦国在削弱、统一六国的战争中越战越强，秦王嬴政时，终于扫灭六国，统一天下。

贪污需严惩

【货赂公行者昧[1]。】

【1】昧：昏暗不明，黑暗。

注曰：私昧公，曲昧直也。

王氏曰：恩惠无施，仗威权侵吞民利；善政不行，倚势力私事公为。欺诈百姓，变是为非；强取民财，返恶为善。若用贪饕掌国事，必然昏昧法度，废乱纪纲。

白话：一个国家，如果行贿受贿变成了公开的行为，势必政治黑暗，民不聊生。

解读：当贪污受贿不受限制，敢于在光天化日之下进行时，这个国家基本上就无药可救了。

贪污是生长在国家机体上的毒瘤，与国家和百姓是势不两立的。任何时候，当贪污成为一种风气，即使这个国家还能维持表面的繁荣和浮华，但实际上离死亡之日已经不远了。瓢子坏了，内脏烂了，那就只剩下一肚子坏水了，不可能久存。

北宋末年何其繁华，京城汴河两岸兴旺繁荣的景象被画家张择端描绘出来，近千年后仍为世人所惊叹。但内有蔡京、童贯、王黼、朱勔等"六贼"祸败朝政，大肆贪污受贿，厚敛百姓，吸民脂膏；外有辽国、金国的相继侵犯。宋徽宗仍然沉浸在"丰亨豫大"的奢华中，醉生梦死。结果北宋很快就灭亡了。

因此，历代有作为的君主，都对贪污受贿的行为严厉打击，毫不手软。朱元璋惩治贪官的手段令人毛骨悚然。他规定，官员凡贪污六十两银子以上者，不但要砍掉脑袋，还要剥掉皮囊将稻草填入其中，然后再将这些臭皮囊送入皮场庙，作为后继者的警戒。他还赋予百姓扭送贪官至京师的权力，有敢阻挠者，死。

虽然后世对朱元璋没有在根本上消除贪污这件事颇有微词，但朱元璋一朝是明朝政治最清明的时代，很少有官吏敢去贪污。后世为了个人私利而对贪污姑息纵容，让贪污成为司空见惯的现象，实在是令人痛心疾首。

反贪首先要建立完善的制度，在贪污成风的时候，打击贪污一定要施行严刑峻法，绝不能姑息纵容。要在全社会养成恨贪如仇的风气，一旦发现贪官就要绳之以法，让贪官为之不寒而栗。内外着手，两面施力，治贪方有成效。不然，压不住贪官，反贪制度再好，估计还未出台就会流产，治贪又从何谈起？

案例

晋惠帝

晋惠帝是中国历史上著名的昏庸皇帝。一次在华林园听到蛤蟆叫，就问身边的侍从："它们叫得这么厉害，是为公家叫呢，还是为私人叫？"后来发生灾荒，很多百姓都饿死了。晋惠帝听说后，就问："老百姓没有饭吃，怎么不吃肉粥呢？"

晋惠帝昏庸无能，无法治理天下，因此国家大权都掌握在下面大臣的手里。多家发号施令，政令不能统一。权势之家，相互任用私人，就像在市场上进行买卖一样。外戚贾家和郭家骄恣横行，大臣们公开行贿受贿。朝中大臣都以烦琐苛刻为明察，竞相攀比。国家大事没有疑义，大臣们都各藏私心，刑罚不能统一，犯罪诉讼的人越来越多。刘颂担任吏部尚书时，建立了九个等级的升迁制度，希望能让朝中百官按照正常程序升迁，从而考察官员的称职与否，进而赏善罚恶。贾家、郭家操纵权柄，为了私人利益，百般阻挠，最后不了了之。

领导要宽仁

【闻善忽略，记过不忘者暴[1]。】

【1】暴：凶暴，凶恶。

注曰：暴则生怨。

王氏曰：闻有贤善好人，略时间欢喜；若见忠正才能，暂时敬爱；其有受贤之虚名，而无用人之诚实。施谋善策，不肯依随；忠直良言，不肯听从。然有才能，如无一般。不用善人，必不能为善。齐之以德，广施恩惠，能安其人，行之以政。心量宽大，必容于众；少有过失，常记于心；逞一时之怒性，重责于人，必生怨恨之心。

白话：对别人的优点视而不见，对别人的过错牢记不忘的人必定凶暴。

解读：一个领导，应当用人之长，容人之短。若对别人的优点视而不见，对别人的缺点却是耿耿于怀，别人在他眼中自然会一无是处，当然不会有可用之人。无人可用自然诸事不成。

唐太宗让宰相封德彝推荐贤才，过了很长时间，封德彝都没有动静。太宗就责问封德彝，封德彝辩解说："不是微臣不尽心，是现在确实没有发现奇才，无以推荐。"太宗则说："君子用人要用人的长处。古代能够取得太平盛世的君主，难道要到前代去借用贤才吗？只能怪自己不能了解人才，怎么能贬低当代的人呢？"正是唐太宗善于用人之长，所以贞观朝人才济济、国家强盛。

案 例

暴君赫连勃勃

十六国时期，夏国君主赫连勃勃具有杰出的军事才能，但生性残暴，嗜好杀戮。他登基称帝后，以叱干阿利为将作大匠（掌管宫室修建之官），征发岭北的各族百姓十万人，在朔方水北、黑水之南（今陕西省靖边县境内）营建新都城。赫连勃勃自己说："我将要统一天下，君临万邦，就以'统万'作为新都的名字吧。"

叱干阿利在工程建造方面具有非常突出的才能，然而为人残忍暴虐。他让工匠把泥土蒸熟后用于修筑城墙，再用尖锥刺墙，若锥子能刺入一寸，就立即杀掉筑城的工匠并将其尸体筑入墙内。赫连勃勃认为这才是对自己忠心，对其予以嘉奖，并将国家的工程建设交由其全权负责。叱干阿利又让人铸造兵器，精锐异常。工匠将兵器铸造成功后送给叱干阿利检验。叱干阿利用铸造的弓箭射铠甲，若箭不能射入铠甲，就杀掉制造弓箭的工匠；若弓箭射入铠甲，就杀掉铸造铠甲的工匠。每次检验，必定会有一部分工匠人头落地。他又让人铸造百炼钢刀，刀背铸有龙雀大环，号称"大夏龙雀"，吹毛断发，锋利异常，时人对其非常珍视。叱干阿利为了制造这些东西，杀掉了数千工匠。

赫连勃勃占据长安之后，召见当地著名隐士韦祖思。韦祖思对赫连勃勃的凶猛残暴早有耳闻，因此见到赫连勃勃时不住地发抖，谦恭异常。赫连勃勃看到韦祖思如此表现，勃然大怒："我把你当作国家最优秀的人才，你却不把我当人看。当初你见到姚兴不下拜，见到我为什么要下拜？我还没死，你就不把我当作帝王。我死之后，你们这些人舞文弄墨，还不知道把我写成怎样的人呢！"然后立即杀掉了韦祖思。

赫连勃勃随意杀戮的行为，让群臣无所适从。他常常坐在城上，身旁都放着刀剑，一旦不高兴，随手就杀掉身边的人。大臣有敢和他对视的，立即被挖掉双眼，有在朝堂上发笑的，立即被割掉嘴唇。大臣有敢于劝谏的，就诬以诽谤罪，先截断其舌头，然后再杀掉。

赫连勃勃残暴酷虐，百姓扰攘不宁，终日惶惶。他死后，儿子赫连昌即位，六年后被北魏太武帝拓跋焘生擒，夏国灭亡。

亲信人才

【所任不可信，所信不可任者浊[1]。】

【1】浊：混乱。

注曰：浊，溷也。

王氏曰：疑而见用，怀其惧而失其善；用而不信，竭其力而尽其诚。既疑休用，既用休疑。疑而重用，必怀忧惧，事不能行；用而不疑，秉公从政，立事成功。

白话：作为一个领导，他委以重任的人不可亲信，他亲信的人又不堪委以重任，必定会引起事业的混乱。

解读：一个领导，他亲信的人都才能低下，不可以委以重任；而为他做事，担当重任的人又不受他信任，这样的领导绝对不称职。物以类聚，人以群分，专门亲近小人、庸人，却疏远贤人君子的领导，往往也是平庸小人。

这里要讲的问题就是，遇到这样的领导，赶紧离开。

有一句话叫作"宁可给名人提夜壶，也不给笨蛋当军师"。一个平庸的领导，一个平庸的团队，一定不能为真正的人才提供较好的生存和发展空间。在这样的环境里，你受苦受累，功劳往往归于领导的亲信；出现了错误，却都要由你一人承担责任。做事有人掣肘，出门有人嫉妒。你不能做事，还终日受气，自然该早点离去。

"良禽择佳木而栖"，在选择自己事业的时候，无论对方的条件如何优越，一旦这个领导不可追随，就要赶紧离开。成不成事事小，避免祸患事大。

案例

刘铱

刘铱为五代十国时期南汉的亡国之君。他性格昏聩懦弱，将国家大事全部委任给宦官龚澄枢和才人卢琼仙。每次决定国家大事，都得卢琼仙在幕后指挥。刘铱整日只知和宫女、波斯美女一起淫乐嬉戏。宦官陈延寿将女巫樊胡子引荐入宫，说樊胡子是玉皇大帝下派凡间来任命刘铱为太子皇帝（这个"太子"是玉皇大帝的太子）的。刘铱信以为真，在皇宫中搭起帐篷，陈列珍奇玩物，设置玉帝牌位，每日供奉祭拜。樊胡子装神弄鬼，头戴远游冠，上身穿紫衣，下身穿紫袍，整日坐在大帐之中给刘铱讲述吉凶祸福，还让刘铱下拜听命。樊胡子还对刘铱说，卢琼仙、龚澄枢、陈延寿都是玉皇大帝派遣下来辅佐太子皇帝的，即使有罪，太子皇帝也不能给他们治罪。樊胡子还把梁山师、马媪、何拟之等道士、道姑推荐给刘铱。这些神汉、巫婆就这样在皇宫之中肆无忌惮地来往穿梭。宫中的女人都穿朝服，担任国家的正式官职。

开始的时候，刘䶮（南汉的开国皇帝）虽然宠任宦官，但宦官的人数也不过三百人，职位最高也不过掖庭各局的令丞。到刘铱的父亲刘晟时，宦官的人数就增加到上千人，还增加了内常侍、谒者等官职。到刘铱时，更是不得了，宫中宦官的人数增加至七千人，有的竟然官至三师（太师、太傅、太保）、三公（司徒、司空、太尉），只不过在这些官职前面都加有一个"内"而已。

宫中使官的名称不下二百个，女官也有三公、宰相的称号。刘铱把朝廷百官看作"门外人"。稍有过失的大臣，以及稍有才能的文人、和尚、道士，刘铱全部将其阉割，让其能够出入宫闱，成为自己的亲信。刘铱还创制火烧、水煮、剥皮、剔骨等酷刑，还让人与老虎、大象搏斗。

他还变着法儿向百姓征收重税。广州城外的百姓进入广州，都要交纳税银一钱。琼州的百姓，每斗米都要缴税四五钱。刘铱又设置媚川都，治下三千人，给他们设立重税，逼迫他们下海五百尺采集珍珠。刘铱所居住的宫殿都以珍珠、玳瑁等珍贵的物品装饰。陈延寿为他制作一些非常奇巧的物品，每天都要耗费几万金。皇宫周围又建造了几十处离宫别馆，刘铱每次出去游玩，都要到自己的这些离宫别馆住上十天半个月。他还向地方上的财势之家征税，作为自己饮宴赏赐的费用。

宋太祖乾德（公元963年—公元968年）年间，宋朝的军队攻克郴州，俘获了刘铱的内侍十几人。宋太祖想对南汉用兵，就召来其中的一些俘虏问话。俘虏中有一个叫余延业的，宋太祖问他："你在岭南那边担任什么职务啊？"答曰："担任扈驾弓箭手（皇帝的贴身侍卫，不但是神箭手，而且勇力过人）。"宋太祖想看看余延业的本事，就让人给他拿来弓箭，让他射一箭试试。余延业使出了很大的力气，却连弓箭都拉不开。宋太祖大笑，就拍拍他的肩膀，让他算了。然后宋太祖向他询问刘铱在南汉的治国情况，余延业就把刘铱的种种劣迹都说了出来。宋太祖听后大骇，痛心疾首地说："我一定要拯救那里的百姓。"

开宝三年（公元970年），宋太祖派遣大将潘美、尹崇珂讨伐南汉。南汉的贺州刺史陈守忠向刘𬬮告急，刘𬬮虽然急得团团转，但也无计可施。南汉能打的老将都因谗言而被刘晟、刘𬬮父子诛杀，刘氏宗室也被刘𬬮父子斩杀殆尽，执掌兵权的只有几个宦官。南汉自刘晟以来，皇帝沉迷于饮宴淫乐，城池堡垒也都成为皇帝的离宫别馆，战舰被毁，兵器腐烂，军备废弛。听说宋朝的军队打过来了，南汉国内一片惊慌。

刘𬬮让龚澄枢前往贺州，郭崇岳（宫女梁鸾真的养子）前往桂州，李托（宦官）往前韶州（今广东省韶关市）谋划防御之策。三人都无军事才能，去了只能做做样子。潘美和尹崇珂刚刚包围贺州，龚澄枢立即吓得逃回了广州。潘美、尹崇珂势如破竹，南汉军队被打得落花流水，将士们纷纷望风而逃。宋军驻扎在双女山下，离广州城只有十里。

刘𬬮看到宋军逼了过来，赶紧想办法逃跑。他让人找来十几艘大船，载上自己的金银珠宝、妃嫔宫女，想要逃入大海。还没有来得及行动，宦官乐范和上千名卫兵就把他的大船开跑了。刘𬬮绝望了，就派使者向潘美投降，潘美接受了他的投降，准备派人把刘𬬮一干人等送到汴梁。刘𬬮要派弟弟刘保兴率领百官迎接宋军入城，郭崇岳却又跳了出来，反对投降。郭崇岳自己没什么本事，整天只知道给玉皇大帝烧香，请求玉皇大帝派遣天兵天将来阻挡宋军。潘美发动进攻，刘保兴率军迎战，潘美很快就将刘保兴打得七零八落，然后乘风放火，广州城破，郭崇岳死于兵荒马乱之中。潘美把刘𬬮一干人等绑起来送到汴梁，南汉遂告灭亡。

德比刑更有效

【牧[1]人以德者集，绳[2]人以刑者散。】

【1】牧：治理。

【2】绳：约束，制裁。

注曰：刑者，原于道德之意而恕在其中。是以先王以刑辅德，而非专用刑者也。故曰："牧之以德则集，绳之以刑则散也。"

王氏曰：教以德义，能安于众；齐以刑罚，必散其民。若将礼、义、廉、耻，化以孝、悌、忠、信，使民自然归集。官无公正之心，吏行贪饕，侥幸户役，频繁聚敛百姓；不行仁道，专以严刑，必然逃散。

白话：以仁德来治理百姓，百姓必定会拥护他；用刑罚来压迫百姓，百姓一定会抛弃他。

解读：电影《方世玉》中，雷老虎经常告诫方世玉的话，就是"以德服人"。以德服人能够真正地获得人心。孔子曾说过："道之以政，齐之以刑，民免而无耻；道之以德，齐之以礼，有耻且格。"就是说，统治者若用政令刑罚来约束百姓，百姓只求苟免于处罚而不心服；统治者若用道德和礼仪来教化百姓，百姓不但心服，而且还会自我约束。这句话运用于管理，就要求领导人以德服人，不能作威作福，动辄加罚。假若领导真能够引导员工上进，不上进的员工就会自耻落后。如此，则不须施罚，就能取得良好的效果。

案例

德行人心集，刑行人心散

西晋末年，新野王司马歆以镇南将军、都督荆州诸军事之职镇守荆州。

司马歆为政严苛、急功近利，不得当地百姓的民心。生活于义阳（治今河南信阳市北）的张昌趁机召集徒党几千人，准备造反。司马歆奉壬午诏书（李特在四川率领流民发动起义后，西晋政府于太安二年［公元303年］三月九日发出诏书，要求荆州派兵镇压。由于这一天是阴历壬午日，所以称这份诏书为"壬午诏书"）征发荆州百姓前往益州讨伐李流（流民起义领袖），号称"壬午兵"。荆州的百姓畏惧路途遥远，都不愿意出征。但诏书严厉，急迫要求百姓上路，就规定：壬午兵凡在一个地方停留五天以上的，当地二千石的官员立即被免职。为了保住自己的官位，各地郡县长官都亲自驱逐到达自己辖区的壬午兵。壬午兵心生怨恨，没走多远，就在当地积聚为强盗。当时江夏（今湖北武汉市江夏区）粮食大丰收，百姓就食于江夏的就有好几千人。张昌趁机鼓惑百姓起来造反，当地的流民以及逃避壬午兵征发的百姓纷纷前往归附。江夏太守弓钦派兵前往镇压，结果被张昌击败。张昌反过来进攻江夏，弓钦再次兵败，和部将逃往武昌。

司马歆派遣骑都督靳满前往讨伐，又被张昌打得落花流水。司马歆赶紧向朝廷求救，朝廷以屯骑校尉刘乔为豫州刺史，宁塑将军刘弘为荆州刺史，率兵前往讨伐。不久，朝廷又让刘弘接替司马歆出任镇南将军、都督荆州诸军事、荆州刺史。刘弘以南蛮长史陶侃为大都护，参军蒯恒为义军督护，牙门将皮初为都战帅，率军进入并占据襄阳。陶侃、皮初屡次大破张昌军，前后斩首几万级。等到刘弘、陶侃等专职镇守荆州时，张昌畏惧逃跑，其部众全部投降，荆州很快被平定了。

张昌被平定之后，荆州所部的郡守县令多有空缺。刘弘向朝廷请示，要求选拔官员填补空缺，朝廷允许了。刘弘考核部下的功劳与德行，量才委用，人们对他的公正很是钦佩。刘弘想让皮初担任襄阳太守，可朝廷认为皮初虽然立有大功，但声望不够，想改用刘弘的女婿东平太守夏侯陟为襄阳太守。刘弘就对部下说："治理一个国家，应该以公平之心对待国家的民众。假如非用自己的亲戚不可，那荆州下辖十郡，我哪里能找来十个女婿来治理荆州呢？"然后上表："夏侯陟是我的女婿，按照国家惯例，姻亲是不能在同一辖区内为官的。皮初建有大功，应该加以酬赏。"朝廷采纳了刘弘的意见。刘弘在荆州劝课农桑，减轻刑罚，简省赋税，使得生产迅速恢复，公家和百姓都很充实富足，刘弘因此深受百姓爱戴。

刘弘曾在半夜起床巡视，听见城墙之上的打更人哀叹声很是凄苦，就把他叫过来询问。后来知道，这个打更人是个老兵，已年过六十，贫病交加，天冷了，连一件短袄都没有，因此叹息。刘弘听后非常怜悯他，将老兵的上级贬官责罚，然后将自己的衣服鞋帽托人送给了老兵。

益州刺史罗尚被流民起义首领李特打败，逃窜至江阳（今四川省泸州市江阳区）。江阳粮食匮乏，罗尚派遣别驾李兴拜会刘弘，请求给予粮食援助。刘弘的属吏认为粮道不通，而且路途遥远，再加上荆州本身粮食匮乏，就打算把零陵库存的五千斛米用于支援罗尚。刘弘说："天下一家，本来就不分彼此。我现在把米给他，益州安定，我就不用担心荆州西部出问题了。"然后将零陵库存的三万斛米全部支援了罗尚。有了这三万斛米，罗尚才得以生存下去。罗尚的别驾李兴看到刘弘如此厚道，就不想跟随罗尚了，转而跟随刘弘。刘弘认为这样很不厚道，就把李兴生生地赶了回去。

当时荆州有流民十多万户，无田无地，四处流动，贫困饥乏，难以生存。很多人因此沦为盗贼，给荆州的社会治安造成很大的危害。刘弘为他们分配田地，给予他们粮种，提拔重用他们中的有才之人，十万户流民很快就安定下来了。而在益州，由于施政不善，流民们纷纷揭竿而起，刺史罗尚已经被赶出成都，流窜至江阳，才有了向刘弘借米一事。不久，朝廷为表彰刘弘平定张昌的功劳，要封他的次子为县侯，刘弘上疏坚决推辞。

当时天下大乱，刘弘专督江汉地区，威震长江以南。前广汉太守辛冉向刘弘游说，劝他割据荆州，做一方诸侯。刘弘大怒，立即将其斩杀。刘弘与部下相处，部下有功，刘弘就会说："这是谁谁谁的功劳！"部下有过，刘弘就会说："这是我的过错！"每次征发百姓，刘弘必定亲自给各地的地方长官写信，亲切叮嘱，细致周密。人们都非常乐意为刘弘效劳，一旦刘弘有所征发，官民们都是情绪激昂，踊跃参与。人们都说："得到刘公的一封信，强于得到十部从事（形容辅助官吏很多）啊！"

陈敏在江东造反，占据扬州，又欲率兵向西侵犯荆州。刘弘派江夏太守陶侃讨伐陈敏。由于陈敏和陶侃是同乡，而且是同年为官，私交很好，有人就对刘弘说："陶侃据守大郡，而且统率强兵，假如他有二心，荆州的东门几乎是形同虚设了。"刘弘不以为然，说："陶侃既忠心又有才干，我和他共事很久了，知道他的为人，绝对不会发生那样的事。"陶侃知道这件事后，就让自己的儿子陶洪和侄子陶臻作为人质留在刘弘那里。刘弘任用他们为参军，馈赠礼物后就让他们回去了。临走前，刘弘对陶臻说："你叔叔将要为国远行，而你们的祖母已经年事很高了，无人照料，你们就回去照顾她老人家吧。一般人交往尚且不辜负对方，何况大丈夫呢？"有刘弘、陶侃镇守荆州，陈敏最终没敢进犯荆州。

刘弘认为自己年老多病，已经力不从心，就要辞掉荆州刺史和南蛮校尉等实职，准备把职位分授给自己的部属。还没等自己的奏疏送上，就病逝于襄阳。荆州的老百姓听到刘弘的死讯，无不痛哭流涕，如同自己的亲人过世一样。

赏罚必信

【小功不赏,则大功不立;小怨不赦,则大怨必生。】

王氏曰:功量大小,赏分轻重;事明理顺,人无不伏。盖功德乃人臣之善恶,赏罚是国家之纪纲。若小功不赐赏,无人肯立大功。志高量广,以礼宽恕于人;德尊仁厚,仗义施恩于众人。有小怨不能忍,舍专欲报恨,返招其祸。如张飞心急性躁,人有小过,必以重罚,后被帐下所刺,便是小怨不舍,则大怨必生之患。赏轻生恨,罚重不共。有功之人,升官不高,赏则轻微,人必生怨。罪轻之人,加以重刑,人必不服。赏罚不明,国之大病;人必离叛,后必灭亡。

白话:部下有了小功劳而不及时表彰,就不可能鼓励他们建立大的功绩;部下有了小的怨恨而不及时疏导,就会积累起大怨大恨。

解读:这里所讲的,其实就是一个"信"的问题,小功不赏,封赏就失去了意义,下属的心冷了,自然难再立功。商鞅在城门口立上一根木头,从都城南门搬到北门,就要赏赐五十金,目的就在于取信于民。奖赏小功的目的也在于此。有了小功得不到奖赏,有了小过却要受到处罚,这就让人认为领导对下属的功劳视而不见,对下属的过失却耿耿于怀,苛暴寡恩,难与之共事。这样,自然要激起下属的怨愤。

赏罚的意义其实都在于树立典型,以此来激励下属建立功绩或是惩戒人心。赏不及时,则失去激励的意义;罚却严厉,不但不能起到警戒的效果,反而会激起人心的怨愤。本来用于激励人的制度,结果却走向它的反面,得不偿失。

作为领导,一定要赏罚分明。不然,适得其反,反而陷自己于非常不利的境地。

韩琦

宋仁宗时,贝州王则发动叛乱,朝廷调集定州(今河北定州市)军队前往平叛。贝州平定之后，士卒认为平乱有功，朝廷却不予以赏赐。士卒们多有怨言，鼓噪列阵至于定州城下，要求朝廷赏赐。

韩琦知道后，认为必须加以整治，不然就会发生祸乱。他用军法整肃军队，诛杀带头闹事的人。然后对士卒加以安抚。士兵有战死于疆场者，韩琦必定抚慰赏赐其家人，将他的妻子儿女登记在册，由官府加以供养。然后效仿古代的"三阵法"加强对士卒的训练，定州的军队因此成为当地最精锐的部队。

镇守西北时，一次，韩琦正与宾客设宴饮酒，有羌人刺探到西夏的军情，前来禀报，韩琦立即将自己的银质酒器赏给了上报者。由此韩琦所部羌人都乐意为韩琦效劳。

宗泽驭将

岳飞还是一名下级军官时，有一次触犯了军法，将要被斩首。宗泽看到岳飞，认为他是个奇才，就说："这是个将才啊！"遂赦免了岳飞的死罪。当时金兵进攻汜水关（在河南荥阳汜水镇西），宗泽就让岳飞率领五百骑兵，戴罪立功。岳飞大败金兵，凯旋而归，宗泽立即提拔岳飞为统制，岳飞由此而声名远扬。

当初，宗泽离开磁州（今河北磁县）的时候，将磁州的军务全部托付给了兵马钤辖李侃，磁州兵马统制赵世隆与李侃不和，遂将李侃杀死。后来，赵世隆和弟弟赵世兴带领三万人马投奔宗泽，宗泽手下的将领都担心因此而产生变乱。宗泽说："赵世隆不过是我手下的一个小将罢了，不能怎样。"赵世隆归附后，宗泽立即命人将其斩杀。当时赵世兴就佩刀侍奉在宗泽身边，赵世隆的人马也全部在院子里拔出刀剑。宗泽从容自若，徐徐地对赵世兴说："你哥哥因为触犯军法，已经伏诛。你若是能够立功，足以洗刷前日的耻辱。"赵世兴感动得泪流满面，誓死效力。金兵进攻滑州，宗泽派遣赵世兴前往救援，赵世兴攻其不备，大败金兵。

宗泽声威如日中天，金兵听到其名，都非常敬畏，对宋人提起宗泽，必呼"宗爷爷"。

赏罚要分明

【赏不服人,罚不甘心者叛;赏及无功,罚及无罪者酷[1]。】

【1】酷:酷虐,残暴。

注曰:人心不服则叛也,非所宜加者,酷也。

王氏曰:施恩以劝善人,设刑以禁恶党。私赏无功,多人不忿;刑罚无罪,众士离心。此乃不共之怨也。

白话:领导赏罚不公,不能让人信服,必然会引起下属的怨愤,从而导致他们的叛离。如果赏赐太滥,无功之人都能不劳而获;刑罚太滥,无罪之人都要受牵连,这样的领导就是一个酷虐的人。

解读:赏罚要有定制,有功者赏,有罪者罚。无功受赏,有功不报,有罪不罚,无罪受刑,这都是领导者的不公所致。如果领导者偏私,赏自己的亲信而不顾有功之人,罚与自己不和者而包庇有罪之人,那么部下对这样的领导离心离德,完全可以理解。

苻生凶暴

十六国时期,前秦的君主苻生非常酷虐,最后逼得大臣造反,自己也命丧黄泉。

前秦君主苻生是苻健的儿子,天生独眼,但力可举千钧,英勇绝伦,能徒手和猛兽搏斗,奔跑起来能赶上快马,武艺高强,勇冠三军。但他为人刚猛、残暴,继承王位之后,其暴虐更是无以复加。

苻生在服丧期间仍然像平常一样吃肉喝酒。他耽于淫乐,喜欢滥杀无辜。苻生经常在召见大臣时拉弓拔刀,锤子、钳子、锯子、凿子等杀人的工具一直放在身边。他对身边的大臣稍有不满,就立即将其杀掉。

他在太极殿前宴请大臣,喝到高兴的时候,苻生还亲自唱歌来应和歌舞。他让尚书辛牢劝酒，过了一会儿，苻生大发雷霆："还有坐在那的，你怎么不强行灌酒？"说完，一箭射死了辛牢。大臣们一看，这还得了，别人喝酒要钱，皇帝喝酒要命啊，就一杯接着一杯地灌下去，不放倒自己决不罢休。看着大臣们不停地呕吐，苻生的心情好得不得了。

　　苻生征发三辅地区的百姓建造渭桥，金紫光禄大夫程肱认为这样做会耽误农时，就上疏极力劝谏。苻生很生气，立即将程肱杀死。左光禄大夫强平劝苻生勤于政务，爱护百姓，和睦百官，这样天灾自然停止了，盗贼自然也就平息了。苻生非常生气，认为强平这是妖言惑众，就凿开他的头顶把他杀掉了。强平是苻生的亲娘舅，苻生杀掉强平的时候，卫将军苻黄眉、前将军苻飞、建节将军邓羌都在场，他们都叩头极力劝谏，请求苻生看在太后的面子上饶了强平。苻生不答应，强太后因此忧愤而死。

　　当时虎狼很多，它们白天阻断道路，夜晚扒开百姓的房子，只吃人而不吃家畜。苻生即位仅仅一年，被野兽吃掉的已经有七百多人。老百姓不堪猛兽的骚扰，只能积聚在一起抵抗。后来猛兽越来越猖獗，以至于百姓连家门都不敢出，田地荒芜，百业萧条。朝廷上下都很恐惧，有大臣要求苻生禳灾，苻生却不以为然："野兽饿了就要吃人，吃饱就没事了，不可能一直吃下去。上天难道不爱护天下苍生吗？之所以年年降灾惩罚，正是因为百姓总是犯罪啊。老天这是帮助我以杀戮来治理国家呢，只要不犯罪，又怎么会招来天灾呢？"

　　中书监胡文、中书令王鱼对苻生说："根据星象，我们国家三年之内将会举行国丧（意思就是陛下您有危险），有大臣被诛杀。请陛下您学习周文王，修德来弥补灾祸。和大臣搞好关系，上下和睦，进而治理出一个美好和谐的盛世来。"苻生说："皇后和我一起君临天下，国丧应该应在她的身上。毛太傅、梁车骑、梁仆射都是先帝留下的顾命大臣，这应该就是星象上所指的大臣吧！"于是，苻生就杀掉妻子梁氏和太傅毛贵、车骑将军、尚书令梁楞、左仆射梁安以应星象所显示的灾祸。没过多久，他又杀掉了丞相雷弱儿及其九个儿子、二十七个孙子。由于雷弱儿是南安羌族的首领，这件事引得前秦境内的羌人全部反叛了。雷弱儿是个正直刚强的人，喜欢说实话，他看见苻生的宠臣赵韶、董荣祸乱朝政，就经常在朝堂上斥责他们。赵韶、董荣在苻生面前进谗言，苻生一生气就杀掉了雷弱儿全家。

苻黄眉大破姚襄，立下大功，苻生不但不褒奖赏赐，反而经常在大庭广众之下羞辱他。苻黄眉气愤难耐，就图谋杀掉苻生自立。计划泄露后，苻黄眉全家被杀，王公贵戚牵连而死的人非常多。

一次，苻生梦见大鱼吃蒲，又听见长安童谣唱："东海大鱼化为龙，男便为王女为公，问在何所洛门东。"苻生立即杀死了侍中、太师、录尚书事鱼遵和他的七个儿子、十个孙子。不久，长安童谣又唱："百里望空城，郁郁何青青。瞎儿不知法，仰不见天星。"苻生遂下令毁坏所有的空城加以祈禳。金紫光禄大夫牛夷怕自己迟早不能免于祸患，就要求外放，苻生说："你对我忠心耿耿，就应该留在我身边啊，哪有离开我外放的道理？"苻生就让他镇抚中军。牛夷心中恐惧，回家就自杀了。

宗室、勋旧、亲戚、忠良几乎被苻生杀光，在位的大臣也都称病辞职。百姓惶惶不可终日，走在路上都不敢说话，只能以眼色相互交流。

一天夜晚，苻生对侍婢说："阿法兄弟（指清河王苻法和他的弟弟苻坚）也不可信，明天我就把他们除掉。"苻生不得人心，侍婢背叛了他，连夜将苻生的计划告诉了清河王苻法。苻法和苻坚立即和心腹密谋发动政变。守卫宫廷的将士看见苻坚造反，马上丢掉武器投降了。苻生当时仍在醉乡沉睡，苻坚进入宫廷后，把苻生囚禁于一间小屋内，废他为越王，不久又将他杀死。苻生死时年仅二十三岁，在位只有两年，死前仍然喝了好酒数斗，砍头的时候都是迷迷糊糊的。

领导要有一双好耳朵

【听谗而美，闻谏而仇者亡。】

王氏曰：君子忠而不佞，小人佞而不忠。听谗言如美味，怒忠正如仇仇，不亡国者，鲜矣！

白话：听到谗言便得意扬扬，听到忠言如同见到仇人，这样的领导一定会让自己垮台。

解读： 谗言虽然动听，但除了阿谀逢迎和构陷他人之外，没有任何用处。爱听好话是人类的共性，但一味地听信谗言，就是一个人愚昧的表现。乌鸦的相貌丑陋和声音刺耳是众所周知的，估计乌鸦自己也会为此自卑。狐狸却对乌鸦的相貌和声音大加赞赏，因为乌鸦嘴里叼着一块肉。乌鸦可能也知道狐狸在说假话，但内心很受用，简直到了晕头转向的地步。它"哇"地叫出声来，想一展自己的歌喉，结果口中的肉掉进狐狸的嘴里，转眼便进入狐狸的腹中。

听到别人指出自己的缺点，面子上肯定会过不去。知道自己的缺点，可以慢慢地弥补自身的不足，使自己变得强大起来。听见别人指出自己的缺点便如逢仇敌，以后谁还会对你真心规劝？不敢正视自身的不足，是一个人懦弱的表现。掩耳盗铃，拒谏饰非，受害的最终会是自己。

齐威王奋发

齐威王即位以后，不理朝政，把国事全部委托给卿大夫。九年之中，诸侯多次进犯齐国，百姓人心离散。国家内忧外患，这时，齐威王召见即墨（今山东平度市东南）大夫，对他说："自从你治理即墨以来，每天都有人在我面前说你的坏话。但我让人探查即墨的情况，发现即墨处处是农田，百姓富足，官府效率很高，没有滞留的政务，齐国的东部因此非常安定。你是个真抓实干的人，从来不巴结我左右的亲信来求取名誉。"齐威王立即赏赐即墨大夫一万户的封地。

齐威王又召见阿（今山东东阿）大夫，对他说："自从你治理阿以来，每天都有人在我面前说你的好话。但我让人探查阿地的治理情况，发现田地荒芜，百姓贫困。过去赵国进攻鄄城（山东鄄城北旧城），你不能救援。卫国（非常小的一个国家）攻取薛陵，你不知道消息。你一直在贿赂我的左右亲信来求取名誉。"齐威王当天就烹杀了阿大夫，并将身边说过阿大夫好话的大臣及侍从也全部烹杀了。然后齐威王起兵向西进攻赵国、卫国，大败魏国于浊泽，并将魏惠王团团围困。魏惠王割让观国向齐国求和，赵国归还了齐国的长城。

由此，齐国上下对齐威王的威严非常敬畏，大臣们都不敢掩饰自己的过失，竭诚治国。齐国社会稳定，百姓富足。诸侯知道后，二十多年不敢对齐国用兵。

秃发傉檀拒谏丧败

赫连勃勃建立夏国之后，向南凉国君秃发傉檀求亲，秃发傉檀不答应。赫连勃勃非常恼怒，亲率两万骑兵进攻南凉，扰乱了杨非至支阳的三百余里道路，杀伤一万多人，掠夺百姓两万七千多人，抢走牛马羊等牲畜数十万头。

秃发傉檀勃然大怒，统率大军追击。秃发傉檀的部将焦朗建议说："赫连勃勃天资雄健，治军严整，不能轻敌。现在他们携带抢掠的物资急于回国，各为自身利益而战，难与之争锋。不如从温围向北渡过黄河，直趋万斛堆，沿着河岸驻扎军队，扼守其咽喉要地，这才是我们百战百胜的策略。"

秃发傉檀的另一个大将贺连脾气暴躁，愤怒地说："赫连勃勃只不过是个亡命之徒而已，率领乌合之众，竟不知死活地与我们结怨，以图侥幸获利。现在他们劫掠的牛羊珍宝充塞道路，人人贪婪，为了争抢财物而军心涣散，自然不能团结一致与我们作战。我们统率大军逼近他们，顷刻间就能让其土崩瓦解。现在却要率领大军回避他们的军锋，向其示弱，岂不是很羞耻？现在我军的士气正盛，应该迅速出击。"

秃发傉檀说："我已经下定决心追击了，敢来劝谏者，斩！"赫连勃勃知道后，大喜，就在阳武城凿开冰层，埋入战车以填塞道路。秃发傉檀派遣善于射箭的士兵追击，射中了赫连勃勃的左臂。赫连勃勃遂整顿人马转身而战，大败秃发傉檀的军队，追击八十里，杀伤上万人，斩杀南凉大将十余人。赫连勃勃将南凉士兵的尸体铸成高台，取名"骷髅台"。

做人不能太贪婪

【能有其有者安，贪人之有者残[1]。】

【1】残：败坏，灭亡。

注曰：有吾之有，则心逸而身安。

王氏曰：若能谨守，必无疏失之患；巧计狂徒，后有败坏之殃。如智伯不仁，内起贪饕，夺地之志生，奸狡侮韩魏之君，却被韩魏与赵襄子暗合，返攻杀智伯，各分其地。此是贪人之有，返招败亡之祸。

白话：珍惜自己所拥有的，能够让自己处境稳定；不满足自己所有，贪求别人的，将会给自己带来无尽的祸患。

解读：一个人太贪心，不好。贪心的人往往利令智昏，难以自拔，最后让自己赔得血本无归。

一个人知足，便不会患得患失，内心平静安宁，就能对形势做出清醒的认识，进而做出准确的判断，让自己始终处于有利的地位。一个人不知足，别人一有好东西，自己便吃不下饭，睡不着觉，即使睡着了，做梦还在惦记着，一心想要夺过来。一个人利欲熏心，会容易迷失心智，对方若是高手，有心下套，则会让他倾家荡产，血本无归。占小便宜吃大亏的，往往都是这类人。

案例

智伯贪心，亡国灭身

智宣子想让儿子智伯瑶继承自己的权位，智果劝谏他说："立智伯瑶不如立智宵。智伯瑶有五个过人的地方，但有一个不足。他身材高大、胡子漂亮，精通骑马射箭、孔武有力，多才多艺，能言善辩，刚强果敢，这五个方面是智伯瑶的优势。但他有一个劣势，那就是不仁。有了这五个优势，却怀有一颗不仁之心，这样的人谁还能和他共处呢？假若一定要立智伯瑶，知氏（即智氏）一定会覆灭。"智宣子不听，最终立智伯瑶为继承人。智伯瑶即智伯。

当时晋国王室衰微，六卿韩、赵、魏、范氏、中行氏、知氏势力强盛。而知氏在六卿中又是最强的，曾联合韩、赵、魏三家灭了范氏、中行氏，瓜分了他们的地盘。智伯曾和韩康子、魏桓子在蓝台宴饮，智伯开韩康子的玩笑，还侮辱了韩康子的大臣段规。智伯的大臣智国劝谏智伯，让他早点防备其他三家,智伯不以为然。

　　智伯向韩康子勒索土地,韩康子不愿给,段规劝说韩康子:"智伯这个人贪图小利而且刚愎自用,我们不给他土地,他一定会兴兵讨伐我们,不如给他土地。智伯得到我们的土地后,必将更加骄横,自然也会向其他两家索取土地,其他两家不给的话,智伯必定会动用武力。那样的话,我们既能避开智伯的矛头,又有余力观看事情的走向,何乐而不为呢?"韩康子也很赞同段规的观点,就将自己境内的一处拥有一万户人口的城邑送给了智伯。

　　智伯得到韩康子的土地后,心情大好,于是又向魏桓子勒索土地。魏桓子开始的时候不想给,他的大臣任章说:"为什么不给呢?"魏桓子说:"无缘无故向我勒索土地,当然不能给了。"任章说:"无缘无故就向别人索取土地,其他两家一定会为此而恐惧。我们给了智伯土地,智伯一定会更加骄横。智伯骄横,就会更加轻敌。那些害怕智伯的人为了共同的敌人,则会更加亲近,进而团结一致。以团结一致的军队进攻骄横的敌人,智伯活不久了。《周书》不是说过:'将欲败之,必姑辅之;将欲取之,必姑与之。'您不如给予智伯土地使他更加骄横,然后选择合适的盟友一起对付智伯,不能让我们一家单独成为智伯的靶子啊!"魏桓子听后很是赞同,也将有一万户人口的城邑送给了智伯。

　　两次要求都顺利地得到满足,智伯内心的喜悦是无法形容的。他又向赵襄子索取赵国的蔡和皋狼这两处地方。赵襄子是真正的硬汉,坚决不答应。智伯恼羞成怒,立即率领韩、魏两家的军队一起进攻赵襄子。赵襄子一看不是对手,赶紧放弃都城邯郸,逃到晋阳(今山西太原西南)。智伯又率领三国的军队把晋阳围了起来,并引水攻城。晋阳城的城墙都被泡软了,百姓的灶台上也都有青蛙乱跳了,然而晋阳的百姓坚决抵抗,丝毫没有投降的意思。

　　智伯乘车行于水中,魏桓子为他驾车,韩康子站在车子一边陪乘。智伯看到晋阳城内狼藉一片,得意地说:"现在我才知道水也能灭亡一个国家啊!"魏桓子和韩康子听后内心为之一动,魏桓子用胳膊肘碰了韩康子一下,韩康子踩了魏桓子一脚,因为他们都清楚:汾水可以直接淹没魏国的都城安邑,绛水可以直接淹没韩国的平阳城。

大臣郄疵对智伯说："韩、魏两国一定会背叛我们。"智伯说："你怎么知道？"郄疵说："以人情就能知道。我们与韩、魏两国的军队一起攻赵，赵国要是灭亡了，下一个灭亡的必定是韩、魏两家。我们已经和韩、魏约好，灭了赵国，平分它的地盘。现在赵国灭亡就在旦夕之间，而魏桓子和韩康子却没有丝毫喜悦的表情，反而忧心忡忡，他们不是在思考反叛又是在干什么呢？"第二天，智伯就把郄疵的话告诉了魏桓子和韩康子，两人赶紧说："这是善于进谗言的大臣要为赵国游说啊。这样就能使您把注意力用于怀疑我们两家而放松对赵国的进攻，不然，我们两家难道愿意放弃朝夕之间就能得到的利益而去做那些很艰难、很危险、又不一定成功的事情吗？"魏桓子和韩康子离开后，郄疵就说："主公怎么能把我的话告诉魏桓子和韩康子呢？"智伯说："你怎么知道我把你说的话告诉了韩、魏两人呢？"郄疵说："我看见他们走路的时候瞪着我，而且走得很快，就知道他们认为我看穿了他们的内心。"智伯不采纳郄疵的意见，郄疵就请出使齐国以避祸。

赵襄子派遣亲信张孟谈悄悄地出城会见魏桓子和韩康子。张孟谈对韩、魏两人说："我听说嘴唇没有了，牙齿就会觉得寒冷，因为缺少了屏障和依靠。现在智伯率领韩、魏两家的军队进攻赵国，赵国要是灭亡了，下一个就该轮到韩、魏两国了！"魏桓子和韩康子回答说："我们也明白这个道理，但怕事情没有成功计划就泄露了，那样的话，马上就会招来灾祸。"张孟谈就说："计划出自您二位的口，入我的耳，没有其他人知道，有什么可忧虑的呢？"魏桓子和韩康子就和张孟谈约定一起进攻智伯，确定日期后就送张孟谈回去了。

一切都谋划好了，到了约定的夜晚，赵襄子派人杀死了为智伯守护堤坝的官吏，放水反灌了智伯的军营。智伯的军队由于纷纷救水而乱了阵脚，韩、魏趁机从侧面进攻智伯的军队，赵襄子率领赵国的军队从正面进攻智伯的军队，智伯大败。韩、赵、魏三家杀死了智伯，瓜分了知氏的地盘，灭了知氏的宗族。只有智果因为早就与智伯划清了界限，才幸免于难。

安礼章第六

注曰:安而履之为礼。

王氏曰:安者,定也。礼者,人之大体也。此章之内,所明承上接下,以显尊卑之道理。

领导者的胸襟要开阔

【怨在不舍小过,】

王氏曰:君不念旧恶。人有小怨,不能忘舍,常怀恨心;人生疑惧,岂有报效之心?事不从宽,必招怪怨之过。

白话:之所以会招致别人的怨恨,原因就在于自己不能宽容别人小的过错。

解读:一直盯着别人的小过失不放,就会处处看别人不顺眼,自然不会心怀善意。别人仅仅因为小过失,就被你全盘否定,自然对你满腹怨恨。

能做事的领导往往心胸广阔,善于发掘别人的长处而宽容别人的小过。春秋五霸之一的秦穆公就是一位胸怀广阔、颇有气度的君主。

一次,秦穆公的一匹好马跑掉了,秦穆公就派人四处寻找,后来在岐山下找到了这匹马被吃剩下的骨头。一调查发现,当地的村民看这匹马无主,而且又肥又壮,遂将其杀死分吃掉,共有三百多人吃过马肉。秦穆公派出的官吏想要严惩这些无法无天的村民,秦穆公知道后,说吃马肉不喝酒会伤身体,就赐给这些村民好酒并赦免了他们。后来秦穆公讨伐晋惠公,这三百名村民强烈要求参军。战争中,秦穆公被晋军重重包围,危在旦夕。就在这千钧一发的时刻,有三百位壮士奋勇杀入晋军的包围圈,勇猛无比。这三百人不但救出了秦穆公,还反过来俘虏了晋惠公。这三百位壮士就是被秦穆公赦免的三百名村民。

 案例

曹彬大器量

北宋大将曹彬为人谦恭仁厚，在朝堂上从不忤逆皇帝的旨意，也从不谈论别人的过失。他为朝廷平定了两个国家（后蜀和南唐），功劳至伟，但自己从来不贪取丝毫的财物。他出将入相，却从来不以富贵而骄傲，每次在路上碰到读书人，都要调转自己的车头为他们让路。他对自己手下的办事人员从来都不指名道姓，每次有人向他奏事，曹彬必定戴上自己的帽子端坐接见。他将所有俸禄都散给亲族，自己家里没有丝毫的余积。

平定后蜀后回朝，宋太祖从容地向他询问官吏的得失，曹彬说："军事之外的事情我就不知道了。"太祖坚持询问，曹彬只推荐了随军转运使沈伦，认为他清廉谨慎，非常称职。

曹彬作为主帅治理徐州的时候，手下有一个小吏犯罪。曹彬已经查实了他的罪过，但是隔了一年之后才对其施以杖刑。左右僚属不解，曹彬说："我知道这个人当时刚刚娶妻，就故意拖了一下。假如当时就加以惩处，公公婆婆必定会认为这个女子对自己的丈夫不利，会早晚责打辱骂她。那样的话，这女子就会难以活下去。我缓加施刑，既不让那女子陷于困境，又没有让国家的律法受到损害。"

北伐辽国时，曹彬的军队一度纪律混乱，大臣赵昌请求宋太宗对曹彬施以军法。后来赵昌从延安回朝，被人弹劾，不得觐见皇帝。当时曹彬正担任枢密使，在宋太宗面前为赵昌求情，赵昌这才得以觐见皇帝，陈述自己的冤情。

吕蒙正

北宋名相吕蒙正刚为参知政事时，朝中有个大臣指着他说："这个家伙也能做参知政事吗？"吕蒙正装着没听见，直接从那人身边走过去。同僚为吕蒙正鸣不平，就想替他问出那个大臣的姓名，吕蒙正赶紧制止，说："若是知道了他的姓名，我这一辈子都不会忘记，不如不知道的好。"当时的人都很佩服他的度量。

有备方能无患

【患在不豫[1]定谋。】

【1】豫:通"预"。预先,事先。

王氏曰: 人无远见之明,必有近忧之事。凡事必先计较、谋算必胜,然后可行。若不料量,临时无备,仓卒难成。不见利害,事不先谋,返招祸患。

白话: 人们眼前的祸患,往往来源于事先没有采取措施加以防范。

解读:《孙子兵法》曰:"夫未战而庙算胜者,得算多也。"采取行动之前,一定要思虑清晰,谋划周全,有备而动,行动时方能游刃有余,牢牢控制住主动权。所谓"工欲善其事,必先利其器",这里讲"利其器"就是要做好充分的准备。

二战初期,德军战无不胜,攻无不克,所向披靡,几乎征服了整个欧洲大陆。德军进展神速的原因,除了装备精良,军队素质高和作战理念先进外,更重要的在于事先周密的谋划。一旦谋划定了,就能迅速出击,打得对手措手不及,很快就失去防御的能力。德军在攻占波兰之前,制订了"白色计划";攻占法国之前,制订了"黄色计划";攻打英国之前,制订了"海狮计划";攻打苏联之前,制订了"巴巴罗萨计划"。尤其是"巴巴罗萨计划",550多万德国及仆从国的军队同时埋伏在苏联西部边界,同时发起进攻,每个细节都得考虑周密。稍有不慎,就能让整个计划功亏一篑。正是事先制订了周密的计划,开战初期,德军进展神速,很快就让苏联损失了数百万军队,占领了苏联在欧洲的大部分国土,还差点占领了苏联的首都莫斯科。撇开战争的正义与邪恶不管,德军的筹划在当时确实是无与伦比的。

案例

晋武帝短视乱天下

晋武帝平定东吴以后,担心地方的权力太重,就下诏撤除地方军队。诏书说:"汉末以来,天下大乱,为了便于治理国家,让刺史既掌管民政又统率军队。现在江山一统,天下太平,就应该平息干戈,防止战乱。今后,刺史的权力仍像西汉一样(只掌握监察权)。大郡设置掌管军事的官吏一百人,小郡五十人。"

交州地处南部边陲,需要重兵守卫,所以对这份诏书的不合理性感觉最明显。交州牧陶璜上书说:"交州、广州向西几千里的范围内,不服从中央的就有六万多户,而为国家服役的才五千多家。交州和广州唇齿相依,只有靠军队才能镇守下去。而且,宁州的少数民族,占据地势上游,水路、陆路交通都很便利,地理形势对他们有利。我们只有靠军队才能镇得住他们,不应该裁撤州兵,示弱于蛮夷。"尚书右仆射山涛也认为不应该解除州郡的武备,但晋武帝都听不进去。

晋武帝死后,政治形势混乱,盗贼蜂起,州郡没有武备,天下因此而大乱。后来由于镇压百姓起义的需要,刺史又兼任民政和军政,权力反而比以前更大了,从而造成了进一步的割据混乱。

善有善报,恶有恶报

【福在积善,祸在积恶。】

注曰:善积则致于福,恶积则致于祸;无善无恶,则亦无祸无福矣。

王氏曰:人行善政,增长福德;若为恶事,必招祸患。

白话:积累善行,人们最终会享受它所带来的福气;积累恶行,人们最终会吞食它所带来的恶果。

解读:佛家讲究"因果报应",虽然有很大的迷信成分在里面,但却是相当有道理的。一个人不断地行善,就会不断地与周围的人结下善缘,以后碰到什么困难,受过他恩惠的人自然会反过来帮助他脱离困境。这就是福气。一个人不停地作恶,明里暗里陷害别人,会与周围的人交恶,一旦有人向其报复,说不定哪天就能给他带来灭顶之灾。这就叫不测之祸。

刘备在临终前告诫刘禅："勿以恶小而为之，勿以善小而不为"。年轻人在踏入社会的时候，长辈往往会告诫他与人为善，多交朋友，少树敌人。这都是人生经验和智慧的总结啊。

案 例

贾后残虐淫逸

晋惠帝的皇后贾南风是中国历史上著名的狠毒女人，擅权乱政，搞乱了西晋的大好河山，最后把自己也送入了鬼门关。

贾南风在当太子妃的时候，性情就相当酷虐，曾亲手杀了好几个人。她嫉妒心非常强，太子的一个侍妾怀上了太子的孩子，贾后内心发酸，操起一支戟就朝侍妾的肚子上掷去，结果侍妾腹中的胎儿和戟一起掉到了地上。晋武帝看到贾南风如此嫉妒和残忍，非常生气，要废掉她，甚至连囚禁的地方都修好了。后来奸佞小人赵粲、荀勖全力营救，这才保住了她的地位。

贾后的婆婆晋武帝皇后杨氏，表面上严厉批评她，暗地里却一直护着她。贾后不识好歹，以为自己不受晋武帝待见是杨后说了坏话，就一直对杨后怀恨在心。

贾后后来勾结楚王司马玮发动政变，杀了权臣杨骏（杨骏是杨后的父亲）全家，自己掌握了朝中大权。贾后手握大权后，就开始迫害杨后。她先让后军将军荀悝把杨后软禁于永宁宫，不过她还是让杨后的母亲庞氏与杨后住在一起。后来，她指使大臣上表将杨后废为庶人，囚禁在金墉城。再后来，贾后又指使大臣上表，说杨骏图谋造反，家属也应被诛杀，庞氏系杨骏之妻，按律当斩。贾后代替晋惠帝批准了这个"请求"。庞氏临刑之时，杨后抱着母亲痛哭，绞断头发叩头不已，上表向贾后称妾，请求贾后绕过母亲一命。贾后不搭理，庞氏最终没能逃过一死。

杨后刚被囚禁在金墉城时，尚且有十多人服侍，之后贾后将这十多人全部调走，并断绝杨后的饮食。杨后撑了八天，最后被饿死。贾后恐怕杨后死后

向晋武帝告状，就把她面朝下下葬，还用厌劾符书、药物来镇压杨后的灵魂，让其永世不得超生。

贾后的地位日益稳固，也越来越放纵。他和太医令程据私通，还让人在路上截获年轻貌美的少年，用箱子载入宫中，供自己淫乐。后来又怕这些少年泄露其丑行，往往都将他们杀掉灭口。贾后做得实在太不像话了，以至于她的族兄贾模想要联合大臣一起废掉她。

起初，贾后的母亲广城君郭槐认为贾后无子，就常常劝贾后对太子司马遹要慈爱，贾后不听。贾后的姨侄贾谧倚仗贾后的势力，非常骄纵，经常对太子无礼，因此郭槐就非常严厉地批评贾谧。郭槐想把贾后妹妹贾午的女儿嫁给太子，太子也想和贾氏联姻来巩固自己的地位，贾后和贾午都不答应。太子听说王衍的大女儿很美，很想娶过来，但贾后却为他娶了王衍的小女儿，而为自己的姨侄贾谧娶了太子的梦中情人。太子每次提起这件事都是一肚子火。郭槐临死的时候，对贾后说："赵粲（贾后的亲信）、贾午一定会坏国家大事，我死之后，你不要再让他们进你家门。你一定要牢牢记住我的话。"贾后不听，郭槐死后，贾后又和赵粲、贾午密谋陷害太子。

贾后陷害太子，让晋惠帝把太子废为庶人，后来又让自己的奸夫太医令程据给太子下毒。太子知道贾后可能要毒害自己，非常谨慎，程据没法下手。后来，程据趁太子上厕所的机会，用棒子把太子打死在厕所里。

赵王司马伦和孙秀以贾后害死太子为借口，号召大臣发动政变，大臣纷纷响应。司马伦成功地发动了政变，将贾后废为庶人，囚禁在建始殿，然后逮捕了赵粲、贾午，严刑拷打。后来赵王司马伦以金屑酒赐死贾后，将贾后的亲信赵粲、贾午、韩寿、董猛也都全部杀死。

不可轻视基础

【饥在贱农，寒在惰织。】

注曰：唐尧之节俭，李悝（克）之尽地利，越王勾践之十年生聚，汉之平准，皆所以迎来之术也。

王氏曰：懒惰耕种之家，必受其饥；不勤养织之人，必有其寒。种田养蚕，皆在于春；春不种养，秋无所收，必有饥寒之患。

白话：之所以会产生饥荒，就在于农民的地位贫贱，丧失了耕作的积极性，造成粮食的匮乏；之所以会受冻，就在于农妇缺乏积极性而怠于织布，造成了衣被的不足。

解读：轻贱农业，国家必有饥寒之患。一个国家的农业基础不稳固，这个国家其他方面的发展也就缺乏稳固的基础和持续发展的动力，一旦受到冲击，甚至能引发国民经济的全面衰退。当今世界上的发达国家，往往都是产粮大国，如美国、法国等国家都是世界上重要的粮食出口国。

"冷战"时期，苏联在世界各地与美国争霸，曾一度迫使美国转入全面收缩，气势汹汹逼人。但苏联的国民经济发展严重畸形，农、轻、重的比例严重失调。尤其是农业，基础十分薄弱，而且极不稳定，长期以来就是国民经济发展的制约因素。但苏联坚持稳固重工业的绝对地位，轻视农业和轻工业。美国就利用苏联的薄弱之处，在经济和科技上拖垮了苏联，使其国民经济大滑坡，最后被迫解体。

这里所讲的问题，实际上涉及的是关于基础的问题。宫殿楼阁虽然富丽堂皇，地基虽然不起眼，但地基若是不牢靠，就能让高楼大厦在瞬间轰然倒塌。水是动植物的生命源泉，普通得不能再普通了，但若是离开水，地球上的动植物几天之内就能全部灭绝。一个政府执政的基础是民众，普通民众虽然不起眼，但若是群起而反对政府，政府也不能长久。

基础很重要，任何时候都不能轻视它，舍本求末只能是死路一条。

张全义鼓励流民复耕

五代十国时期，洛阳由于屡遭战火，加之盗寇侵扰，昔日繁华的东都，当时的居民居然不满百户。

张全义在担任河南尹时，选拔了十八个很有才干的部下，每人授予一面旗子、一副榜文，称之为"屯将"。然后张全义派他们到十八个县的村落中竖立旗子，张贴榜文，招抚流民。张全义为流民分配田地，减免他们的租税；对于犯法者，除了杀人罪必须予以处死外，其余的只处以杖刑。

此后，百姓络绎归来，数年以后，逐渐恢复旧日人烟繁盛的局面。

张全义每次出巡，见到肥沃的土地，都会下马与部下一起观看，并将田主请来，赐予酒菜慰劳劝勉。出产蚕丝、粮食多的人家，张全义也会亲自到他们家去，召见老人孩子，赏给他们茶叶和衣物。

百姓都知道张全义不喜好声色，只有看见良田和茂盛的桑树才会欣然微笑。因此百姓争着耕田养蚕，洛阳遂再次成为富庶的地方。

召信臣

西汉的召信臣在担任谷阳和上蔡的县令时，爱民如子，每到一地都很有政绩，被朝廷破格提拔为零陵太守，后来又调任南阳太守。

召信臣为人勤奋而且很有智慧。他喜欢为百姓谋福利，一心要让百姓富裕起来。他亲自鼓励百姓努力耕作，常常走在乡间的小路上，在百姓的家中停留，访问百姓的疾苦，很少安坐在府衙。他视察郡中的水源，然后开通沟渠，修筑了十几处水门堤坝，用于灌溉农田。百姓勤于耕作，农田年年增加，最多时达到三万顷。百姓生活也很富足。

召信臣又为百姓设立灌溉制度，将其刻于农田附近，防止百姓为了争水而发生纠纷。禁止百姓婚丧嫁娶铺张浪费，大力提倡节俭。郡县官员子弟若有游手好闲、不务正业的，立即将其罢官，更有甚者，则将其依法治罪。

召信臣的教化在南阳很快就普及了，郡中官员没有不鼓励百姓努力耕作的，百姓纷纷归来，户口倍增，盗贼和告状的人日渐减少。官吏百姓无不亲近爱戴召信臣，称之为"召父"。

事在人为

【安在得人，危在失士。】

王氏曰： 国有善人，则安；朝失贤士，则危。韩信、英布、彭越三人，皆有智谋，霸王不用，皆归汉王；拜韩信为将，英布、彭越为王；运智施谋，灭强秦而诛暴楚；讨逆招降，以安天下。汉得人，成大功；楚失贤，而丧国。

白话： 国家安定，在于人才济济，共谋富强；国家危殆，在于人才流失，人心离散。

解读： 21世纪最宝贵的是什么？人才！黎叔如是说。深深地佩服黎叔。但人才作为最重要的战略资源，不光是21世纪，在任何时候都是最宝贵的。

美国自二战以来，主导世界的格局六十余年，其政治、经济、军事、科技力量当今任何一个国家都难与匹敌。不但是难与匹敌，说得更严重一些是难以望其项背。美国为何如此强盛？其秘诀之一便是人才。

据统计，美国自二战以来，吸纳世界各地的高级技术人才五十多万人，目前，美国计算机行业中半数以上的博士是外国人，在美国科研力量最为集中的硅谷，超过三分之一的高级工程师和科研人员是外国人。

美国为了获得人才，可以说是无所不用其极。美国十分重视教育，高等教育处于世界领先地位。美国利用先进的教学手段、优越的实验条件、宽松的教育环境以及优厚的奖学金和助学金制度，吸引了全世界最优秀的学生前来留学。待这些留学生学成后，再利用丰厚的待遇将其挽留，使其投身到美国进步和发展的事业中来。办学成为美国培养和引进优秀人才的最重要手段之一。

美国本来就是个移民国家，非常善于利用移民来广泛吸收来自世界的各种人才。美国移民法规定，凡是学者、专家和某些具有一技之长的人才，不论其国籍、资历和年龄，一律优先入境，并给予长期居留权和优厚待遇。

美国为了获得自己所需的人才，往往不惜重金收买。有时为了获得具有特殊管理和创造才能的人，甚至不惜动用数百万乃至数千万美金将此人甚至是此人所在的公司全部买下。

美国还喜欢利用他国的动荡来挖这个国家的优秀人才，如伟大的科学家爱因斯坦、著名的物理学家玻尔都是这样被美国弄到手的。

正是靠着对人才百分的尊崇和重视，美国才获得了当今世界上无与伦比的强势地位。可以说，这是它应得的，并不存在什么侥幸！

案例

得人而盛

齐威王和魏惠王在郊外打猎，魏惠王问齐威王："大王有什么宝物吗？"齐威王答："没有。"魏惠王就很奇怪，说："像魏国这样小的一个国家，直径超过一寸的珍珠尚且能够装饰十二辆马车，前后各十枚，映照全车。大王为万乘之国的国君，怎么可能没有宝物？"

齐威王说："我所说的宝物与大王所说的宝物很不一样。我有大臣檀子，让其守卫齐国的南城，所以楚国不敢进犯齐国的东部边境，泗水（位于山东省中南部）附近的十二个诸侯都得向齐国朝贺。我有大臣盼子，让其镇守高唐（今高唐县，位于山东西北部），赵国不敢再到齐国境内的黄河中捕鱼。我有大臣黔夫，让其镇守徐州，燕国祭祀徐州的北门，赵国祭祀徐州的西门，迁徙离去的有七千多家。我有大臣种首，让其防备盗贼，齐国道不拾遗，夜不闭户。我这些宝物，都能照耀千里，岂止是十二辆马车啊。"魏惠王听后感到非常惭愧，怏怏离去。

魏国本是战国初期的霸主，到魏惠王时，两次被齐国打得大败，一次被秦国打得大败，国势日渐衰落，遂失去霸主的地位。而齐国在齐威王时曾大败强盛的魏国，夺得霸主地位，并让魏惠王亲自朝贺。由此看来，其强盛与否，与能否得到人才有很大的关系。

刘邦得人而兴，项羽失人而亡

秦朝末年，群雄逐鹿，刘邦和项羽为了天下的统治权而展开了激烈的争夺。开始时，项羽占据绝对优势，经常把刘邦打得落花流水。但刘邦注重招纳贤才、安抚民心，越战越强，垓下一战便彻底扭转了局势，逼得项羽乌江自刎。项羽在个人能力方面虽然远远高出刘邦很多，但他嫉贤妒能，残暴好杀，最后搞得自己众叛亲离，凄惨自刎，真是可悲可叹。

楚怀王熊心想派兵西进，进攻秦国。当时秦兵势盛，诸将都不愿意与秦兵强力对抗。只有项羽一直对秦兵大败项梁耿耿于怀，坚持要求向西进攻秦国，直捣咸阳。怀王的老将们一致反对项羽入关攻秦："项羽为人强悍狡猾，攻克襄城后把城中人口全部活埋，一个不留。项羽经过的地方，几乎全被破坏殆尽，连一片好瓦都不曾留下。而且楚国屡次进攻，效果都不是很好，陈王、项梁全部败死。现在不如另派忠厚长者仗义西行，向秦地的百姓宣传我们的仁厚政策。秦地的百姓被残酷地压迫太久了，现在我们派遣忠厚长者过去，不抢掠百姓，安抚民心，秦国也照样能被我们攻下。项羽太过残暴，不能派他西去。只有沛公（刘邦）是宽厚长者，可以派他前往。"项羽最终没能西去。刘邦一路向西，攻城略地，收集陈胜、项梁的败兵，实力不断增强。

刘邦采用张良的谋略，先于各路诸侯入关，将军队驻扎在霸上（今陕西西安市东）。秦王子婴乘坐白车白马，脖子上戴着枷锁，封好皇帝的玉玺符节，恭恭敬敬地向刘邦投降。诸将都劝刘邦杀掉子婴，刘邦说："怀王之所以派我入关破秦，就是因为我能够宽容待人。而且别人已经降服了，再杀了，是一件不吉利的事情。"刘邦就让子婴担任自己的属官，然后进入咸阳。

刘邦进入咸阳后，封好秦国的府库珍宝，将军队撤回霸上驻扎，然后召集秦地有影响的人物，对他们说："父老乡亲们都被秦朝的严刑峻法压迫得太久了，说皇帝不好的人就要被灭族，窃窃私语者就要被砍头，这太残酷了。我曾和诸侯约定：先进入秦地的人就封他为关中王。按照约定，我应该成为关中王。我和父老乡亲们约法三章：杀人的人要以死抵罪，伤人和偷抢百姓东西的人都要受到严厉的惩罚；秦朝的严刑酷法将全部废除，各政府部门的办事人员都要像从前一样办公。我之所以来到秦地，就是为你们消除秦朝苛政的，请你们不要担心！我现在之所以将军队撤回霸上驻扎，就是等各路诸侯前来共同制定政策啊。"然后，刘邦就派人到各地宣传自己的安民政策，让百姓正常生活。秦地的百姓大喜，争着以牛羊美酒犒劳刘邦的士兵。刘邦推辞不受，说："我们的军粮很充足，我不愿意让大家破费，请大家把各自的东西都带回吧。"秦人更加高兴了，生怕像刘邦这样的宽仁之人不当关中王。

不久，项羽就过来了。他杀掉了子婴，大肆地屠杀秦地的百姓，焚烧秦国的宫殿，大火烧了三个月不灭。凡是他经过的地方，无不是断壁残垣、尸横遍野。秦人大失所望，但迫于项羽的武力，又不得不屈服。项羽将秦国的珍宝、美女全部收入自己的囊中，然后准备东出函谷关回老家去。这时，有人对项羽建议说："关中地势险要，土地肥沃，可以此为都城，治理天下。"项羽看到秦国的宫殿已经被烧成一片废墟，自己又确实想回家去，就说："人富贵了若是不回故乡，就像穿着锦绣的衣服在夜里行走一样，又有谁能看见呢？"来人很失望，说道："人们都说楚人沐猴而冠（沐猴戴帽子装成人的样子，但终究不是人），现在我算是看到了！"项羽大怒，立即下令把这个人烹了。

灭秦之后，项羽自封西楚霸王，大封诸侯为王。他猜忌刘邦，于是违反当初"先破秦入关者王"的约定，将其封到贫瘠的蜀地做汉王。他觉得义帝是个累赘，就派人杀死了义帝。

刘邦不甘于坐守贫瘠的蜀地，加之士卒都不愿意留在巴蜀，纷纷逃走。刘邦就明修栈道，暗度陈仓，设奇兵打败了项羽所封的三秦王，占领了关中地区。刘邦在关中抚恤百姓，很快就为自己建立了稳固的后方。常山王张耳被陈馀打得狼狈逃窜，跑过来投靠刘邦，刘邦待他非常优厚。

准备充分以后，刘邦便出兵函谷关，与项羽争夺天下。他为义帝发丧，守孝三天，收买了人心。有许多义帝的老部下前来投靠刘邦，共同讨伐项羽。

刘邦出兵进攻三秦，消灭三秦王的时候，项羽正忙着进攻齐地的田荣。项羽和田荣在城阳（今山东菏泽市东北）展开激战，田荣惨败，逃到平原（今山东平原县）。平原的百姓杀掉了田荣，齐地百姓全部投降项羽。项羽怨恨齐地的百姓背叛自己，就一把火烧掉了百姓的房子，抢了齐地的女人。齐人大失所望，再次背叛了项羽。

项羽在平定齐地后，便掉过头来打刘邦。范增给项羽出谋划策，经常把刘邦打得狼狈不堪。刘邦对范增很是忌惮，就想除掉他。陈平建议使用离间计,刘邦采纳了。刘邦使用离间计,使得项羽对范增产生了怀疑,项羽就逐渐地剥夺了范增的一些权力,范增愤怒离去,病死于回家的路上。范增一死,项羽失去了最得力的谋士,刘邦也除掉了一个心腹大患。

项羽众叛亲离,最后陷入四面楚歌的境地,他自觉无颜再见江东父老,绝望自刎。刘邦取得了最后的胜利,他得到了人心,所以也得到了天下。

刘邦登基称帝,建立汉朝后,曾在洛阳宫置酒大宴群臣。酒酣耳热后,刘邦对诸将说:"列侯诸将都要说实话,我之所以能够取得天下,而项羽之所以失去天下,其中的原因究竟是什么呢?"高起、王陵都是直性子,马上站起来说:"陛下傲慢而且喜欢骂人,项羽仁慈而待人有礼。然而,陛下派遣部将攻占城池,所降服的城池陛下都能慷慨地赐给有功之臣,能够与别人分享利益。项羽嫉贤妒能,有功之臣项羽迫害他,贤能之人项羽不信任他,打了胜仗项羽不授予别人功勋,得到城池却不赏赐别人利益,这大概就是他失去天下的原因吧!"刘邦微微一笑,说:"你们只知其一,不知其二。在大帐中谋划运筹,决定千里之外战场的胜负,这一点我不如张良;稳定国家,安抚百姓,保证粮饷充足,这一点我不如萧何;统率百万大军,战必胜,攻必取,这一点我不如韩信。这三个人,都是当今最杰出的人才,我能任用他们,这才是我能够取得天下的原因啊!项羽只有一个范增,却不能全力任用,这就是他被我打败的原因!"

谋事在人,成事在时

【富在迎来[1],贫在弃时。】

【1】迎来: 抓住时机。

王氏曰: 富起于勤俭,时未至,而可预办。谨身节用,营运生财之道,其家必富,不失其所。贫生于怠惰,好奢纵欲,不务其本,家道必贫,失其时也。

白话: 一个人成功,在于平时用心,关键时刻能抓住机遇;一个人失败,在于平时怠惰,关键时刻与机遇失之交臂。

解读: 金麟岂是池中物,一遇风云便化龙。一条金色的鲤鱼,在池中若是不能碰到风云际会的时刻，就要永远委屈于半亩方塘之中，摆脱不了被人捞起来吃掉的命运。若能乘云上天，便能化作巨龙遨游四海，上天入地，无所羁绊。风云际会的时刻对一条金色的鲤鱼来说，可以说是一生的等待。

人也是一样，若不能碰到合适的时机，哪怕你有经天纬地之才、济世安邦之志，同样要困守茅庐、终老于山林之中。诸葛亮若非遇到三国乱世，在门阀把持朝政的情况下，就算不失为一个优秀的人物，也无论如何做不出"功盖三分国"那样的光辉业绩。韩信若非遇到楚汉相争的时代，估计仍然是淮阴市井之中的小混混，动辄被鼓刀屠猪的地痞流氓欺辱。

时机对人如此重要，但人不可以坐等时机。你得时时刻刻地准备着，准备着时机一来，就紧紧地抓住它。诸葛亮在时机到来之前，躬耕于南阳，苦习韬略，结交天下名士，分析天下形势，结果时机一来，马上就能大展宏图。

有人曾打过一个比方，时机就像一条鱼，一个人平时的准备就是一口锅，准备得越充分，锅就越大。锅越大，抓住鱼煮熟吃掉的可能性就越大。锅太小，碰到大鱼你就束手无策，只能眼睁睁地看着大鱼离你而去。准备得不充分，贪图侥幸，就算时机来了，你也不认识它。最后便是时机与你擦肩而过。

有这样一则笑话：发生了洪水，一所教堂被淹没了，神父坐在教堂的尖顶上避难。当水淹过他的脚时，一个救生员划着舢板来到他身边，对神父说："神父，赶快上来吧！不然洪水会把你淹死的！"神父说："不！我深信上帝会来救我的，你先去救别人好了。"

过了一会儿，洪水淹过神父的腰部，一个警察开着快艇过来了，对神父说："神父，快上来，不然你真的会被淹死的！"神父说："不，我相信上帝一定会来救我的，你还是先去救别人好了。"

又过了一会儿，洪水淹过了神父的脖子，一架直升机飞了过来，飞行员丢下绳梯之后大叫："神父，快上来，这是最后的机会了，我们可不愿意见到你被洪水淹死！"神父还是意志坚定地说："不，上帝一定会来救我的，你还是先去救别人好了。"

洪水滚滚而来，神父被淹死了……

神父上了天堂，见到上帝，很生气地抱怨："上帝啊，我终生奉献自己，兢兢业业地侍奉您，为什么您不肯救我？"

上帝说:"我怎么不肯救你?第一次,我派了舢板来救你,你不要,我以为你担心舢板危险;第二次,我又派一艘快艇去,你还是不要;第三次,我派一架直升机来救你,结果你还是不愿意接受。所以,我以为你急着到我的身边来陪我呢。"

神父因为自己的愚昧,三次将获救的机会拒之门外,这样的人,上帝都救不了,还有谁能救得了?

案例

成功的人善于利用时机

越王勾践被吴王夫差打败后,受尽凌辱。回到越国后,勾践重用范蠡、计然,以图富国强兵、东山再起。

计然对勾践说:"知道要打仗了,就应该加强战备;知道物品在什么时候急需,就会清楚这个物品的价值。只要理清了二者的关系,各种货物的供需行情就都能了然于胸。收成由金主宰时,就会大丰收;由水主宰时,就会歉收;由木主宰时,就会发生饥荒;由火主宰时,就会发生旱灾。在发生旱灾的时候,我们要准备舟船防备涝灾;发生涝灾的时候,我们则要准备车马防备旱灾,这都是事物运行的自然规律,不可以违反。按照五行的规律,每六年都会有一次大丰收,每六年也会有一次大旱,每十二年会有一次大饥荒。粮食的收购价格,每斗二十钱太低,这样会损害农民的利益;每斗九十钱太高,这样会损害商人的利益。商人利益受损,财货就难以流通;农民利益受损,田地就会荒芜。因此,粮食的收购价格,最好稳定在三十钱到八十钱之间,这样的话,农民和商人的利益都会得到保障。商品价格平稳,流通顺畅,市场就会繁荣,这就是治国理政的道理啊。积蓄的规律在于,货物储存要完备充足,资金要流通,不能变成死钱。商品交易的时候,容易腐败变质的货物要快速出售,也不要卖得太贵。知道货物的剩余与匮乏,就能知道货物的贵与贱。货物的价格涨到极点必然会下降,价格降到极点也必然会上升。货物贵的时候,出售要像扔掉粪土一样毫不怜惜；货物贱的时候，则要像购入珍珠一样毫不迟疑。钱财应该让其像流水一样循环不息。"

勾践按照计然的建议来治理国家，十年之后，越国就富强了。勾践依靠雄厚的资本给予将士非常优厚的待遇，士兵们为了报答勾践的恩情，打起仗来个个不要命，一听说有仗可打就士气高昂。勾践就是指挥着这样的战士，消灭了强大的吴国，北上称霸中原，成为春秋时期最后一个霸主。

白圭是战国时期周人，非常善于把握商机。别人丢弃、抛售的货物白圭都能善加囤积，别人蜂拥追求的货物白圭都能放开出售，因此赚取了大量的财富。风调雨顺、粮食大丰收的年景，白圭就用丝、漆来和百姓交换粮食；当蚕农缫丝织成布帛时，白圭就用自己囤积的粮食和蚕农交换布帛。白圭囤积的物品往往和年岁相反。

白圭认为，若是为了获取钱财、积累资本，在购进粮食供自己食用的时候，可以买进一些质量比较差的谷物；若是为了作为种子，获得来年的丰收，就要购进上等的谷种。白圭在做生意的时候，能够严格节制自己的欲望，粗衣蔬食，与下人同甘共苦；在把握时机的时候，他又能像猛禽捕获猎物那样果断有力。

白圭常说："我做生意，就像伊尹、吕尚治国，孙武、吴起用兵，商鞅施行法令那样有大手笔。因此，如果一个人的智谋不足以懂得灵活机变，勇气不足以决断大事，仁爱不足以放弃自己的一切，强盛时不能有所坚持，即使学了我的方法，也不会取得多大的成功。"

白圭在经商上取得的巨大成功，使得中国古代的商人都推奉他为商业的祖师爷，宋真宗还亲自封白圭为"商圣"。

领导要稳重

【上无常操[1]，下多疑心。】

【1】常操：稳定的操行。

注曰：躁静无常，喜怒不节；群情猜疑，莫能自安。

王氏曰：喜怒不常，言无诚信；心不忠正，赏罚不明。所行无定准之法，语言无忠信之诚。人生疑怨，事业难成。

白话：领导若没有固定的操行，喜怒无常，举止失度，下属就没有做事的准则，就会满心狐疑，不知所措。

解读：身为领导，一定要大度沉稳，进退有法，要能镇得住人。不然，喜怒无常，朝令夕改，会让下属莫知所从。下属整天揣摩领导的心思，事情必然难成。

东晋时期，前秦强盛。前秦皇帝苻坚统率百万大军，直逼江东，志在一举灭掉东晋。他曾得意地说："投鞭于江，足断其流！"他连东晋皇帝投降后的封爵官位都想好了。东晋朝廷对此非常惶恐，京师震动。宰相谢安镇定自若，主张坚决抵抗。他派遣自己的弟弟谢石和侄子谢玄率领八万精兵和前秦兵夹淝水对峙。谢玄心中没底儿，就向谢安请教御敌之策，谢安面色从容，只淡淡地说了句："陛下已另有安排！"然后一句话也不多说。谢玄不敢问，就请谢安的好友张玄前来问策，谢安只管和他下棋，根本不提军情。

为了稳定人心，谢安还邀请所有的亲朋好友前往他的住所赴宴。宾客都到齐了，发现谢安正在和张玄下围棋，表情非常从容镇定。张玄的棋艺向来高于谢安，但这一天由于担心前线战事，两局都没下好。谢安不以为意，邀请所有的亲友出去郊游，直到夜晚方才归来。一派恬淡闲适的景象，根本不见大战在即的紧张。

客人都回家后，谢安却要在灯下指挥调度众将，任务明确，安排恰当，一切都显得有条不紊。朝廷因此逐渐安定下来。不久，谢玄大破前秦军。捷报传来时，谢安和友人正在下棋，看完捷报后，谢安不动声色地放在一旁。友人询问战况如何，谢安徐徐地说："小儿辈已破贼！"丝毫没有喜悦的表情。但在下完棋回家的时候，谢安由于内心太兴奋，连门槛绊断木屐齿都没觉察到。史书评价谢安，说他"矫情镇物如此"，意思就是说他为了安抚人心，非常善于掩饰自己的内心情绪。

正是谢安的从容镇定、调度有方，才使得东晋躲过了一场灭顶之灾，进入了最安定、最和谐的一段时期。

北宋真宗时期，辽军大举内犯，兵锋直达离汴梁不远的澶渊（今河南濮阳市西）。大臣们惊慌失措，纷纷主张逃跑和迁都。寇准主张坚决抵抗，并说服真宗御驾亲征。

真宗到达前线后，宋朝将士无不欢欣鼓舞，士气一下子就上来了。真宗将前线的军事大权全部下放给寇准，寇准果断地发号施令，明确严整，很快就遏制了辽军的攻势。真宗看形势有所好转，就离开前线，回到了行宫。但真宗内心有些惶恐不安，就派遣使者到前线去看寇准在做什么。使者回报说寇准正在和大臣杨亿喝酒赌博，边喝边唱，还大声呼喊，看上去欢快得不得了。真宗听后大喜，说："寇准这样从容镇定，我还担心什么呢？"

结果辽军没有占到便宜，大将萧挞凛也被宋军射杀，由于宋真宗急于求和，双方遂订立了澶渊之盟。

领导是单位的主心骨和风向标，是一个团队的表率。如果领导遇事惊慌失措，带动下属惊慌不安，只会自乱阵脚，陷自己于不利的境地。作为一个领导，第一素质便是稳重。

案例

荒淫萧宝卷

南朝齐东昏侯萧宝卷绝对是一个亡国之君的典型，其行为有时荒唐到可笑的地步。

他喜欢在后堂看跑马，不分昼夜，边看边与亲近的太监、歌女大喊大叫。他经常天亮前睡觉，下午三四点才起床。王侯节日朝贺，他都是下午三四点后才前往宫殿，或者天黑的时候才出发。大臣的奏章一个多月才能上报，或者根本不知道被他丢到什么地方。

他还喜欢出去游玩。凡是要经过的道路，他都把老百姓赶得远远的。他从万春门经东宫向东到郊外，大约有几十里路，这中间的老百姓都被赶得干干净净。他还在小巷道路上悬挂帐幔，设置仪仗队来守护，美其名曰"屏除"。他经常在凌晨出巡，鼓声四起，仪仗满路，老百姓都叫嚷着跟着他，根本分不清到底谁是谁。他每次出门都不提前告诉别人出行路线，因此，东南西北地到处驱赶百姓。每次出行他都要带上乐队，吹吹打打，搞得鸡犬不宁。他还喜欢深夜出行，白天返回，所过之地都是火光冲天。

他设置雉场（围猎野鸡的场地）二百九十六处，华盖中的遮饰物都用红绿锦缎织成，用金银镂刻弓弩，用玳瑁来装饰箭支。京城近郊的百姓都失业了，上山砍柴的路也都被阻断。后宫发生了大火，很多宫殿都被烧毁了，他立即修建了仙华、神仙、玉寿等几座宫殿，每座都是雕梁画栋，用麝香涂抹墙壁，用锦缎珍珠做成门帘，极其华丽。他让工匠日夜不停地施工，但仍嫌进度太慢，就把寺庙的殿藻井、仙人、骑兽直接搬过来。齐武帝萧赜兴建光楼，用青漆粉刷，人们都称光楼为"青楼"。萧宝卷嫌它不够华丽，就说："武帝心思不够巧妙，怎么不全部用琉璃装饰呢？"

他的宠妃潘氏的服饰、车、马和器用都极力用珍宝装饰，使得皇宫的库藏不敷用度，于是就高价收买民间的金银宝物，价格都是正常价格的好几倍。一只琥珀臂镯就价值一百七十万钱。京城的酒楼，都要用金子纳税，用来给皇宫铺路。即使这样，他仍然不满足，就以在扬州、南徐州修建桥梁、塘坝为名敛取现钱，用来支出太乐坊和主衣局的杂费。这使得扬州、南徐州的许多塘坝因失修而毁掉。

不久，他又在阅武堂建造芳乐苑，山石都涂上五彩颜料加以装饰；在池子上面建造紫阁等楼阁，墙壁上都画上男女交媾等淫秽画面。种植的上好树竹因为天气炎热，一天内全部枯萎，他就下令在民间搜寻，见树就拔，不惜拆毁百姓的房屋。早上栽的树，晚上就拔掉，弄得满地都是，对其他的珍奇花草也都是这样。

萧宝卷荒淫无道，雍州刺史萧衍（即后来的梁武帝）联合南康王萧宝融举兵起义。起义军很快就攻下了江、郢二州，萧宝卷嬉戏游乐如平常，还对宠臣茹法珍说："等他们到达白门再决一死战。"等到萧衍的军队逼近建康近郊时，他才召集军队固守。他又非常迷信，在崔慧景起事的时候，就拜钟山山神蒋子文为假黄钺、使持节、相国、太宰、大将军、录尚书、扬州牧、钟山王，这一次又尊其为皇帝，还把蒋子文的神像和其他庙中的神像都安放在宫殿后堂，让自己的亲信朱光尚祷告祈福。萧宝卷对鬼神尊崇到无以复加的地步，对将士却毫不体恤，当他以冠军将军王珍国率三万人据守大航（即朱雀航。东晋南朝建康城南的浮桥，正对朱雀门，亦称大航）时，所有将士全无斗志。他还让自己的亲信太监王宝督战。王宝是小人，不懂大计，只知道痛骂诸将，人心不服。后来猛将席豪战死，军心立刻土崩瓦解，士兵们纷纷从大航上投水而死。

萧宝卷聚敛了大量的钱财，却不肯拿出一分一毫赏赐给将士。亲信茹法珍叩头请求他赏赐有功的将士，萧宝卷却说："反贼只要我的脑袋吗？为什么只要我一个人掏钱？"城内有数百具大屋栋，将士请求用来加固城防，但萧宝卷想用来建造宫殿，所以不许加固城防。他又让御府精雕细琢三百人的仪仗，等到解围后使用，于是聚敛金银雕镂等物品比平常更加急迫了。

他手下的大将害怕兵败祸及自身，都图谋发动兵变。当天夜晚，萧宝卷还在含德殿醉生梦死，欣赏《女儿子》。叛兵冲进来的时候，他已经睡下，但还未睡熟。听见叛兵冲入，他立即从窗子爬出逃跑，想返回后宫，结果宫门已闭。一个太监砍掉了他的脑袋，送给了萧衍。

萧宝卷败坏国家法度，肆意妄为，残害百姓，惹得人心离散，将士离叛，最终被自己亲信的太监杀死，南齐的江山也落入萧衍之手。这就是所谓的"近者祸及身，远者及其子孙"。行为无常容易败事，萧宝卷足为借鉴。

谦虚亲和得人心

【轻上生罪，侮下无亲。】

注曰： 轻上无礼，侮下无恩。

王氏曰： 承应君王，当志诚恭敬；若生轻慢，必受其责。安抚士民，可施深恩、厚惠；侵慢于人，必招其怨。轻蔑于上，自得其罪；欺凌于人，必不相亲。

白话： 轻慢上级往往会招致罪过，凌辱下级常常会导致部下的叛离。

解读： 作为一个领导，在处理上下级关系时，一定要注意和上睦下。对上级虽然不必卑躬屈膝，但要表现出应有的尊重；对下级不但不能作威作福，甚至还要表现得亲近随和。这是做人之道，也是成事之道。若能做到这一点，做事就容易得到上级的支持和下级的拥护，成功也会容易得多。

轻上侮下的人往往是骄横自负、目中无人的人。他们对领导不尊重，认为领导软弱无能，有轻视甚至欺凌之心。这种人容易忽视一点，他们的前途甚至命运都操控在领导的手中，领导虽然在需要这种人时会姑息忍让，一旦不需要，自然不会有其容身之地。领导对下属没有应有的尊重，对下属呼来喝去，下属虽然迫于威势而忍气吞声，但一旦让其手握大权，对领导反戈一击或是见死不救，领导的下场可能就会很悲惨。

关羽和张飞的悲剧就充分说明了这一点。史书上记载，关羽这个人"傲上而不忍下"，虽然对下层的士卒相当体恤，但对与自己是一个阶层的人相当傲慢无礼。其实这是典型自卑心理的表现。马超刚刚投奔到刘备帐下时，刘备立即委以重任，这让关羽心里很不舒服，甚至要丢掉荆州的军务去找马超比武；黄忠被封为"五虎上将"，关羽则愤怒地说"誓不与老卒为伍"。不光是对上级和同僚，对自己的下级，只要跟自己是一个阶层的，他都没有好脸色。糜芳和傅士仁仅仅犯了一点小过失，关羽就当着众将的面对其大加斥责，并要军法处置，使得二人对其非常怨恨。他看不起刘备的养子刘封，两人的关系也不怎么好。后来关羽腹背受敌，糜芳、傅士仁叛降于东吴，刘封、孟达见死不救，这与关羽处理人际关系失当有莫大的关系。

张飞恰恰相反，"爱敬君子而不恤小人"，对部下士卒非打即骂，还喜欢醉酒之后把士兵绑在木桩子上狂抽。这自然会激起部下的愤恨。刘备屡次对张飞加以告诫，张飞就是听不进去。后来张飞被部下刺杀，就非常容易理解了。

作为一个领导，若能处理好上下级的关系，往往会事半功倍。

案例

孔融之死

东汉末年，曹操挟天子以令诸侯，威权强劲。孔融对曹操专权不满，经常将傲慢、对抗的态度表现出来，最终为自己招来杀身之祸。

曹操打败袁绍后，袁绍家的妇人女子多被抢掠，曹操的儿子曹丕就娶了袁熙的妻子甄氏。孔融对此不满，就给曹操写了张小纸条，上面写着："武王伐纣，将妲己赏赐给周公（历史上并无此事）。"曹操不明白其中的意思，就问孔融，纸条上所写的事情出自什么典故，孔融对曹操说："古书上没有，我是用当今的事情做对比，不过是想当然罢了。"

后来曹操讨伐乌桓，孔融又上书嘲讽："大将军（指曹操）远征，境外都为此而萧条。肃慎不向中国进贡楛矢（西周时候的事情），丁零盗走苏武的牛羊（西汉时的事情），现在可以一起跟他们算总账了。"

当时，由于连年战争，粮食匮乏，曹操便下令禁止造酒，以免消耗粮食。孔融很不高兴，频繁地给曹操上书表示反对，言辞非常傲慢无礼。孔融很推崇西周的王畿制度，认为国都方圆千里之内不可以封建诸侯（若是如此，曹操的封地魏国就不能够存在了）。曹操担心他的言论广为人所接受，所以就对他越发地忌惮。

孔融当时名满天下，是士大夫的偶像，所以虽然他屡次冒犯曹操，曹操最终还是咽下恶气，但是对他的怨恨也在潜滋暗长。大臣郗虑向来与孔融不和，知道曹操怨恨孔融，就以小过失上奏免去孔融的官职。曹操对孔融的积怨已深，现在又有郗虑诬陷孔融有罪，那就一不做，二不休，设计陷害他。

曹操让丞相军谋祭酒路粹诬陷孔融说："少府孔融对国家不忠。当初他在担任北海太守的时候，看到国家有乱，王室衰微，就招兵买马，欲行不轨。他还说：'我是圣人孔子的后代，孔氏家族虽然在宋国灭亡了，但统治天下的为什么一定要是"卯金刀"（"卯金刀"合起来就是"刘"的繁体字，汉朝的江山姓刘）呢？'后来他和孙权的使者谈话，大肆地诽谤朝廷。而且，孔融位列九卿，竟然不遵守朝廷的礼仪，在朝堂上不穿朝服，简直是藐视国家的礼法。他还和平头百姓祢衡胡说八道，说：'父亲对于儿子，能有什么亲情可言呢？探究他的本意，不过是纵欲造成的后果罢了。儿子对于母亲又有什么亲情呢？不过像是坛子中装着东西，东西倒出来了，关系也就没了。'不久，他又和祢衡相互吹捧，祢衡称孔融是'仲尼不死'，孔融说祢衡是'颜回再生'。他如此地轻蔑圣贤，藐视国法，实属大逆不道，应该予以严厉的惩罚。"

路粹的奏章呈上去之后，孔融很快就被满门抄斩。

当初，长安人脂习、元升和孔融的关系很好，他们经常劝说孔融不要太过刚直，不然会招来杀身之祸。孔融不听，最终搞得自己家破人亡。

荒虐周宣帝

周宣帝宇文赟是北周非常有名的荒淫无道的帝王。

即位之初，他就放任纵欲。周武帝对他的要求非常严格，他一直对此怀恨在心。在周武帝死后还未下葬的重丧期间，他作为太子一点悲哀的表情都没有，还用手杖敲着周武帝的棺材说："你死得太晚了啊！"他即位后的第一件事不是为自己的父亲治丧，而是先去后宫清点后妃宫女，逼迫她们和自己淫乱。即位刚刚一年，他就广选天下美女填充后宫，纵情于淫欲歌舞之中。

他喜欢自我夸耀，听不得别人的半点意见。他认为天下没有人能比得上自己，因此做事时毫无顾忌。国家的典章制度，他想变就变。后宫妃嫔宫女的名号，多得数都数不过来。他每次接见大臣，都自称为"天"。他用五色土涂饰自己所住的天德殿，根据颜色代表的方位来装饰色彩。他还在后宫与皇后等女子坐在一起，用宗庙中祭祀上天和祖宗的樽彝珪瓒等礼器做饭。他让大臣朝见自己之前，都要斋戒三天，净身一天。

他的车马、服饰的数量都超过前代帝王数倍。他自比上天，不喜欢别人有和自己一样的地方。他曾经在自己所系的绶带和所戴的通天冠上装饰金蝉，后来看见大臣的武弁上饰有金蝉，王公的绶带上也饰有金牌，就规定禁止别人用金蝉装饰。他听不得别人有"高大"之类的称呼。他下令所有姓高的人都改姓姜。高祖不准称高祖，都改称"长祖"，曾祖改称"次长祖"。官名凡是带有"上"和"大"的都改为"长"，带"天"的也要改。别人的车子都要用原木做成，不准雕琢，别人的女人都不准梳妆打扮，只有自己的女人才可以乘坐高车，也只有自己的女人才可以打扮得花枝招展。

西阳公宇文温是他的堂侄。宇文温的妻子尉迟氏有几分姿色，入宫进见皇后的时候被他瞧上了。他强行给尉迟氏灌酒，然后将其强奸。宇文温知道后，害怕会招来杀身之祸，就起兵造反。他派兵镇压，很快就击败了宇文温的反抗，并将其杀死。宇文温刚死不久，他就把尉迟氏接入宫中，先封妃子，后立为皇后。

宇文赟对自己的亲近大臣非常排斥，动辄猜忌。他又非常吝啬，很少给予大臣赏赐。他怕大臣劝谏自己，自己不能随心所欲，就派遣左右亲信暗中观察大臣们的一举一动，并将之都记录下来，只要有丝毫的过失，立即加以重罪。上至公卿，下至一般大臣，几乎没有不挨他鞭子的。因此被他诛杀罢免的，可谓数不胜数。他每次用鞭子抽人，都要以一百二十下为标准，美其名曰"天杖"。后宫的女人虽然娇媚，也经常被他的鞭子抽得皮开肉绽。因此，朝廷内外的大臣、宫女无不心怀恐惧，惶惶不可终日，只求苟全，不求有所作为。

周宣帝人心尽失，天下怨叛，他死后不久，北周的皇位就被外戚杨坚夺走。

用人要信人

【近臣不重[1]，远臣轻之。】

【1】重：亲信，重用。

注曰：淮南王言：去平津侯如发蒙耳。

王氏曰：君不圣明，礼衰法乱；臣不匡政，其国危亡。君王不能修德行政，大臣无谨惧之心；公卿失尊敬之礼，边起轻慢之心。近不奉王命，远不尊朝廷。君上者，须要知之。

白话：最高领导的帮手不受领导信任，那这个帮手在下面也就没有权威，谁都敢轻视他，从而引起内部混乱。

解读：一个聪明的领导，既要善于倾听基层群众的意见，又要善于维护下属的权威。管理体制越完善的团队，越是禁止下属越级办事。

领导对下属不信任，不用就是了。用了却又对其不信任，要么派"监军"掣肘，要么经常听部下的部下打来的小报告，久而久之，底下的人都知道自己的领导说话不算数，丫鬟拿钥匙——当家做不了主，自然就不会服从管理了。一个单位,管理一旦混乱,任何事情就难以进行下去。

 **案例**

唐庄宗不信大将

贝州兵变,庄宗猜忌大将李嗣源,不敢重用,想御驾亲征。宰相和枢密使劝阻说:"京师是国家的根本,现在虽然四处发生叛乱,只要陛下居中指挥,派遣大将讨伐,很快就能平定,何必要亲率戎马呢?"庄宗说:"绍荣(即元行钦)讨伐叛乱久而无功,继岌仍在四川,除了他们,我现在没有大将可供调遣啊。"

枢密使李绍宏说:"陛下依靠谋臣猛将取得天下,现在区区一个州的士兵造反,陛下就说没有大将可用,为什么呢?总管李嗣源是陛下的宗室近臣,身经百战,哪个城池不能攻下?哪个盗贼不能平定?英勇威震华夏。以臣等看来,若是委任其全权讨贼,邺都的乱兵很快就能平定下来。"

庄宗心胸向来宽大,从不猜忌别人。但自从诛杀郭崇韬、朱友谦之后,宦官伶人不断地向庄宗进谗言,军国大事都由这些奸邪小人做主,庄宗开始渐渐地猜忌大臣诸将,不愿让他们手握兵权、带兵打仗。听到李绍宏的奏议,庄宗就说:"我依赖嗣源做我的近身侍卫,卿家请另择他人。"李绍宏却坚持说:"以臣等考虑,除了李嗣源没人能平定邺都的叛乱。"河南尹张全义也极力推荐李嗣源:"河北多事,时间长了必然后患无穷,请陛下尽快让总管率兵征讨。假如陛下依赖元行钦等人,讨贼不可能有什么成效。"庄宗这才勉强让李嗣源带兵出征。

就在李嗣源率兵出征邺都的当天,延州白彦琛上奏,绥州、银州的士兵也据州城反叛了。

李嗣源带兵行至邺都,没过多久,其手下的士兵也发生了叛乱,胁迫李嗣源为帝。平叛的军队与邺都内的叛军汇合一处,进入邺都。皇甫晖、赵进等人继续胁迫李嗣源,逼其统率叛军。李嗣源找了个借口逃出邺都,半夜时到达了魏县。到达魏县之后，李嗣源想向庄宗上表请罪，但其部将安重诲认为庄宗一直猜忌他，旁边又有宦官伶人进谗言，现在请罪等于送死。李嗣源采纳了他的建议，率军驻扎于相州。

元行钦向来嫉妒李嗣源的功绩，此时不断地上奏诬陷李嗣源。李嗣源一天上奏四次为自己辩解，庄宗派遣李嗣源的儿子李从审与宦官白从训携带诏书前往相州安抚李嗣源。李从审和白从训走到卫州（今河南卫辉市）的时候，李从审被元行钦抓了起来，关进大牢，最终没能到达相州。

李嗣源无以自明，后来被叛兵胁迫为帝，李嗣源不得已造反，最后进入汴梁。庄宗李存勖众叛亲离，被自己宠信的伶人杀死，李嗣源遂正式即皇帝位，为唐明宗。

自信的人容易成功

【自疑不信人，自信不疑人。】

注曰：暗也；明也。

王氏曰：自起疑心，不信忠直良言，是为昏暗；己若诚信，必不疑于贤人，是为聪明。

白话：不相信自己的人，自然也不会相信别人；自信而胸襟开阔的人也不会动辄猜疑他人。

解读：君子坦荡荡，小人长戚戚。自信之人豁达大度，坦诚待人，不会随便去猜疑别人。因为既没有必要，又浪费时间。持心公正的人不会动用邪曲的心思，因为他根本不会这样想。习惯行走大路的人往往不会去抄小路。

对自己缺乏信心的人才会动辄猜疑别人。砝码之所以能够用来称量其他物体的质量，那是因为它本身具有标准的质量。自疑之人连自己都不能信任，自然也不会相信别人。称量的砝码都有问题，还能用它去称量别的东西吗？自疑之人往往会以小人之心度君子之腹。

惠施担任魏国的国相后，老朋友庄子前去看望他。这时有人对惠施说：

"庄子前来，是为了夺取你的相位啊。"惠施很是恐慌，就派人在魏国搜捕庄子，三天三夜不停地搜捕。庄子知道后，径直去见惠施，说："南方有种鸟，名叫鹓鶵，你知道吗？鹓鶵从南海起飞，飞往北海，非梧桐不栖息停留，非竹米不进食，非甘美的泉水不饮。鸱鹰得到了一只腐烂的老鼠，看到鹓鶵从自己身边飞过，就以为要与自己争食，仰着头对鹓鶵发出'吓'的怒斥声。你现在也想用你的相位来'吓'我吗？"庄子淡泊名利，鄙视富贵，作为好朋友的惠施应该清楚庄子的为人。但为了防止庄子取代自己的相位，竟在魏国大肆地搜捕三天三夜，难怪会惹起庄子的愤怒和嘲讽了。

自信的人胸有成竹，自疑的人患得患失。自信的人敢于大胆放权，全力委任部下，自疑的人犹豫懦弱，对下属动辄掣肘。自信的人能够成功，自疑的人往往以失败告终，优劣稍加对比就能一目了然。自信的领导往往是最受下属钦佩的。

案例

赵匡胤自信豁达

赵匡胤是一个非常自信豁达的皇帝。刚当上皇帝的时候，他很喜欢微服出巡。大臣们担心皇帝的安危，就劝他不要轻易出行，赵匡胤则自信地说："当皇帝是有天命的。周世宗看见大将是方面大耳（方面大耳的人有福相，可能危及皇位，所以周世宗要杀方面大耳的将领）的，都要杀掉。我是方面大耳，整天侍奉在周世宗左右，最终不是没有什么事吗？"后来，他微服出巡愈加频繁，大臣有劝谏的，赵匡胤就说："如果谁有天命，就让他来吧，没必要整天防着。"

赵匡胤新建了一座宫殿，他端坐在正殿，让下人把所有的宫门全部打开，并对左右大臣说："这些大门就像我的心，没有什么邪曲，人人都能看见。"

吴越国王钱俶朝见赵匡胤，从宰相到百官都请求赵匡胤扣留钱俶，赵匡胤没有答应，派人把钱俶平平安安地送了回去。临别的时候，赵匡胤把大臣要求扣留钱俶的几十本奏折封起来送给钱俶，要求他在回家的途中一个人仔细看看。钱俶在路上开启观看，发现都是要求扣留自己的奏章，心里很是惶恐。后来南唐被宋朝平定，钱俶赶紧上表请求归顺中央。

南汉皇帝刘铱在国内时，喜欢用毒酒毒杀大臣。后来南汉被潘美平定，刘铱便做了俘虏。一次，刘铱跟随赵匡胤一起到讲武池，赵匡胤亲自斟酒赐给刘铱。刘铱怀疑是毒酒，非常惶恐，捧着酒杯，泪流满面地对赵匡胤说："臣有罪，蒙陛下仁慈，赦免了我的罪过。请陛下让我作为宋朝一个平民，享受陛下治下的太平盛世，但万万不敢喝这杯酒。"赵匡胤大笑，对刘铱说："我对人都是把一颗红心放进肚子里，怎么会那样做呢？"说完，就把赐给刘铱的那杯酒自己喝下了，然后又斟一杯赐给了刘铱。

有什么样的领导，就有什么样的下属

【枉士[1]无正友，曲上[2]无直下。】

注曰：李逢吉之友，则"八关""十六子"之徒是也；元帝之臣则弘恭、石显是也。

王氏曰：谄曲、奸邪之人，必无志诚之友。不仁无道之君，下无直谏之士。士无良友，不能立身；君无贤相，必遭危亡。

【1】枉士：邪曲的小人。

【2】曲上：邪僻的领导。

白话：邪曲的小人不会有正直的朋友，邪僻的领导也不会有忠诚的下属。

解读：一个奸邪谄媚的领导绝不会容忍忠诚正直的下属，因为奸邪谄媚者谋私，忠诚正直者谋公，目的不同，利益不同，道路不同，自然是水火难容。

孔子曾说过："益者三友，损者三友。友直，友谅，友多闻，益矣；友便辟，友善柔，友便佞，损矣。"正人君子不与小人结交，奸邪小人也不容正人君子在其谋取私利时碍手碍脚，这两类人不但缺乏交集，更是水火不容，自然难以共事。物以类聚，人以群分，我们现在叫各类人的集合为"圈子"，不是一类人，自然进不了同一个圈子。

榜样的力量是无穷的，奸邪谄媚的领导，其亲信必是更为奸邪无耻的小人，上梁不正下梁歪，自古以来都是这个道理。小人在一起，除了谋私利，害贤能，不会做出任何有意义的事。人们常说狼狈为奸，说的就是这类人。既然只能坏事，不能成事，那还做什么事？上梁不正下梁歪，下梁不正倒下来。

案例

狼与狈，总为奸

西晋的赵王司马伦，为人贪鄙，才能低下。在担任征西将军镇守关中时，刑罚失当，搞得氐、羌等少数民族全部反叛。朝廷看司马伦成事不足，败事有余，就召他回来。司马伦虽然没有什么本事，但溜须拍马非常在行。他深交贾后的侄子贾谧以及贾后的母亲郭槐，又千方百计地谄媚讨好贾后，很为贾后所亲信。司马伦向贾后请求任命自己为录尚书事，张华、裴頠认为司马伦的水平太低，不堪大任，坚决反对，贾后这才作罢。没过多久，司马伦又请求贾后任命自己为尚书令，张华、裴頠仍然坚决反对，结果又作罢。

司马伦不学无术，大字不识一个。他有一个亲信孙秀，为人非常狡猾，善于耍小聪明，而且贪婪淫荡。司马伦、孙秀先是怂恿贾后杀掉晋惠帝太子司马遹，然后二人以此为借口发动政变，废掉了贾后，诛杀了贾后所有的亲党。

政变后，司马伦独掌大权。他一直对张华、裴頠反对自己提升的事情怀恨在心，遂将张华、裴頠、解结、杜斌等重臣全部杀掉。他让儿子散骑常侍司马荂兼任冗从仆射；司马馥任前将军，封济阳王；司马虔任黄门郎，封汝阴王；司马诩任散骑侍郎，封霸城侯。孙秀等人都被封授大郡，且执掌兵权。与司马伦、孙秀结交共事的人，全都是奸佞邪曲之徒，只知道贪图眼前的名利，而无半点深谋远虑。司马伦的世子司马荂为人浅薄粗陋，其他的儿子司马馥、司马虔、司马诩，不是愚昧暴戾，就是顽劣浮躁，没有一个像样的。就是这群昏庸的人，个个都认为自己很了不得，互相不服气，钩心斗角。

司马伦的水平向来平庸低劣，毫无智谋，掌权不久便受制于孙秀。孙秀的权势震动朝廷，所有人有事都去找孙秀，而不搭理司马伦。孙秀以前不过是琅邪的一个小吏而已，因善于谄媚巴结，故而被司马伦所赏识。现在孙秀掌握了朝廷的权柄，立刻就显露出小人本色。他残害忠良，肆无忌惮地满足个人私欲。司隶从事游颢与殷浑有过节，殷浑引诱游颢的奴仆晋兴诬陷游颢心怀不轨，孙秀不加详察，立即逮捕游颢和襄阳中正李迈，加以诛杀。孙秀对晋兴这样吃里爬外、忘恩负义的小人却非常欣赏，不但对他照顾得非常周到，而且将其提拔为自己的部曲督。前卫尉石崇、黄门郎潘岳都和孙秀有些小矛盾，孙秀将他们全部无罪杀害。孙秀的所作所为，让京城的士大夫都不愿意生活在那片污浊的天空下。

不久，司马伦、孙秀废掉晋惠帝，将其囚禁于金墉城，司马伦自立为帝。当时齐王司马冏、河间王司马颙、成都王司马颖都统率强兵，割据一方。三王对司马伦、孙秀等人的篡逆不满，联合起来讨伐司马伦。此时朝中的文武百官没有一个不想诛杀司马伦、孙秀的。很快，司马伦的部将王舆起兵进攻孙秀，孙秀被杀死，司马伦父子也全部被诛杀。

小人难与共处

【危国无贤人，乱政无善人。】

注曰：非无贤人、善人，不能用故也。

王氏曰：谗人当权，恃奸邪檀害忠良，其国必危。君子在野，无名位，不能行政；若得贤明之士，辅君行政，岂有危亡之患？纵仁善之人，不在其位，难以匡政直言。君不圣明，其政必乱。

白话：一个国家濒于灭亡，这个国家的贤人必定不被任用；一个国家的政局混乱，掌控时局的也必定不是善人。

解读：何为"危国"？何为"乱政"？理解了这两个词的意思，这句话的意思就好理解了。危国即局势动荡、行将灭亡的国家；乱政即奸佞当权、腐败透顶的政局。乱政和危国是相辅相成的，而且往往是先有乱政，后有危国。

从古到今，都是贤人君子能容小人，小人难容贤人君子。一个国家奸佞当权，贤人君子就无法立于朝堂，非诛即逐。一个国家无贤人主政，任由小人胡来，内部会激起民怨，外部则招来敌国觊觎，局势动乱，难以安宁，不亡何待？

奸邪小人之所以能够猖獗，与领导的骄纵和昏昧有着莫大的关系。领导若是能够修身正己，秉持公正，重用贤能，奸邪小人岂有容身之地？奸邪小人是寄生于国家和社会机体之上的蛆虫和硕鼠，危害相当巨大，明智的领导应时时保持对他们的警惕。

案例

张华

西晋末年，皇后贾南风专制朝政，任人唯亲，以自己的族兄贾模为散骑常侍，加侍中。贾谧与贾后认为张华不是司马氏宗室，不会对他们的权势产生威胁，加之张华为人儒雅，富有谋略，为众望所归，贾后遂有意将朝政委之于张华。贾后疑虑未决，就向大臣裴𫖮征求意见，裴𫖮深表赞同。贾后就以张华为侍中、中书监，以裴𫖮为侍中，又以安南将军裴楷为中书令，加侍中，与右仆射王戎共同掌管国家大政。

张华对朝廷忠心耿耿，呕心沥血，以弥补朝政缺失。贾后虽然为人狡诈凶狠，但对张华一向敬重。贾模与张华、裴𫖮同心辅政，虽然晋惠帝不能理事，贾后肆意妄为，但几年内朝野平静，百姓安定。这都是张华等人的功劳。

但贾后专政，西晋政治日益腐败，加之又多次发生自然灾害。张华的小儿子张韪认为朝政危殆，劝张华退位，不要再蹚朝廷的浑水，张华却听不进去。

赵王司马伦和孙秀图谋篡夺皇位，想先除掉朝中有声望的大臣，就逮捕了张华、裴𫖮、解系、解结等大臣。张华对司马伦的党羽张林说："你要杀害忠臣吗？"张林拿着诏书责备张华："你作为宰相，太子被废，你不能为气节而死，为什么呢？"张华说："当初我就不同意废掉太子，苦谏不听，我当时的奏折还在，可以一一查证。"张林又说："劝谏不从，为什么不退位呢？"张华无以对答。司马伦、孙秀遂斩杀张华，诛灭其三族。张华死后，阎缵抚摸张华的尸体痛哭，说："早就劝您退位，而您不听，现在终没幸免于难，这就是命啊！"

周处

周处为东吴大臣周鲂之子，后来担任西晋的御史中丞，疾恶如仇，弹劾不避权贵。梁王司马肜曾经犯法，周处调查其罪过，加以弹劾。后来司马肜接替赵王司马伦为征西大将军，都督雍凉军事，为政不善，引起氐人造反。氐人立齐万年为帝，声势浩大。齐万年率众围攻泾阳，司马肜不能解救。朝廷遂以周处为建威将军，与振威将军卢播隶属于安西将军夏侯骏帐下，共同讨伐齐万年。

中书令陈准上奏朝廷，说："夏侯骏和梁王都是皇帝的近亲，不是将帅之才，战胜不求名誉，战败不怕责罚，不适合担任主帅。周处为吴地之人，忠诚正直，英勇果敢，在朝廷上只有仇敌，却无援助。陛下应该下令让积弩将军孟观统率一万精兵作为周处的前锋，这样必定能够扫灭反贼。不然的话，梁王必定让周处作为前锋，然后让其陷入死地而不加救援，则讨贼必定会失败。"晋武帝不听。

齐万年知道周处要来讨伐自己，就说："周府君曾担任新平太守，文武全才，假若拥有专断之权，我们则抵挡不住；若是受制于人，则必定会被我们所擒获。"

当时齐万年拥兵七万，梁王司马肜、安西将军夏侯骏下令让周处率兵五千前往讨伐。周处知道他们是让自己去送死，就说："我只有五千人，也没有后援，必定会失败，不仅我个人会因此丧命，也会让朝廷因此蒙羞。"司马肜和夏侯骏不听，逼迫周处出战。周处遂与卢播、解系率五千人与齐万年的七万人大战于六陌。周处的军士尚未吃饭，司马肜强令周处快速出战。周处从早上战至夜晚，斩杀敌人甚众，但自己也兵穷矢尽，援兵也迟迟不到。周处的部将都劝周处撤退，周处按剑发怒，说："今天正是我为国家效命的时候！"

力战而死。朝廷虽然因此责怪了司马肜，却不能治他的罪。

跟着好领导才有前途

【爱人深者求贤急，乐得贤者养人厚。】

注曰：人不能自爱，待贤而爱之；人不能自养，待贤而养之。

王氏曰：若要治国安民，必得贤臣良相。如周公摄政辅佐成王，或梳头、吃饭其间，闻有宾至，三遍握发，三番吐哺，以待迎之。欲要成就国家大事，如周公忧国爱贤，好名至今传说。聚人必须恩义，养贤必以重禄；恩义聚人，遇危难舍命相报。重禄养贤，辑国事必行中正。如孟尝君养三千客，内有鸡鸣狗盗者，皆恭养敬重。于他后遇患难，狗盗秦国孤裘，鸡鸣函谷关下，身得免难，还于本国。孟尝君能养贤，至今传说。

白话：真正仁爱的人，往往求贤若渴；真正爱惜人才的人，往往待人优厚。

解读：真正仁爱的人往往都是心怀百姓，先天下之忧而忧的仁人志士。这样的人胸怀济世安民的志向，渴望实现内心的理想和抱负，必然求才若渴，厚待贤人。

齐桓公急欲实现富国强兵的愿望，求才若渴，重用管仲、隰朋、鲍叔牙等贤才。尤其是管仲，曾是他的死敌，差一点射杀了他，但管仲确实非常有才干，齐桓公不计前嫌，任之为国相。管仲成为齐国国相后，对齐桓公说："我虽然职位很高，但穷得很。"齐桓公立刻赐给管仲三归之家（三处封地，待遇是普通卿大夫的三倍）。管仲不满足，又对齐桓公说："我已经很富有了，但是地位卑贱。"齐桓公立即就把管仲置于齐国地位最高的国氏、高氏之上。管仲还不满足，说："我的地位虽然尊贵了，但与君王的关系还不够亲近。"齐桓公就称管仲为"仲父"。有人可能不解，管仲作为一国国相，为什么会这么贪心，胃口怎么就这么大呢？现在看来，这可能是管仲的一种策略，目的就是打造齐桓公尊崇贤人、厚待贤人的光辉形象。但齐桓公对管仲的厚待，后世是罕有的。因此齐国在其君臣的共同努力下，很快就国富兵强，齐桓公"九合诸侯，一匡天下"，使齐国强盛到了极点。

还有一则故事，也是讲齐桓公的。说齐桓公正要招贤纳士，一个人过来毛遂自荐。齐桓公问这个人有什么本事，这个人说自己会背九九表。齐桓公大笑，那个人却不卑不亢，一脸严肃地说："如果君王连我这样的人都能够以礼相待的话，还用担心天下的贤才不会到来吗？"齐桓公立即改容正色，向这个人赔罪，并加以优待。

这就是齐桓公的霸业为什么后世无人超越的原因。

案例

刘备三顾茅庐

刘备在汝南被曹操打得大败后，前往荆州投靠刘表。刘表对其很是礼待，但不敢重用，只让其率兵屯守新野。刘备在新野兵少力微，故求才若渴，广结豪杰。他向襄阳名士司马徽求教，司马徽说："普通的书生庸人哪里会知道国家大计？拥有治国才略的人都是杰出的人才啊。这样的人才荆州有两位，一个是卧龙，一个是凤雏。"刘备就问："敢问先生，卧龙、凤雏都是谁啊？"司马徽说："卧龙名叫诸葛亮，凤雏名叫庞统。"徐庶前往投靠刘备，刘备对其甚是器重。徐庶对刘备说："诸葛孔明，是人中卧龙，将军想见见他吗？"刘备就说："让他和你一起过来吧！"徐庶说："这个人将军只能亲自去请，而不可以召唤过来，将军应该亲自去拜会一下他。"

刘备就和关羽、张飞前往诸葛亮的草庐拜访。前两次去，诸葛亮都不在，刘备就耐着性子说服关张二人第三次前往拜访。大家要知道，刘备在当时可是朝廷的封疆大吏，官至右将军、豫州刺史，相当于现在的大区司令兼一省省长，而诸葛亮就是一个在南阳耕田的普通百姓，地位是绝对不相称的。若不是求才若渴，一般人是绝对做不到这一点的。

刘备一见到诸葛亮，立即屏退下人，推心置腹地对诸葛亮说："国家危弱，奸臣（指曹操）专权，我虽然能力有限，但还是竭力地为天下人伸张大义。但我本人愚蠢驽钝,所以才沦落到今天的地步。但我仍然坚持自己的志向,只是不知下一步该怎么办,特向先生求教。"诸葛亮从容地向刘备提出三分天下的对策,即后世闻名的《隆中对》。刘备茅塞顿开,对天下形势豁然开朗,遂坚持请诸葛亮出山,为自己谋划运筹。刘备与诸葛亮的关系日益亲密,这引得关羽、张飞不悦。刘备就对关、张二人说:"我得孔明,如鱼得水,大事可图,请你们不要再说了。"关羽、张飞这才作罢。

建安十三年(公元208年),曹操南征,刘表病死。刘表临终前曾要上表推荐刘备出任荆州刺史,就对他说:"我的两个儿子都不成器,得力的大将也大多先我死去。我死以后,兄弟你就替我治理荆州吧。"刘备说:"兄长的儿子自然贤能,请您安心养病。"有人劝刘备答应刘表,刘备说:"刘景升对我这样厚待,现在若是取得荆州,人们必定会说我薄情寡义,所以不忍心啊!"

刘表死后,少子刘琮即位。不久,曹操大兵压境,刘琮自知不敌,遂投降曹操。当时刘备屯守樊城,刘琮没敢把投降曹操的消息告诉刘备。过了一段时间,刘备才知道刘琮投降的消息,就派遣使者前往荆州核实。刘琮看瞒不下去了,才派遣属官宋忠到樊城通知刘备。当时曹操大兵已经到达了南阳,刘备闻讯大惊,对宋忠说:"你们投降曹操不早点告诉我,现在祸事临头了才想到我,太过分了吧!"刘备拔出佩刀,指着宋忠说:"现在就算砍了你的脑袋,也不足以泄愤,我也以临别杀死景升故吏而感到羞耻。你走吧!"宋忠抱头鼠窜而去。

刘备召集手下共商大计。诸葛亮劝说刘备趁机进攻刘琮,荆州唾手可得。刘备拒绝了,说:"刘景升临终前托孤于我,现在为了自保而背信弃义,不是大丈夫所为。如果这样,我死之后,又有什么脸面去见景升呢?"刘备自知打不过曹操,就率领自己的部将离开樊城,前往江陵投靠刘琦(刘表长子)。人马经过襄阳的时候,刘备驻马召唤刘琮见面,刘琮心虚,不敢见刘备。刘备无奈离开,刘琮手下的人马和荆州百姓都纷纷抛弃刘琮而追随刘备。刘备在经过刘表墓地时,下马拜祭,痛哭流涕。经过当阳的时候,追随刘备的荆州百姓已经有十多万人了,辎重车马好几千辆,一天一夜只能走十几里路。眼看曹操的铁骑就要追过来了,部下都劝刘备丢下百姓,独自逃跑。刘备拒绝说："成大事的人必定以人为本，百姓们都是前来投靠我的，我怎么能忍心丢下他们而独自离去呢？"

后世习凿齿在评论刘备的这一行为时曾说："刘备在遭受困难艰险时而越发坚守信义，形势逼迫而不抛弃天道。追念刘表对其的厚待，使三军将士为之动容；不辜负百姓的爱戴，而甘心与他们一起遭受失败。这样大仁大义的人终于建立蜀汉大业，难道不是应该的吗？"

韩信不背汉

韩信攻齐，齐王田广和楚国大将龙且联合抗击汉军，韩信用计大败齐楚联军，杀死了龙且。龙且为项羽手下第一勇将，所部也为楚军精锐。龙且被杀，项羽非常惶恐，就派武涉游说韩信："天下百姓苦于秦朝的暴政很久了，因此咱们共同起兵灭掉了秦国。秦国已经灭亡，项王按照功劳封诸侯为王，赐予封地。从此天下太平，再无兵革之祸。没想到汉王又兴兵东出，侵犯别人的名分，抢夺别人的封地。汉王已经攻破三秦，又带兵出函谷关，收集诸侯之兵向东进攻项王。由此看来，汉王不吞并天下所有的土地是不会罢休的，他贪心到了如此地步。而且汉王这个人极不可靠，数次被项王打得落荒而逃，好几次命都握在项王手里，项王可怜他，让他活下来。然而一旦逃走，他就立刻背叛约定，再次进攻项王。这个人是如此不可亲信。足下虽然现在和他交情深厚，全力为他带兵打仗，最后还是要栽在他的手里。足下之所以能够保全性命至今，是因为项王还在。现在项王和汉王的成败都掌握在足下的手里。足下向右倾斜，则汉王获胜；向左倾斜，则项王获胜。假如项王今天灭亡，明天就会轮到足下。足下和项王以前也有交情，为什么不离开汉王和项王联合，三分天下各自称王呢？现在您舍弃这么好的机会，死心塌地地替汉王进攻项王，作为一个智者，不应该这样吧？"

韩信对武涉说："我过去投靠项王的时候，不过是项王仪仗队里的一个低级军官，项王对我不太信任，我因此离开项王而投靠汉王。汉王让我担任上将军，统率数万军队，脱下他的衣服给我穿，让出他的饭食给我吃，对我非常信任，才有我韩信的今天。一个人如此亲信我，我若是背叛他，必定会招来灾祸。因此，就算是死，我也不会背叛汉王。请代我谢谢项王的好意，很对不起！"

武涉离开后，齐人蒯通认为天下的大权都掌握在韩信手中，想利用奇谋来感动他，劝其趁机背叛汉王，与汉王、项王三分天下。韩信仍然对蒯通说："汉王对我非常优待，把他的车子给我坐，将他的衣服给我穿，把他的食物给我吃。我听说，乘坐别人的车子，就要分担别人的忧患；穿别人的衣服，就要心里装着别人的忧虑；吃别人的食物，就要一心一意地为别人做事。我岂能因为个人的利益而忘恩负义呢？"

韩信最终没有背叛刘邦，并在垓下之围中设十面埋伏的计策，一举消灭了项羽，帮助刘邦统一了天下。

事业兴盛在于人才

【国将霸者士皆归，】

注曰： 赵杀鸣犊，故夫子临河而返。

白话： 一个国家将要崛起称霸时，天下的人才就会纷纷前来归附。

解读： 得人而盛，失人而灭，一个集体要发展壮大，吸引人才是关键。曹魏崛起时，文有荀彧、荀攸、郭嘉、程昱、贾诩、刘晔为之筹划，武有张辽、张郃、许褚、于禁、夏侯惇、夏侯渊、曹仁、曹洪为其驱驰。曹操正是靠着这些人，擒吕布，灭袁术，败袁绍，虏刘琮，雄踞中原。蜀汉在崛起时，同样也是人才济济，文有诸葛亮、庞统、马良、廖立、蒋琬等能臣，武有关羽、张飞、赵云、马超、黄忠、魏延等猛将。当时曹魏占天时，东吴得地利，蜀汉正是靠着人才的努力才得以在夹缝中崛起。后人总结，三国时期之所以在分裂割据的时代中最为后世所偏爱，正是因为"人"谋的力量达到了极致，人类智慧的光辉最为璀璨夺目。

蜀汉后期，人才凋零，出现"蜀营无大将，廖化为先锋"的局面。费祎以后，更无人才支撑局面，蜀汉很快就衰落下去，不久就被司马昭灭掉了。

一个团队、一个单位也是如此。领导再能干，不能形成人才共济的局面，必然独木难支。鲁班一个人建不成大厦，众多能工巧匠共同努力才能建造宏伟的殿堂。然而，若要人才归附，不但要有优厚的物质条件，更要有吸引人才的良好环境，能够让其充分施展才华。所有这些，没有英明的领导为之做出巨大努力，都难以做到。周公为了招纳贤才，洗一次澡，要三次顶着湿淋淋的头发出来接待贤才；吃一次饭，要数次吐掉口中的食物，也是为了接待贤才，深恐怠慢。一个团队、一个单位若要强大，领导若欲有作为，周公是很值得学习的榜样。

 案例

独霸西戎秦穆公

秦穆公是春秋时期著名的贤君，仁厚爱人，尊贤重士，虽然没能称霸中原，但终能称霸西戎，强盛一时。

晋献公灭虞、虢两国时，俘虏了虞国国君和大臣百里奚。晋献公把百里奚作为秦穆公夫人（秦穆公夫人是晋献公的女儿）陪嫁的奴隶送到秦国。百里奚认为秦国是戎狄之国，不愿意留在那里，就逃了出来。行至南阳时，被楚国边境的士兵捉了起来。秦穆公知道百里奚是个贤人，就想用重金将其赎回，但又担心使用重金会引起楚国的警觉，就故意对楚国人说："我国一个陪嫁的奴隶百里奚被贵国抓住关在大牢里，我想用五张黑色的公羊皮把他换回来。"楚国认为这笔买卖很划算，就把百里奚绑起来送回了秦国。

当时百里奚已经年过七十，秦穆公亲自解开他身上的枷锁，向他询问国家大计。百里奚推辞说："我是亡国之臣，哪里值得君王询问？"秦穆公说："虞国国君不听您的忠言才导致国家灭亡，哪是先生的过错呢？"秦穆公坚持虚心求教。百里奚见秦穆公如此礼贤下士，就施展平生所学，和秦穆公聊了三天三夜治国安邦的道理。秦穆公听后，如沐春风，就让他执掌秦国的国政，封

为"五羖大夫"。百里奚推辞说："我的好友蹇叔才能远胜于我，只是世人不知道他的贤能而已。我在齐国游学时，贫困交加，沦落街头乞讨，是蹇叔收留了我。我曾想为齐国国君公孙无知效力，蹇叔劝阻了我，我得以逃脱齐国的内乱而保全性命。周王子颓喜欢牛，我就用养牛游说子颓。等到子颓要重用我的时候，蹇叔又劝阻我。我离开了周国，子颓果然作乱，兵败被杀，我得以再次躲过一劫。后来，我去侍奉虞国国君，蹇叔又极力劝阻。我虽然知道虞国国君不能采纳我的建议，但为了俸禄爵位，最终还是留在了虞国。我两次采纳蹇叔的建议，都躲过了祸乱；一次不用他的建议，就遭受了虞国的灭国之祸。由此，我才知道蹇叔是真正的贤人。"于是，秦穆公让人送上厚礼，把蹇叔接到秦国，封为上大夫。

晋国大臣吕氏、郤氏怀疑丕郑和流亡在外的公子重耳暗中往来，就劝说晋惠公杀掉了丕郑。丕郑被杀后，其子丕豹逃亡到秦国，游说秦穆公说："晋国国君无道，百姓离心，我们可以起兵讨伐他。"秦穆公说："百姓要真是离心离德的话，国君怎么能够诛杀大臣而不引起反叛？惠公能够诛杀大臣而百姓无怨，这说明晋国的人心还是比较稳定的。"秦穆公虽然没有采纳丕豹的建议，但还是暗中任用了丕豹。

戎王让大臣由余出使秦国，秦穆公向由余展示秦国雄伟的宫殿和府库丰富的积储。由余说："让鬼神来做这些事情，也会使鬼神劳苦；让人来修建这些宫室，那更是困顿百姓了。"秦穆公很奇怪，就问："中国（指当时华夏民族居住的地方）以诗、书、礼、乐、法度来治理国家，尚且经常发生祸乱。你们戎夷没有这些制度，怎么能治理好国家呢？"由余笑着回答："您所提到的诗、书、礼、乐、法度其实就是中国发生祸乱的根源。上古圣人黄帝制作礼、乐、法度，自身率先施行，也仅仅取得小治的成果。后世统治者日益骄奢淫逸，操纵法度的威势来奴役百姓，百姓劳苦倦极就会怨恨统治者不施行仁政。这样，上下互相怨恨争权夺利，以至于家国灭亡。中国的祸乱，大致都是这样发生的。而戎夷却不这样。统治者修养德行来治理百姓，百姓坚守忠信来侍奉统治者，治理一个国家就像管理自己的身体一样容易。戎夷不知道什么叫'治世'，却能长期保持和谐稳定，这才是圣人所追求的真正的'治世'啊！"

秦穆公看到由余见识不凡，就对内史廖说："我听说如果邻国有圣人，敌国就该为此担忧。现在西戎的由余如此贤能，这是我的心腹大患啊。怎么办？"内史廖就献了一条毒计："戎王身处偏僻之地，从来没有听到过中国的音乐。君王您试着馈赠戎王歌女，败坏他的志向德行。然后请求由余出使我国，疏远他们君臣之间的关系。由余在出使我国的时候，我们就把他扣留起来，不让他回去，只要过了出使的期限，戎王必定怀疑由余。只要他们君臣相互怀疑，我们就能将其俘虏。而且，戎王若是贪图声色，必然会怠于政事。到时，我们就有机可乘了。"

秦穆公采纳了内史廖的意见，对由余极其尊重和厚待，向他询问西戎的地理形势和军事状况。与此同时，秦穆公派内史廖送给戎王十六名美貌的歌女。戎王欣然接受，爱得不得了，与其玩乐了一整年也不想还给秦国。眼看时机成熟，秦穆公就把由余放回西戎。由余看到戎王沉溺于声色，屡次劝谏，全无效果。秦穆公又屡次派人离间由余和戎王的关系。由余迫于无奈，最后投靠了秦国。秦穆公给予由余高规格的礼待，并向他询问讨伐西戎的计策。

后来，秦穆公采用由余的谋划灭掉了西戎，吞并了十二个国家，开地千里，称霸西方。周天子派遣召公赐予秦穆公金鼓以示祝贺。

人才流失，事业衰亡

【邦将亡者贤先避。】

注曰：若微子去商，仲尼去鲁是也。

白话：一个国家将要灭亡时，贤人纷纷隐居，躲避灾祸。

解读：贤能之人往往对社会形势有敏锐的洞察力，能够见微知著，预先采取行动使自己免于祸患。

一个国家政治混乱，奸佞当权，腐败透顶，贤人君子必然不能立于朝堂之上，反倒是无耻小人能够大行其道。贤人若要匡救危难，必定会成为奸险小人谋取私利的障碍，不但难以解救危难，反而会招来杀身之祸。而且这样的政权必定难以长久，参与其中极有可能玉石俱焚，充当陪葬品。因此，贤人都懂得提前避祸。

现实生活也是一样，对于可能将自己卷入其中的祸事，一旦看出端倪，就要立刻果断地避开。然而抉择是艰难的，因为在避开祸患的同时也意味着放弃很多东西，比如富贵、名利等，这些都令人难以割舍，不具有长远眼光和坚定决心的人是做不到的。

案例

国之将亡，贤人先避

晋武帝死后，西晋的政局日益混乱，有识之士知道大难在即，纷纷避难自保。

晋惠帝即位后，张轨看到朝廷内有杨骏专权，外部方镇拥兵自重，而皇帝暗弱，皇后强悍，感到天下将乱，不得不寻求自保。他认为河西（凉州一带）地理位置相对独立，水草丰美（那个时候没有沙漠化的问题），一旦天下大乱，保有河西就可以效法东汉初年的窦融（西汉末年，天下大乱，窦融保有河西，稳定一方，成为东汉的大功臣），所以他要求外放凉州。当时凉州的形势很乱，内部盗贼丛生，外部鲜卑时时寇略。张轨到达凉州后，以宋配、氾瑗为谋主，保境安民，实行善政，威震西北。后来西晋分崩离析，张轨保有河西，建立了前凉政权。

蒯钦是杨骏姑姑的儿子，屡次以直言劝谏杨骏。别人都担心他因此激怒杨骏，最终招来杀身之祸，蒯钦则说："杨文长（杨骏的字）虽然昏庸，但不妄杀无罪之人。他只是会疏远我，我要是被他疏远，以后出现祸患的时候就能幸免于乱。不然，我就会和他一样被灭族。"后来贾后勾结楚王司马玮发动政变，杨骏被灭族，而蒯钦则逃过一劫。

杨骏要征召匈奴东部人王彰为自己的属官，王彰避而不受。王彰的好友张宣子感到不解，就问他。王彰说："自古以来，凡是一家连续出现两个皇后的，没有一个不败亡的。况且杨太傅（指杨骏）亲近小人，疏远君子，专权放纵，他离败亡没有多远了。我越过沙漠，逃到塞外来躲避他，尚且担心招来祸患，为什么还要顺从他的征召呢？况且晋武帝不顾社稷的安危，儿子不堪大任，托孤的人又不称职，不久就要天下大乱了！"

裴頠把韦忠推荐给重臣张华，张华立刻征召韦忠为官，韦忠托病不起。有人问韦忠原因，韦忠说："张茂先（张华，字茂先）华而不实，裴逸民（裴頠，字逸民）贪得无厌，他们都不顾国家典礼而附和贼后（指贾后），这难道是大丈夫的所作所为吗？裴逸民虽然有心推荐我，但我常常害怕被他牵连，躲避他唯恐不及，哪还敢去亲近他呢？"后来张华在八王之乱中被杀，韦忠获得自保。

江东名士张翰、顾荣看到西晋政局混乱，都怕祸及自身。张翰看到秋风吹起，就想念江南的莼羹、鲈鱼脍等美味，叹息说："人生贵在随顺自己的志趣，不然，富贵又有什么用呢？"说完，立即弃官回家。顾荣整天狂饮，不管政事，长史认为他不称职，就报告齐王司马冏，将顾荣贬为中书侍郎。颖川处士庚衮知道权臣司马冏一整年都没有朝见晋惠帝，就叹息说："皇帝没有权威，祸乱将要发生了！"就带领自己的妻子儿女逃进林虑山中避祸。

成大事者需大胸怀

【地薄者，大物不产；水浅者，大鱼不游；树秃者，大禽不栖；林疏者，大兽不居。】

注曰：此四者，以明人之浅则无道德，国之浅则无忠贤也。

王氏曰：地不肥厚，不能生长万物；沟渠浅窄，难以游于鲸鳌；君王量窄，不容正直忠良。不遇明主，岂肯尽心于朝。高鸟相林而栖，避害求安；贤臣择主而佐，立事成名。树无枝叶，大鸟难巢；林若稀疏，虎狼不居。君王心志不宽，仁义不广，智谋之人，必不相助。

白话：土地贫瘠的地方，不会长出大的植物；水浅的洼地，不可能有大鱼游弋其中；枝叶稀疏的树上，不会有大鹏、鹰隼这样的鸟类栖息；树木稀疏的林子，猛虎也不会在其中徜徉。

解读： 作为一个领导者，一定要大气。领导者缺乏开阔的胸襟，度量狭窄，便容易嫉贤妒能，见不得别人比自己强。他遇到有才干的下属便会打压排挤，生怕别人会威胁自己的地位。这样的领导手下自然难有优异的人才。

曹操就是一个很好的例子。曹操本人非常有才，他很爱才，但也很忌才。孔融和杨修因此都被曹操杀掉了。所以，他手下有大量的能人，却难以得到诸葛亮、庞统及周瑜这样的英霸之器。这也是他留不住关羽的原因。

案例

唐太宗厚德得人

一次，有人向唐太宗上书，要求除掉皇帝身边的奸臣。太宗问："谁是奸臣？"这个人就说："臣身处朝堂之外，不知道具体是谁。希望陛下和大臣们交谈，然后假装生气来测试一下。那些能坚持法理而不向陛下屈服的人就是忠臣，那些畏惧陛下威势而随声附和的人就是奸臣。"太宗不以为然："君王是源，大臣是流，根源污浊却要支流清澈，这是不可能的。君王自己诈伪，又有什么资格苛求大臣正直呢？我正要以诚治理天下，看到前代帝王都喜欢耍一些权谋诡谲的招数来对待下臣，我内心很以为耻。你的方法可能很不错，但我还是不能采用。"

太宗说："近来，常有大臣向我上表祝贺国家出现祥瑞。国家安定，百姓富足，就算没有祥瑞，也不会妨碍君王成为尧舜那样的圣王；百姓怨恨愁苦，民生凋敝，就算每地都出现祥瑞，也不能阻止君王成为桀纣那样的暴君。北魏时期，官吏把连理木当柴烧，煮白野鸡当肉吃，北魏不是依然乱得不可开交吗？"不久，太宗下诏："从今以后，只有出现非常重大的祥瑞才允许上表让我知道，其余的祥瑞，上报给具体负责部门就行了。"曾有一只白色的喜鹊在太宗寝殿的槐树上修了一个巢，与树相形，恰如一个庆贺的腰鼓。身边的大臣以为这是祥瑞，纷纷向太宗称贺。太宗说："我经常嘲笑隋炀帝喜欢大臣上表称贺祥瑞。一个国家的祥瑞就是能够得到贤人。这些东西又怎么值得上表称贺呢？"说完，就命人毁了鸟巢，把白喜鹊放回了野外。

一次，太宗巡视监狱，审理在押的犯人。有一个名叫刘恭的人，因为脖子上不知怎么就生出一个"胜"字形状的斑纹，就自称"应当取得天下"，因此被关进大牢。太宗说："假如上天要成就他，这不是我能够除掉的；假如他没有天命，一个'胜'字又能怎样？"遂下令将其释放。

各地少数民族的君长纷纷亲赴长安要求唐太宗接受"天可汗"的尊号，太宗说："我本为大唐天子，现在又要作为可汗来治理外夷啊！"大臣们和各个少数民族的使者都高呼万岁。从此以后，太宗赐玺书给西北的少数民族君长，都自称"天可汗"。

太宗平灭东突厥以后，突厥原先的部落有的北附薛延陀，有的向西投奔西域，投降唐朝的还有十几万口。关于如何处置突厥的降众，绝大多数大臣认为应该分散他们的部落，改变他们的习性，让其永远不能成为中国的边患。中书令温彦博认为："将突厥降众迁徙于中原腹地，这并不符合他们的习性，不是国家稳妥安置他们的办法。我们可以参照汉武帝将匈奴降众安置于北方边境地区的做法，保留他们的部落，顺从他们的风俗，让他们填充中国空置的土地，作为中国的屏障。这是比较稳妥可行的办法。"魏徵不认同温彦博的办法，他认为突厥难以驯服，若留在中国，长此以往，必将成为中国的心腹之患。温彦博说："一个真正的帝王，不应该抛弃世间万物。现在突厥降众走投无路前来归附，为什么要抛弃他们不管呢？孔子说：'有教无类。'假如我们能够拯救他们于危难，教授他们生存的技能，用中国的礼仪制度教导他们，几年之后，这些突厥人就会全部成为中国的子民。到时，我们选择他们的酋长，让其入宫侍奉陛下，他们会畏惧我们的威严而心怀我们的恩德，又有什么祸患呢？"太宗最终采纳了温彦博的建议，将突厥的降众安置在东起幽州，西至灵州（今宁夏灵武西南）的广大边境地区。太宗将突厥故地设置为顺、祐、化、长四州都督府，分颉利的领地为六州，东部置定襄都督府，西部置云中都督府，管理当地突厥降众。突厥的酋长有来投靠的，太宗都授予将军、中郎将的职位，让其分列朝廷，以示尊宠。突厥五品以上的官员就有一百多人，几乎占了朝官的一半，突厥人因入朝做官而入住长安的有近万户。

齐州（治今山东济南）人段志冲向太宗上密奏，请太宗让位给皇太子李治。李治听说这件事后，非常担心，整日忧心忡忡，每次说话时都泪流满面。长孙无忌请求太宗诛杀段志冲，太宗亲手下诏说："山川大海深广无垠，就算藏污纳垢，也无损于自身的博大。段志冲想以个人之力让我退位，假如我真是犯有大罪，他这样做是应当的；假如我没有罪，这只会显示其狂妄无知。就像巴掌大的雾屏障天空，仍然无损于天空的广阔；指头大的云彩点缀于太阳旁边，无损于太阳的光明一样。"

唐太宗晚年，周边各少数民族的君长争相派遣使者朝贡觐见，唐朝驿站上的人流因此络绎不绝。每次新年接受朝贺时，朝堂之上往往挤满成百上千的各少数民族的使者。太宗接见少数民族的使者时对左右大臣说："汉武帝穷兵黩武三十多年，把中国搞得生民疲敝，而收获甚微。哪里像现在以德抚绥四方，让塞外不毛之地的狄夷都甘心做中国的子民呢？"

唐太宗死时，前来朝贡的少数民族使者数百人无不痛哭流涕，有的剪断自己的头发，有的用刀划脸，有的割掉自己的耳朵，以此来表达自己的哀痛之情。

满招损

【山峭[1]者崩，泽满者溢。】

【1】峭：直立高耸，陡峭。

注曰：此二者，明过高、过满之戒也。

王氏曰：山峰高嶮，根不坚固，必然崩倒。君王身居高位，掌立天下，不能修仁行政，无贤相助，后有败国亡身之患。池塘浅小，必无江海之量；沟渠窄狭，不能容于众流。君王治国，心量不宽，恩德不广，难以成立大事。

白话：一座山太过直立高耸了，就容易崩塌；一个湖泊太满了，水就会溢出来。

解读：水满则溢，月满则亏。盛极必衰，自然之理。为人处世也是如此，太过强盛，锋芒毕露，必然容易成为众矢之的，进而为自己招来不测之祸。所谓"树大招风""人怕出名猪怕壮"，讲的都是这个道理。明智的人都喜欢追求低调。

韩信为汉朝的建立立下了汗马功劳，功高震主，最后受封为楚王，富贵已极，然而不能免于身死族灭的下场。霍光辅佐昭宣二帝，身居大将军、大司马之位，权势远在三公之上，当时国家的权柄全操纵于霍光一人之手。霍光的女儿为皇后，霍氏一家皆担任显要职务，宗党遍布朝廷。霍光死后，霍氏更加骄纵，最后图谋造反，终遭灭门之祸。

与此相反，有些人越是贤明，越是富贵，却越是谨慎。姚广孝是朱棣的首席谋士，靖难之役，姚广孝多出奇谋。朱棣即位后，姚广孝功劳最大，朱棣对其非常尊重，一直称呼他为"少师"而不称名。但姚广孝为人异常谨慎低调。他上朝时穿朝服，退朝后披袈裟（姚广孝一生大部分的时间都是和尚身份），住在寺庙里。朱棣赐给他美女，姚广孝不要；赐给他豪宅，姚广孝推辞；赐给他金银，姚广孝全部散给自己的亲戚乡人，一直过着苦行僧的生活。姚广孝最后活到八十四岁，善终，而且死后极尽哀荣。

满了就要走向衰落和死亡，自满更是自取灭亡。作为一个明智的人，不可以不引以为戒。

案例

乱臣王敦

王敦在西晋做官时，还是比较低调的。拥立晋元帝后，权势日重，手握强兵，专制朝外，兄弟部下都非常显贵，威势当时无人能比。随着权势的增加，王敦内心逐渐自满骄横，有了谋权篡位的野心。

晋元帝对王敦很是忌惮，就提拔刘隗、刁协等人作为自己的心腹，以牵制王敦。王敦知道晋元帝开始猜防自己，内心更加不平衡，君臣之间的嫌隙就这样产生了。王敦每次喝醉酒后，就放声歌唱曹操的《龟虽寿》："老骥伏枥，志在千里。烈士暮年，壮心不已。"以曹操自比，其不臣之心可见一斑。

晋元帝让刘隗出任镇北将军，戴渊出任征西将军，释放扬州的所有奴仆充军，表面说是讨伐胡人，实际上是为了防御王敦。

王敦骄横跋扈惯了，对这样的猜防自然是受不了，于是决定先发制人。永昌元年（公元322年），王敦以诛杀皇帝身边的小人刘隗为名，从荆州出发，率领大军直扑都城建康。晋元帝赶紧让刘隗、戴渊组织军队进行防御。

王敦的军队很快就抵达了建康，并迅速攻破石头城。控制京师之后，王敦拥兵不朝晋元帝，还放纵士兵四处掳掠。晋元帝脱掉盔甲，身穿朝服，看着王敦说："你要是想坐上我的位置，就早点说嘛，我自然会回琅邪去，何必搞得百姓不安呢？"王敦为了铲除异己，逮捕了晋元帝的心腹周𫖮、戴渊，将他们全部杀掉。晋元帝无可奈何，就任命王敦为丞相、江州牧，晋爵武昌郡公，封邑一万户，派遣太常卿荀崧前去拜官，还赐给王敦羽葆鼓吹。王敦假意推辞，一概不受。

王敦残害忠良，重用亲族，以哥哥王含担任卫将军、都督沔南军事、领南蛮校尉、荆州刺史，以亲信任愔督河北诸军事、南中郎将，王敦自己又亲自都督益、宁二州的军事。晋元帝忧愤而死，晋明帝即位。晋明帝太宁元年（公元323年），王敦指使大臣暗示朝廷征召自己入朝，晋明帝就亲自写诏召王敦入朝，还让应詹加授黄钺，赐给班剑武贲二十人，允许他奏事不称自己姓名，入朝不用小步快走。王敦把军队调到姑苏驻扎，晋明帝派遣侍中阮孚带上物品前去犒劳，王敦称病不见，让主簿代自己接受诏书。王敦以王导为司徒，自己担任扬州牧。

王敦得志之后，更加骄横，四方进贡给皇帝的物品王敦全部收入自己囊中，中央和地方的官员全都出于自己门下。他提拔王含担任征东将军、都督扬州江西诸军事，以从弟王舒担任荆州刺史，王彬为江州刺史，王邃为徐州刺史。王含凶顽残暴，为时人所不齿，只因为是王敦的哥哥，才久任显职。王敦以沈充、钱凤为谋主，为自己出谋划策；以诸葛瑶、邓岳、周抚、李恒等为爪牙，为自己奔走作恶。沈充、钱凤等人凶险骄纵，互相争斗，残杀不已。他们大兴土木，侵占百姓田地房屋，发掘坟墓，攫取珍宝，在街市、道路上公开抢劫。官民人心离散，都知道王敦必定要失败。

王敦的从弟豫章太守王棱苦苦劝谏，王敦很生气，就派人暗杀了王棱。王敦没有儿子，就养王含的儿子王应为自己的子嗣，让王应担任武卫将军作为自己的副手。钱凤对王敦说："假如您要是有什么不测，就应该把后事托付给王应。"王敦说："这样的大事是平常人所能做的吗？而且王应年少，怎么能够担当大任？我死以后，不如解散军队，归附中央，这样还能保全我的家族，是上策；退守武昌，集中兵力防守，不断向朝廷进贡，这是中策；趁着我还有一口气在，统率军队全力攻取建康，存侥幸于万一，这是下策。"钱凤对他的党羽说："主公的下策正是上策。"于是他与沈充制订阴谋，准备王敦死后造反。

王敦忌惮周札，就杀掉了他的全族。常从督冉曾、公乘雄是晋元帝的心腹，王敦也杀害了他们。他认为晋明帝的宿卫太多，就一口气裁撤了三分之二。他以温峤为丹阳尹，让他刺探朝廷的动向。温峤到建康后，把王敦谋逆的情况详细报告给了中央。晋明帝想要讨伐王敦，但知道满朝上下都很畏惧王敦，所以就让人传假消息，说王敦已经病死了。

这时的王敦确实也病得很重，已经不能统率部众了。王敦就让钱凤、邓岳、周抚等人率领三万军队杀向京师。王含对王敦说："这是我们的家事，我应该走一趟。"于是王敦以王含为统帅。钱凤问王敦："我们成功的那一天，称天子为什么呢？"王敦说："他还没有去南郊祭祀天地，有什么资格称天子？你只管放手指挥军队，保护好东海王和裴妃就行了。"然后让人上疏，说温峤是奸臣，然后以诛杀奸臣为名带着大军前往建康。

王含率领大军浩浩荡荡开赴石头城，晋明帝派遣中军司马曹浑等在越城击败了王含。王敦听说王含被打败，生气地说："我哥哥真像个老女人，一点本事都没有，我们家族真是衰败了！王家兄弟中才兼文武的世将、处季都已早逝，我们大势去了。"他对参军吕宝说："我要亲自走一趟！"就要顺势坐起，结果病得都不能站起来。

钱凤等人率军到达建康后，把大军屯于水南。晋明帝亲率六军以抵御钱凤。钱凤屡战屡败，王敦对羊鉴和养子王应说："我死以后，应儿要立刻即位，先立朝廷百官，然后再办我的丧事。"不久，王敦病死，时年五十九岁。王应秘不发丧，用席子裹尸，然后在席子外面涂上一层蜡，将其埋在江宁官署的厅堂中，自己则和诸葛瑶纵酒淫乐。

王含和沈充是宵小之徒，难当大任，很快被苏峻等人击败，钱凤、沈充先后被人斩杀，脑袋被送到建康示众。朝廷认为王敦为元凶大恶，死了也要受到惩处，就派人挖出他的尸体，焚烧他的衣冠，并让他的尸体跪在地上，然后砍掉了脑袋。王敦、沈充的脑袋被挂在街上示众的那天，观看的百姓无不拍手称庆。王含父子乘坐小船投奔荆州刺史王舒，王舒让人把他们扔到江中，王敦的党羽彻底灭亡。

选拔人才需要过人的眼光

【弃玉取石者盲，】

注曰： 有目与无目同。

王氏曰： 虽有重宝之心，不能分拣玉石；然有用人之志，无智别辨贤愚。商人探宝，弃美玉而取顽石，空废其力，不富于家。君王求士，远贤良而用谗佞，枉费其禄，不利于国。贤愚不辨，玉石不分，虽然有眼，则如盲暗。

白话： 丢弃宝玉而将石头抱回家的人跟盲人没什么分别。

解读： 买椟还珠的郑国人被我们嘲笑了两千多年，但这种"有眼无珠"的现象直到今天还在发生。一般人都会嘲笑这种愚蠢的行为，然而当事情轮到自己头上，自己的作为未必能如郑国人。这里的核心问题，其实还是一个识货不识货的问题。

楚国人卞和在荆山看到一块石头，曾有凤凰栖于其上。卞和知道这块石头中含有宝玉，就将其献给楚厉王。楚厉王让玉匠鉴别，玉匠看完后，说："这是一块普通的石头。"楚厉王认为卞和在欺骗自己，大怒，就砍去了卞和的左脚。

楚厉王死后，楚武王即位，卞和又将玉石献给楚武王。楚武王召来玉匠鉴别，玉匠仍说这是块普通的石头。楚武王大怒，又砍去卞和的右脚。

楚武王死后，楚文王即位，卞和抱着玉石在荆山之下大哭。哭了三天三夜，眼泪都哭干了，直到流出血来。楚文王知道后，就派人询问卞和原因。楚王的使者说："天下被砍去脚的人那么多，只有你哭得最伤心，为什么呢？"卞和回答说："我不是为了脚而悲伤，而是为人们把宝玉当成石头，把坚贞之人看成是骗子而痛心啊！"楚文王就派玉匠雕琢玉石，果然得到一块美玉。楚文王就命名这块美玉为"和氏璧"，此玉价值连城。

若无卞和，和氏璧或许永远只是一块普通的石头。正是卞和的慧眼和执着，才成就了和氏璧的无上身价。

领导者在发现任用人才的时候，同样也会碰到这个问题。人才再优秀，若未被发掘出来，都是未经雕琢的璞玉。只有具有慧眼的领导才能鉴别出其美玉的潜质，通过自己的提拔和锻炼将其雕琢出来。这样的领导往往是最厉害的，因为他能指挥最能干的人。千里马常有，伯乐不常有。领导人就是相马人，高手才有资格成为伯乐。

案例

赵王弃廉用赵，终致丧败

廉颇是赵国的名将，以勇力闻名于各诸侯国。

赵孝成王七年（公元前260年），秦兵与赵兵在长平（今山西高平西北）相持。当时赵奢已死，蔺相如病重，赵王派廉颇率军抵御秦兵。秦军屡次击败赵国军队，廉颇鉴于当时的形势，坚壁不战。秦国屡次出兵挑战，廉颇都坚壁不出。秦兵虽然占了不少便宜，但难以展开攻势，对廉颇也无计可施。

这时，秦相范雎动用重金在赵国行使反间计。秦国收买的间谍放出谣言："秦国最害怕的就是让马服君（赵奢的封号）的儿子赵括为将。廉颇好对付，而且就要向秦国投降了。"赵王本来对廉颇屡战不胜、军士大量伤亡就非常恼怒。不久前廉颇又坚壁自守，不敢出战，示弱于秦国，赵王心里更是不舒服。现在又生出廉颇要投降的流言，赵王对廉颇更加不信任。他准备让秦兵"畏惧"的马服君之子赵括代替廉颇为将。

这个连秦兵都感到"畏惧"的赵括究竟是怎样的一个人呢？赵括是赵国名将赵奢的儿子，自幼学习兵法，谈起军事来头头是道、滔滔不绝，自以为天下无敌。赵奢是与廉颇、蔺相如齐名的名将，而且其军事才能甚至要超过廉颇。赵奢曾和赵括谈论兵法，也难不住他，但赵奢并不认为赵括是个将才。赵括的母亲问赵奢原因，赵奢说："战争，是动辄死人的事情，赵括却把它看得很随意。赵王不用赵括为将也就算了，若要用赵括为将，让赵军丧败的必定是赵括。"

赵括的母亲听说赵括将要代替廉颇统率大军与秦兵作战，就上书劝谏赵王："不能让赵括担任大将。"赵王说："为什么？"赵括的母亲说："我刚嫁给赵奢的时候，他正率兵出战。将士们亲自捧着饮食献给赵奢的就有几十人，与他关系亲密友好的就有上百人。大王和宗室赏赐给他的财物，赵奢尽数分给部下。自受命带兵的那天起，不再过问家事。现在赵括为将，在东面召见将士，部下军吏没有敢抬头仰视他的。大王赐予的钱财布帛，他全部拿回家自己享用，每天关心的不是将士和军备的状况，而是哪里有好的房子和土地可以买下来。大王认为赵括和他父亲相比，孰优孰劣？父子的心性完全相反，请大王不要任用赵括为将。"赵王不听，对赵括的母亲说："老太太就不要再多说了，我已经决定了。"赵括的母亲看自己劝不动，就对赵王说："假如大王一定要任用赵括为将，一旦将来有什么不利，请大王不要让我因此被牵连。"赵王答应了。

蔺相如知道赵括代替廉颇为将后，就在病榻上劝谏赵王："大王因为赵奢的威名而重用赵括，就像先把瑟柱（瑟上调节声音的短木）粘起来，然后弹琴一样，自然难成曲调。赵括只不过能熟读他父亲的兵书罢了，让其用兵，恐怕难以变通。"赵王也听不进去。

赵括代替廉颇统率赵军后，立即更改军中法令，对部下军吏进行大调整，并立即发兵进攻秦军。秦国大将白起知道赵括为将后，立即设置奇兵，诈败撤退。赵括看到秦兵撤退，就命令赵军全体出击。白起派出两支奇兵，一支切断了赵军的退路及粮道，另一支将赵军分割为两部分，使其首尾不能相顾。赵军被秦军围困四十多天，军粮匮乏，士卒人心离散，全无斗志。赵括看到自己已经成为瓮中之鳖，就拼死一搏，他率领赵军精锐的士卒奋力突围，结果被秦军全部射杀。赵军群龙无首，四十多万将士全部投降，秦兵将其全部坑杀。

长平之战，赵国损失军队四十五万，国内精锐死亡殆尽，元气大伤。秦军趁势包围邯郸，想将赵国一举消灭。赵国被秦军围困了一年多，若不是楚国和魏国的军队前来救援，第一个被秦国灭掉的就不是韩国了。

李克荐相

魏文侯想选择一个贤能之士担任自己的国相，就问计于李克："先生曾说过：'家里贫苦就想娶一个贤惠的妻子，国家疲弱就想得到一个贤能的国相。'现在国相的候选人有两个，一个是魏成子，一个是翟璜，在这两个人中间，我该选谁呢？"

李克先是谦虚退让了一番："地位低的人不敢评议地位高的人，与人关系远的人不能妄议与人关系亲近的人。我身在朝堂之外，不敢评论朝中大事。"

魏文侯真心求教，说："先生就不要再谦虚了！"

李克说："大王您不能下定决心，都是因为平时没有细心观察啊。考察一个人是否贤德，就要了解他平时与哪些人亲近，富有的时候与哪些人交往，显贵的时候举荐的都是些什么人，不得志的时候看他坚持不做哪些不好的事情，贫穷的时候看他不追求什么样的财物。只要把这五点考察清楚了，您国相的人选自然就定下来了，还用微臣来多嘴吗？"

魏文侯豁然开朗，高兴地对李克说："先生赶紧回家休息吧，我国相的人选已经定下来了。"

李克从魏文侯的宫殿出来，正好碰见翟璜，翟璜就问他："今天听说大王召见先生询问国相人选的事情，敢问先生，国相到底是谁呢？"李克就说："魏成子。"

翟璜很生气，就对李克说："大王担忧西河没有称职的郡守，我举荐了吴起；大王担心邺地治理不好，我举荐了西门豹；大王要征讨中山国，我举荐了乐羊；中山国攻下后，缺乏守卫的人选，我又举荐先生；大王的公子没有好的老师，我就举荐了屈侯鲋。您所见到的、所听到的，我哪一方面不如魏成子呢？"

李克就说："您向大王举荐我，难道就是为了结党而谋取显赫的官位吗？大王向我询问意见，我参照五条标准，就知道大王将要任命魏成子作为魏国的国相了。为什么呢？因为魏成子的千钟俸禄，九成用来供养贤人，仅有一成供自己享用，因此在东边请来了卜子夏、田子方、段干木三个德高望重的贤人。大王以这三个人为自己的老师；而您所举荐的五个人，大王都用作自己的臣子。从这点来看，您怎么能比得上魏成子呢？"翟璜听后心服口服，赶忙向李克道歉："我是个见识浅陋的人，为您的高见所折服，希望我能成为您的学生！"

虚有其表者终将原形毕露

【羊质虎皮[1]者柔[2]。】

【1】羊质虎皮：羊虽然披上虎皮，但是见到草就喜欢，碰到豺狼就发抖，本性如此。质，本性。

【2】柔：软弱，柔弱。

注曰：有表无里，与无表同。

王氏曰：羊披大虫之皮，假做虎的威势，遇草却食；然似虎之形，不改羊之性。人倚官府之势，施威于民，见利却贪，虽妆君子模样，不改小人非为。羊食其草，忘披虎皮之威。人贪其利，废乱官府之法，识破所行谲诈，返受其殃，必招损己辱身之祸。

白话：倚恃权势、狐假虎威而自身没有本事的人，本质上是虚弱的、不堪一击的。

解读：前面讲过，做大事的人往往追求低调。那些扯虎皮拉大旗的人往往智虑浅陋，喜欢虚张声势。虚有其表的人往往经受不住诱惑和磨难的考验。就像羊虽然披上虎皮，但看到青草就欢喜，看见豺狼就战栗，这是其本质。没有真本事，表面上再光鲜，遇到考验就会显露出孱弱的本性来。

作为一个领导，如何选择人才？考验。真金不怕火炼，人才只有在面对强敌和考验时方才显露英雄本色。领导者在选择人才时，可以不必听他讲述经验如何丰富、才能如何卓越，让他做一件有挑战的事情就行了。是骡子是马，拉出来遛一圈就知道了。

一个人欲有所作为，平时就需要真抓实干，苦练内功。有了过硬的本领，考验一来，不但不会打怵和畏缩，反而有一种征服的向往和期待。经过了考验，自己就是金子，必定会闪闪发光。

赵在礼虚有其表

赵在礼年轻的时候在刘仁恭帐下担任军官。刘仁恭派他协助自己的儿子刘守文袭取沧州后，就将其配属于刘守文。刘守文被自己的弟弟刘守光杀死后，赵在礼投奔了李克用。后唐庄宗李存勖在位时，赵在礼在其手下担任效节指挥使，统率魏地士兵防守瓦桥关。

不久，赵在礼回到贝州（治今河北清河县西北）。军士皇甫晖图谋作乱，推戴其将领杨仁晟为首，杨仁晟不从，皇甫晖立刻将其杀死。皇甫晖又推戴一个小军官，小军官也不从，皇甫晖又将其杀掉。皇甫晖提着两颗人头去见赵在礼。赵在礼听说有人图谋作乱，连衣服都来不及穿，就想翻墙逃走。就在赵在礼拼命翻墙的时候，皇甫晖抓住他的脚，一把把他扯了下来。皇甫晖让士兵举着寒光闪闪的大刀把赵在礼围成一圈，恶狠狠地盯着他。皇甫晖提起两颗人头对赵在礼说："顺我者昌，逆我者亡，两颗人头在此，您看到了吧？"赵在礼吓得瑟瑟发抖，就顺从皇甫晖，举兵造反了。

赵在礼从贝州发兵攻打魏州（治今河北大名东北），放纵士兵大肆掠夺百姓。当时，镇守魏州的兴唐尹王正言老病昏聩，听说赵在礼打了过来，就召唤属吏草拟奏章向后唐庄宗求援。王正言的属吏这时已经跑得一个不剩，王正言叫不到人，就撑着桌案大骂，他的贴身侍从告诉他："反贼已经在闹市中杀人了，当官的和老百姓全都跑得一个不剩，您还能叫到谁呢？"王正言大吃一惊，说："我还不知道啊！"就让人去找马，自己也要逃命。管马的小吏对王正言说："您的夫人孩子都被贼兵俘虏了，哪里还能找到马呢？"王正言这才感到惶恐。他走出府门，看到赵在礼，赶忙下拜。赵在礼大声招呼王正言说："您何必这样降低身份呢？这都是兄弟们的意思，不是我的本意啊。"赵在礼遂自称兵马留后，割据一方。

后唐庄宗派遣大将元行钦讨伐魏州的叛乱，元行钦作战不力，攻魏州不下。后唐庄宗就改派李嗣源（即后来的后唐明宗）替代元行钦。李嗣源刚刚到达邺都（今河北大名东北），邺都也发生兵变。李嗣源被迫率兵反叛，与赵在礼合兵一处。李嗣源率兵反攻洛阳，赵在礼留守魏州。李嗣源即位，是为后唐明宗，任命赵在礼为义成军节度使。赵在礼不敢离开老巢，拒绝接受任命，后唐明宗就让他担任邺都留守、兴唐尹。

很久之后，赵在礼手下的得力大将皇甫晖等人都调离了魏州，只有赵在礼一人留守。由于魏州的士卒一向骄悍难制，赵在礼又无威信，怕发生兵变祸及自身，就要求调任横海节度使。赵在礼历任泰宁、匡国、天平、忠武、武宁、归德、晋昌等镇节度使，每到一地，则邸店罗列，大肆盘剥百姓，聚敛巨万钱财。

后晋出帝即位，以赵在礼为北面行营马步都虞候，令其率兵进攻契丹，他从来没有打过胜仗。

赵在礼担任宋州（治今河南商丘南）节度使时，对当地百姓剥削压榨得尤为残酷。不久，赵在礼被免去宋州节度使职务，宋州百姓听说后，都高兴地说："这个人走了，就相当于拔去眼中钉啊，能不高兴吗？"赵在礼知道后，就要求留任一年，然后赤裸裸地向辖区内百姓每人征税一千钱，名曰"拔钉钱"。百姓为此咬牙切齿。

契丹攻入开封，灭亡后晋，赵在礼从宋州骑快马狂奔洛阳。在路上碰到契丹的首领，赵在礼赶紧下马叩拜。契丹首领凌辱其身，侵夺其财产，赵在礼不胜悲愤。后来，赵在礼逃到郑州，听说后晋的大臣多被契丹枷锁伺候，惶恐不已，半夜解开衣带吊死在马槽旁，时年六十六岁。

做事要抓关键

【衣不举领者倒[1]，】

注曰：当上而下。

王氏曰：衣无领袖，举不能齐；国无纪纲，法不能正。衣服不提领袖，倒乱难穿；君王不任大臣，纪纲不立，法度不行，何以治国安民？

【1】倒：颠倒。

白话：提起一件衣服，不去抓它的领子，自然会把衣服拿倒。

解读：射人先射马，擒贼先擒王。做事善于抓关键的人容易成功。道理一般人都知道，但关键问题在于如何区分，如何去抓。抓关键需要眼光和勇气。

打蛇打七寸，七寸是蛇的心脏所在，也是蛇最薄弱、最致命的地方。虽然如此，七寸并非都是离蛇头七寸的地方。只有平日对各种蛇观察得多了，方能从其颈项间略微膨大的变化中认出这一致命弱点。而且，蛇对自己的这一致命弱点保护得也最为严密，看不准或下手不力都容易造成失手。失手就容易被蛇咬，这是很危险的。

案例

周亚夫善抓关键

汉文帝晚年，匈奴大肆骚扰汉朝边境。汉文帝让宗正刘礼率军驻守霸上（今陕西西安市东），让祝兹侯徐厉驻守棘门（今陕西咸阳东北），让河内守周亚夫率军驻守细柳（陕西咸阳西南渭河北岸），防备匈奴进逼长安。

文帝亲自犒劳军士，从霸上到棘门，文帝都是随意出入营门，大将以下全部骑马迎送。不久，文帝又到了周亚夫的细柳营，只见当地将士个个身披铠甲,手执兵器,弓弩拉满,戒备森严。文帝的使者先到了,却进不了军门,就说:"天子前来犒劳军士,马上就到。"军门都尉说:"将军曾下令:'军中只有将军的军令,没有天子的诏书。'"

没过多久,文帝到了,军门都尉连皇帝的面子也不给,不让进去。文帝没办法,让使者持节给周亚夫下诏:"皇帝要进入军营犒劳将士。"周亚夫这才下令打开军门。守卫军门的小吏说:"将军有令:'军营之中,不得骑马狂奔。'"文帝只得握着缰绳,慢慢前行。到了将军大营,周亚夫手执兵器向文帝一揖说:"战士在军中不下拜,请允许我以军礼面见天子。"

文帝看到周亚夫治军如此严谨,为之动容,派人向周亚夫表示敬意:"皇帝以最诚挚的敬意慰劳将军。"行了军礼之后,文帝离开大营。走出军门的时候,大臣们都非常惊异。文帝感叹说:"这是真正的将才啊!刚才去霸上、棘门两大营,如同儿戏一般,驻守这两个大营的将军是可以被偷袭和被俘虏的。周亚夫,谁能靠近他的军营一步啊?"文帝被周亚夫震撼了很久,好长时间都赞不绝口。

文帝临终前,对太子刘启(汉景帝)说:"国家若发生危难,可重用周亚夫,让其统率军队。"文帝驾崩后,汉景帝升周亚夫为车骑将军。

汉景帝三年(公元前154年),吴楚七国发生叛乱。汉景帝任命周亚夫为太尉,率军平叛。周亚夫对汉景帝说:"楚国的军队非常强悍,不能硬拼。希望陛下能够将梁国(治所在今河南商丘南,汉景帝亲弟弟刘武的封地)舍弃给叛军,我趁机断绝七国的粮道,这样方能有胜算。"汉景帝答应了。

周亚夫将重兵屯于荥阳。当时吴国军队正猛烈地进攻梁国,梁王看到形势急迫,就向周亚夫求救。周亚夫率大军前往荥阳东北的昌邑,挖深沟建高垒,坚守不出。梁王每天都派遣使者向周亚夫求救,周亚夫以坚守为要,不肯派兵前往。梁王向汉景帝求救,汉景帝下诏要求周亚夫救梁。周亚夫不奉诏,坚壁自守,同时派出弓高侯韩颓当率领轻骑断绝了七国的粮道。

吴国军队缺粮,将士饥饿难耐,屡次向周亚夫挑战,周亚夫就是坚守不出。一天夜里,汉军军中大惊,内部相互攻击扰乱,乱兵甚至冲到了周亚夫的大帐附近。周亚夫镇定自若,躺在床上动都没动。没过多久,军队自己安定了下来。吴国军队在汉军营垒东南角集结,周亚夫让军队防备西北角。不久,吴军果然进攻西北角，汉军防守严密，吴军攻之不动。吴军缺粮严重，害怕长期下去支撑不住，就向东撤军了。周亚夫派出精锐部队追击，大败吴军。吴王刘濞抛弃自己的军队带着数千壮士逃跑了，保守江南丹徒。汉军乘胜追击，将吴军尽数俘获，悬赏千金要吴王的头。一个多月以后，越人就斩掉吴王的脑袋前来领赏了。

七国军队虽然声势浩大，而汉军只用了三个月就平定了叛乱，取得了彻底的胜利。

迈步之前要看路

【走不视地者颠[1]。】

【1】颠：跌倒。

注曰：当下而上。

王氏曰：举步先观其地，为事先详其理。行走之时，不看田地高低，必然难行；处事不料理上顺与不顺，事之合与不合，逞自恃之性而为，必有差错之过。

白话：走路不看地面，一定会摔倒。

解读：天文学家每晚都专注地凝视夜空，一天，因为太专注而掉入水井中。走在路上，却不看路面状况，前面有大石头、大坑也看不见，走下去不摔跟头才怪。

一个人在做事时，要时常抬头看看自己的方向，错没错，偏没偏，看准形势后再做决定。不要一味地埋头做事，等到摔倒了才看地，为时已晚。

做人也是一样，要时时注意自己人生前进的方向，不能迷失。即使稍有迷失，看清了方向，也能及时回头。

把握方向时有一点非常重要，就是要抵制诱惑。路边的野花不能采，因为那极可能就是一个陷阱，掉进去可能一辈子也出不来。

人在前行的过程中，看路真的很重要。

 案 例

张宾看人精准展大略

十六国时期,石勒有一个谋士叫张宾,足智多谋,屡建奇功,深为石勒所器重。

张宾年轻时非常好学,涉猎广泛,博通经史,为人豁达有大志,不拘泥于小节。张宾常常对自己的兄弟们说:"我自认为谋略见识不亚于西汉张良,到现在还没有建功立业,只是因为没有碰到汉高祖而已。"后来担任中丘王帐下都督,觉得这不是自己的志向所在,就称病回家了。

西晋末年,天下大乱,匈奴贵族刘渊起兵反晋,建立了汉(前赵)政权,石勒在刘渊手下担任辅汉将军,与诸将攻打中原。张宾对自己亲近的人说:"我见过的将领很多,只认为这个胡人将军可以和他共谋大事。"计议已定,张宾就提着自己的宝剑走到石勒的军门前,大呼求见。石勒虽然收留了张宾,但并未特别地重视他。后来张宾不断地进献自己的奇谋妙计,石勒这才对张宾另眼相看,将其作为自己的主要谋士。

张宾机不虚发,算无遗策,为石勒建立后赵立下了奇功。石勒任命张宾为右长史、大执法,封濮阳侯,对其很是信任,宠任厚待在当时无人可比。张宾也大展自己的才略,谦虚谨慎,虚怀若谷,为石勒招贤纳士。读书人不管才能高低,只要前往投靠,张宾都能合理安置,让其发挥自己的才能。张宾整肃百官,杜绝私人交情,在朝堂之上必尽进忠言,朝堂之外则将功德归于主上。石勒因此对张宾异常敬重,每次朝见,都为他端正容貌,称张宾不直呼其名,而称其为"右侯"。在石勒一朝,张宾的待遇无人可比。

张宾病死时,石勒临棺痛哭,哀伤之情感动左右,追赠张宾散骑常侍、右光禄大夫、仪同三司,谥曰景。张宾下葬,石勒送葬到正阳门,对着张宾的丧车流泪不已,回顾左右说:"上天不想成就我的事业吗,为什么这么早就夺走我的右侯呢?"

后来程遐接替张宾为右长史,石勒每次和他议事,总有不如意的地方。这时,石勒总会忍不住地感叹:"右侯舍我而去,让我和这样的人共事,真是一件痛苦惨烈的事情啊!"为此,石勒会流泪一整天。

好领导还要好帮手

【柱弱者屋坏，辅弱者国倾。】

注曰：才不胜任谓之弱。

王氏曰：屋无坚柱，房宇歪斜；朝无贤相，其国危亡。梁柱朽烂，房屋崩倒；贤臣疏远，家国倾乱。

白话：支撑房屋的柱子不坚固，房子就会倒塌；辅佐国君的大臣不胜任，国家就会败亡。

解读：大至一个国家，小到一个公司，核心领导一定要强有力。核心坚强，领导有方，就有化腐朽为神奇的力量。核心软弱，领导无方，下面即使有能人，也会被逼成割据的军阀，整个国家或公司则会成为一盘散沙。

一头狮子领导的羊群比一头绵羊领导的狮群更具战斗力。这话非常有道理。所谓"三军易得，一将难求"，真正的将才往往都能够警顽启懦，将一群没有战斗力的普通部下整治得强悍善战，而且常常能够以少胜多。

火车跑得快，全靠车头带。火车头无力，再好的车厢也只能缓缓爬行。核心强力，则人人振奋，会激发出巨大的力量；核心无力，人心便无所依靠，有力量也难以发挥出来。榜样的力量是无穷的，领导的示范力量尤其如此。

纵观历史，一个国家中央政权强有力时，即使这个国家贫困，也不会软弱。一个国家中央政权无力时，即使这个国家能勉强维持表面的繁荣，一旦有大的冲击，这个政权便会立即陷入土崩瓦解、名存实亡的境地。汉唐时期的中国、罗马帝国、阿拉伯帝国，都是如此。

辅弼任重，在于得人

慕容恪，字玄恭，是前燕杰出的政治家和军事家。慕容跳临终前，对太子慕容儁说："现在中原尚未统一，我们的事业刚刚起步，你四弟慕容恪智勇兼备，可以委以重任。"慕容儁即位后，对慕容恪更加亲信。慕容恪屡建大功，被封为太原王，担任侍中、假节、大都督、录尚书事等要职，执掌前燕国政。后来，慕容儁重病不起，将后事托付于慕容恪和慕容评（慕容儁和慕容恪的叔叔）。慕容𫷷即位后，以慕容恪为太宰，总揽朝政；以上庸王慕容评为太傅，阳骛为太保，慕舆根为太师，参辅朝政。

东晋听说慕容儁已死，慕容𫷷年幼弱小，就想趁机讨伐前燕，恢复中原。桓温制止说："慕容恪还在，我们不可轻举妄动！"晋军因此不敢对前燕用兵。

慕舆根自恃旧勋老臣，骄纵强横，很不把慕容𫷷放在眼里，又嫉妒慕容恪总揽朝政，遂图谋作乱。一次，朝堂宴饮，慕舆根劝慕容恪废掉慕容𫷷，自己登基称帝。慕容恪义正词严地驳斥了慕舆根，慕舆根无地自容，惭愧离去。后来，慕容恪将此事告诉了弟弟慕容垂，慕容垂劝慕容恪立即诛杀慕舆根。慕容恪以大局为重，对慕舆根加以包容。慕舆根却和左卫将军慕舆干暗中勾结，图谋杀掉慕容恪和慕容评，进而篡位。

慕舆根进宫向太后可足浑氏和慕容𫷷上奏说："太宰、太傅图谋造反，请允许臣统率禁兵诛杀乱臣，安定社稷。"可足浑氏意欲答应，慕容𫷷却说："太宰、太傅都是宗室大臣，又是先帝的托孤之臣，绝不可能谋反。太师说太宰、太傅作乱，这未必不是太师自己想谋反。"慕容𫷷让侍中皇甫真、护军傅颜捉拿慕舆根，核实罪行后，立即将其斩杀了。

慕舆根被诛杀以后，朝廷内外人心惶惶。慕容恪却行为举止如常，神色自若，步行办公，而且只带一名随从。有人劝谏，让他多加戒备，慕容恪说："大家都心怀恐惧，我更应该以自己的镇定来安抚众人。假如连我都慌乱了，那其他人还有什么指望呢？"就这样，人心遂渐渐安定下来。

慕容恪胸襟开阔，为人谦虚谨慎，虽然自己才能卓著，但经常向别人请教治国安邦的道理。他用人唯才，使人各安其位。朝廷法度严谨，井然有序。慕容恪虽然总揽朝政，但每件事情都要向慕容评征求意见，从不专断。他非常仁孝，每次下朝回家，必定尽心侍奉母亲。他酷爱读书，经常手不释卷。他为政宽厚，百官有错，他从来不加显露，百官感激他的宽仁，很少有再犯错的。

慕容恪率兵进攻洛阳，前秦朝野为之震动。苻坚亲自率兵屯守潼关防备前燕的军队，直至前燕的军队撤走，苻坚才安下心来。慕容恪以宽仁治军，以恩德诚心对待将士，用心于大计谋略，不以细微琐碎的事情劳苦士卒。军士中有犯法者，慕容恪都暗中将其放掉，捕获敌方士卒斩杀示众，进而号令军中。慕容恪的军队看似散乱容易攻破，实际上防御非常严密，因此他从无败绩。

后来，慕容恪病重不起，对慕容暐大权旁落深感忧心，同时担心慕容评性格狭隘、动辄猜忌，难以担当大司马的重任。他召来慕容暐的哥哥乐安王慕容臧，对他说："现在秦（前秦）、吴（东晋）两国都对我们虎视眈眈，一旦发生什么事情，他们都会趁火打劫。一个国家的安危在于得人，国家兴盛在于得到贤能之人。假如能够选贤任能，和睦宗族，统一天下尚且不难，更何况是两个蛮夷外族呢！我才能平庸，先帝委以托孤重任，因此常常意欲平灭秦、吴，完成先帝遗志，了却夙愿。不幸的是，我现在重病缠身，奄奄一息，恐怕再也无法完成这个志向了，这使我至死仍留有遗憾。大司马掌管国家兵权，关系国家存亡，因此不能任用不称职之人。吴王（慕容垂）才能卓著，我死之后，请一定要将这个职位授予吴王。若按亲疏关系来讲，大司马不授予你，也要授予慕容冲。你们虽然聪明过人，但阅历太浅，不能够担当大司马的重任，因此要将这个职位授予吴王。国家安危都在于此，切不可贪图个人的私利而忘记国家的忧患，进而造成无法挽回的损失。"此后不久，他又把自己的心愿托付于慕容评。临终前，慕容暐前来看望，询问后事，慕容恪极力向慕容暐推荐慕容垂。慕容恪死后，前燕朝野无不为之哀痛惋惜。

慕容恪死后，太傅慕容评智虑短浅、贪鄙昏聩，不堪支撑政局，前燕很快就被苻坚灭掉了。

人不能伤元气

【足寒伤心[1]，人怨伤国。】

【1】足寒伤心：中医认为，人脚底的涌泉穴通达全身经络，脚底受寒，则必然伤及身体，进而伤心。

注曰：夫冲和之气，生于足，而流于四肢，而心为之君。气和则天君乐，气乖则天君伤矣。

王氏曰： 寒食之灾皆起于下。若人足冷，必伤于心；心伤于寒，后有丧身之患。民为邦本，本固邦宁；百姓安乐，各居本业，国无危困之难。差役频繁，民失其所；人生怨离之心，必伤其国。

白话： 脚冷了容易伤及心脏，百姓有怨离之心就会伤害国本。

解读： 百姓是一国之根本，根固则国强，根摇则国衰。一个朝代，凡是政治清明、贪官敛迹之时，必定民富而国强。汉文帝非常爱惜民力，他曾想建造一座露台，后来知道需要耗费上百两黄金，便说："百两黄金可是十户中等百姓的家产啊。我无德无能，居住在先帝的宫殿内还常常感到羞愧，建露台干什么呢？"遂打消了这个想法。汉文帝在位期间，轻徭薄赋，与民休息，躬身节俭，国家很快就一改汉初的萧条局面，渐渐繁荣起来。汉武帝派卫青、霍去病北击匈奴，依靠的就是汉初尤其是文景二帝时积累下来的雄厚国力。

隋炀帝营建东都洛阳，开凿大运河，南游江都，三次征讨高丽，穷尽天下民力，搞得人人怨恨，结果盛极一时的隋朝很快就灭亡了。

国家如此，公司亦是如此。在公司里，如果老板总是克扣员工的薪水，无休止地让员工加班，长此下去，必定会搞得员工怨声载道。这样的公司必定难以稳定，更难以长久。

真正明智的领导都能为群众的根本利益着想，顾全大局，进而使自己的事业健康、稳步地发展。

案例

豚尹谏庄王伐晋

楚庄王准备攻打晋国，先派大夫豚尹前去查探虚实。豚尹回报说："大王，根据晋国目前的形势，我们还不可以发兵攻打它。晋国国君忧虑国政，百姓也都安居乐业；晋国的大夫沈驹，非常贤明，一心一意辅佐君主。因此，此时攻打晋国，必然会徒劳无功。"

楚庄王听了豚尹的分析，遂将攻打晋国的计划搁置起来。

一年之后，楚庄王再次派豚尹出使晋国，以再次查探晋国的虚实。

这一次，豚尹回来禀报说："可以攻打晋国了。沈驹已死，围绕在晋国国君周围的，多是些谄媚逢迎的小人。晋国的国君爱好声色而轻视礼法，百姓生活艰难，怨声载道。现在晋国上下离心离德，不能团结一致，晋国国君众叛亲离。如果我们现在发兵攻打晋国，晋国的百姓一定会率先发动内乱。"

楚庄王听了豚尹的分析后，遂决定出兵攻打晋国，果然迅速将晋国击败，饮马于黄河，成为中原的霸主。

富弼抚恤百姓

富弼在担任青州知州兼京东路安抚使的时候，黄河北岸一带发生了严重的水灾，百姓流离失所，四处迁徙，以谋求生路。富弼劝说青州的百姓捐出自己的余粮，同时打开官府的粮仓，建造公私住房十多万间，暂时将灾民分散安置其中，以便赈济供养。在职、退休、候补以及回乡闲居的官员都要捐出自己的俸禄，到达灾民集聚的地方，选择老弱病残者将俸禄发放给他们。富弼让人记下这些官员的功劳，约定以后为他们向朝廷奏请赏赐。

每隔五天，富弼就要派人携带酒肉、饭菜前去犒劳这些安抚百姓的官员，以至诚之心对待他们。这些官员都深受感动，尽心竭力安抚百姓。山林、河湖产出的东西可以用来造福百姓的，任流民自己随意采取。流民有死去的，富弼就派人修造一处很大的坟墓将其集体安葬，称之曰"丛冢"。

第二年，青州的麦子获得大丰收，富弼让流民根据距离的远近携带粮食回家，因此被救活的流民有五十多万人。富弼还从中招募了上万名禁军。

仁宗知道后，派遣使者加以褒奖，升富弼为礼部侍郎。富弼说："臣只是在做大臣的本职工作而已。"推辞不受。

在这之前，各地救灾的方法往往是把流民集中在城郭之中，然后设立粥棚加以赈济。灾民聚集在一起，居住条件简陋，疾病流行，因为抢粥而相互践踏，有人因得不到粥而饿死。说是赈济灾民，实际上是在杀害他们。自从富弼采用简单实用的救济方式后，朝廷将其在各地推广，遂成为赈济百姓的标准模式。

强根固本，事业不衰

【山将崩者，下先隳[1]；国将衰者，民先弊。】

【1】隳（huī）：崩毁，毁坏。

注曰： 自古及今，生齿富庶、人民康乐而国衰者，未之有也。

王氏曰： 山将崩倒，根不坚固；国将衰败，民必先弊，国随以亡。

白话： 山要崩塌，首先是山脚崩毁；国家即将衰亡，民生最先凋敝。

解读： 一个国家一旦民生凋敝，这个国家离灭亡也就不远了。民生问题关系国家兴衰，这个道理无须多讲。

当今的民生问题无非就几个，就业、住房、养老、医疗及子女教育等。大学生的就业问题近几年来一直是社会关注的热门话题。大学生学无所用，不能充分就业，不仅是国家人力资源的巨大浪费，也是教育资源的巨大浪费。这些问题的严重性尚在将来。当前的问题是，大量受过高等教育、内心迷茫的年轻人，若整日无所事事，用心邪恶的人再稍加诱导，就很容易成为社会的不稳定因素。

再如广为人们诟病的高房价。北京、上海等地的房价已经高得令人咂舌，从百姓的现实困难来讲，已经达到了令人难以承受的地步。而且就业和住房问题紧密相连，一旦解决不好，往往会产生连锁反应，对社会的影响将会更大。

上述所列，只是当今人们关注的两个热门话题而已，其他的不一而足。解决好民生问题，国家执政的基础才更加稳固，现实社会才会更加和谐。

案例

害民必败国

南唐李氏割据江南的时候，规定缴纳赋税三千钱以上的人家，必须出一人当兵。官府在这些录入军籍的百姓脸上刺字，让其自备武器盔甲送入官府，打仗的时候再将武器发还，每天领取口粮二升，称之曰"义军"。

宋太祖平定南唐后，就将这些"义军"解散，让他们回家务农。言官认为这些人长期在军队之中,不乐意务农,就奏请朝廷从中选出勇敢健壮的编入禁军,并将他们的家属送到京师加以监管。大臣张齐贤说:"江南的义军,本来就是良民,遭到李氏的强行刺字才充军,这是无法逃避的。自从先帝平定了江南,就将这些人放归农田,他们长时间沐浴陛下的恩惠,已经安居乐业。现在若是挨家挨户搜索,必定会惊扰当地百姓。"太宗采纳了张齐贤的意见,让其前往江南安抚当地百姓。张齐贤关心百姓疾苦,以宽仁的政策治理百姓,江南的百姓一直感念他的恩惠。

损害根本就是自掘坟墓

【根枯枝朽,民困国残。】

注曰:长城之役兴,而秦国残矣!汴渠之役兴,而隋国残矣!

王氏曰:树荣枝茂,其根必深。民安家业,其国必正。土浅根烂,枝叶必枯。民役频繁,百姓生怨。种养失时,经营失利,不问收与不收,威势相逼征;要似如此行,必损百姓,定有雕残之患。

白话:一棵树,根要是枯死,枝叶也会随之败落;一个国家,百姓若是穷困不堪,国家也会随之败亡。

解读:一棵树,伤皮伤枝都无大碍,就怕伤根。百姓是一个国家的根本,是政权强固的基础,很需要统治者的爱惜。统治者若因个人私欲而对百姓不加体恤,横征暴敛,必然会自取灭亡。下文中的北齐后主高纬非常荒淫奢侈,可谓是中国历史上少有的"个性"皇帝。他重用奸邪,奢靡无度,对百姓大肆搜刮,最终毁灭了国家,毁灭了自己。足为借鉴。

案例

昏君高纬

高纬是北齐著名的亡国之君。在位期间,他荒淫骄纵,宠任奸邪,残害忠良，最终搞得国破家亡，自己惨死异国。

高纬通晓音律，他令乐工伶人大造无愁曲，亲自弹琵琶演唱，为他应和的竟有上百人之多。百姓都戏称其为"无愁天子"。

他宫廷的奴婢都能受封为郡公之类的高爵，身穿华丽的衣服、使用玉器吃饭的宫女有五百多人。一条裙子价值万匹绸缎，一面镜子耗费千金，宫中竞相崇尚奢华奇巧，早上穿的衣服，晚上就扔掉。其父武成帝高湛已是穷奢极欲，高纬更是以奢华为当然，大肆建造华丽的宫殿范围。高纬在后宫之中修建镜殿、宝殿、玳瑁殿，雕梁画栋，精巧华丽，当时无与伦比。他在晋阳建造的十二院，雄伟壮丽的程度超过都城。

高纬喜新厌旧，对每件事都喜欢不了很长时间，华丽的宫殿随意建造和拆毁，反反复复。他要是来了兴致，夜晚点火也要继续施工，寒冬时烧热水和泥，百姓都没有休息时间，穷困疲乏。他又在晋阳西山制造大佛雕像，一夜燃烧灯油上万盆，宫内亮如白昼。他为自己的昭仪胡氏建造大慈寺，还未建成，又改为穆皇后的大宝林寺，穷极工巧。他令劳工搬运石头填塞山泉，耗费亿计，因为运送石料累死的人、牛不可胜数。

高纬所骑的御马平时睡卧在毡罽之中，食物有十几种。公马和母马交配时，他为它们设置青庐（古代婚礼时用青布做成的帐篷），自己摆上酒食在一旁观看。自己的狗都用精美的饭食饲养。马和鹰犬都有仪同（车骑大将军、仪同三司的简称）、郡公的封号，因此当时出现了赤彪仪同、逍遥郡君、凌霄郡君等极富北齐特色的封号，这些就是高思好所说的"驳龙、逍遥"（高纬无道，北齐南安王高思好率兵反叛，在讨伐高纬的檄文中曾有"驳龙得仪同之号，逍遥受郡君之名，犬马班位，荣冠轩冕"之句）。他喜欢在马上设置袍褥，将狗抱在怀中，犬、马平时享受一个县的租赋。他将鹰送入宫中饲养，将猎犬食用的好肉分给鹰吃，没几天，鹰被撑死了。

他在华林园设立一座贫民窟，高纬亲自穿着破破烂烂的衣服，假装成小乞丐。他还装成穷苦的百姓到市场做买卖。一天夜里，他忽然让人为他找蝎子，要得非常急，第二天早上，已经搜集了三升。他很喜欢逆时令出产的东西，要的时候非常着急，早上想要，晚上就要拿到手。当权的人趁机搜刮，皇帝索求一件，下面就索取十倍。赋敛日益沉重，徭役多如牛毛，民力枯竭，府库耗尽。没几年北齐就被北周一举消灭了。

前车之覆，后车之鉴

【与覆车[1]同轨者倾，与亡国同事者灭。】

【1】覆车：翻毁的车子。

注曰： 汉武欲为秦皇之事，几至于倾；而能有终者，末年哀痛自悔也。桀纣以女色而亡，而幽王之褒姒同之。汉以阉宦亡，而唐之中尉同之。

王氏曰： 前车倾倒，后车改辙。若不择路而行，亦有倾覆之患。如吴王夫差宠西施，子胥谏不听，自刎于姑苏台下。子胥死后，越王兴兵破了吴国。自平吴之后，迷于声色，不治国事；范蠡归湖，文种见杀。越国无贤，却被齐国所灭。与覆车同往，与亡国同事，必有倾覆之患。

白话： 前面的车子翻了，如果还沿着这辆车的轨迹行走，结果还会翻车；一个国家延续前一个国家的亡国之路，结果还会灭亡。

解读： 前面的车子翻了，后面的车子就要警觉，不能再沿着前车的车辙跑下去了，得赶紧改辙，即所谓的"前车之覆，后车之鉴"。若对前车的覆亡视而不见，仍然沿着它的轨迹前行，极有可能在同一条道上翻车。聪明的人往往吸取前人的教训，进而提醒自己趋吉避凶，远离祸患。

吴王夫差宠爱西施，怠于理政，伍子胥屡谏不听，反而招来夫差的嫉恨。伍子胥最后被迫自杀。不久，越王勾践就率兵攻破吴国。夫差绝望自刎，死前用衣服蒙着脸说："我没脸在地下再见伍子胥了。"越王勾践灭吴归国之后，也沉迷于美色，不理国政。范蠡因而驾船离去，文种不久便被勾践赐死。越国贤人绝迹，不久就被楚国灭掉了。李白在游历越国故地时，不胜感慨，遂赋诗一首："越王勾践破吴归，义士还家尽锦衣。宫女如花满春殿，只今唯有鹧鸪飞。"历史的悲剧是如此相似，却一直不断地上演。

吸取前人的教训，很难！前人的教训不管如何惨痛，毕竟离自己太远，非亲身经历，难有深刻的感受。其次，普通人往往贪图眼前的享受和安逸，至于以后的凶险，一般不会考虑，即使考虑了也愿意将其忘诸脑后。因此，只有明智清醒的人才会时时地警醒自己，虽然不轻松，但终能收获长远的福利。

案例

赵染覆袁绍败迹

东汉末年，军阀混战，袁绍占据黄河以北的广大地区，兵强马壮，欲与曹操争夺天下。袁绍欲兴兵伐曹，其帐下主要谋士田丰劝袁绍说："我们连年对外作战，老百姓都已疲敝，仓库里一点积蓄都没有，不能再兴兵作战了。我们应该派人向天子报捷，假如此路不通，就上表称曹操阻挡我们尽忠朝廷，然后再屯大军于黎阳。增加河内的战船，修缮我们的兵器，然后分路派出精兵，屯守边境。若是这样，三年之内，大事可定。"袁绍不听，出兵伐曹，结果损兵折将，没有占得丝毫便宜。

曹操兴兵讨伐刘备，刘备不敌，就向袁绍求救。田丰立即向袁绍建议："曹操东征刘备，许都空虚。假如我们乘虚而入，对上可以保天子，对下可以护万民。这个机会非常难得，主公万万不可失去。"袁绍却因为自己最宠爱的小儿子生病而不愿进兵。田丰气得以杖击地，说："在这样关键的时刻，却要因为一个小孩子的病而放弃大好时机！唉！大事不成，真让人心痛啊！"说完，跺脚长叹离去。

第二年开春，袁绍又要发兵进攻曹操，田丰劝谏："上一次曹操进攻徐州，许都空虚，那时正是进兵的好时机，我们却没有动。现在曹操已经攻下徐州，兵势强盛，不能轻敌啊！不如我们长久地与他相持，拖着他，等有机会再趁机进兵。"袁绍问计于刘备，刘备说："曹操欺君罔上。明公您要是不讨伐他，就要对天下人失去信义了。"一句话就让袁绍热血沸腾。袁绍坚持发兵，田丰又苦苦劝谏。袁绍大怒："你们这些文人，舞文弄墨却轻视武备，想让我失大义于天下吗？"田丰叩头劝谏："主公不能听我良言，必将出师不利。"袁绍气冲牛斗，要杀掉田丰。刘备赶紧说情，袁绍就将田丰关进了大牢。

袁绍兴兵朝官渡进发，大军出发前，田丰在狱中给袁绍上书："我们现在要耐心地等待机会，不可以轻易地兴兵，不然，恐怕会招来失败。"袁绍手下的另一主要谋士逢纪向来与田丰不和，就在袁绍面前进谗言说："主公您兴的是仁义之师，田丰怎么能说这么不吉利的话？"袁绍听后非常生气，要杀掉田丰。百官赶紧为田丰求情，袁绍这才狠狠地说："等我打败了曹操，再来治你的罪！"

官渡一战，袁绍被曹操打得大败，精锐尽失，袁绍慌乱中只率领八百骑兵逃回黎阳。袁绍派人召集散兵，准备回军冀州，图谋东山再起。在回军的路上，袁绍听到帐外远处有哭声，就去偷听。一听才明白，原来是败兵相聚，正在诉说自己的败亡之苦。他们都抱怨说："主公要是早听田丰的忠言，我们就不会遭受这样的祸乱了。"袁绍非常后悔，说："我没有听田丰的话，才有这样的大败。现在就这样回去，我有什么脸面见他呢？"回军的路上，正好碰见逢纪，袁绍羞愧地对逢纪说："我没有听从田丰的劝告，才有今天的大败啊。现在回去，有什么颜面见田丰呢？"逢纪又趁机向袁绍进谗言，说："田丰在大牢中听说主公兵败，高兴得不得了，拍掌叫好，说：'果然不出我所料！'"袁绍听后大发雷霆："这个臭书生怎敢笑我，我一定要杀了他！"说完，就派使者先回冀州赐死田丰。田丰死后，知道的人没有不替他惋惜的。

袁绍不听忠言，滥杀忠良，最后被曹操打得一败涂地，地盘全归了曹操，三个儿子和一个外甥也被曹操杀个干净，连儿媳妇甄氏也被曹丕抢去。

袁绍失败一百多年后，又有一个人重蹈他的覆辙。这个人就是十六国时期前赵的大将赵染。

赵染作为刘聪的大将，曾率军配合前赵大司马刘曜进攻苟延残喘的晋愍帝司马邺。赵染率军驻扎在新丰，晋愍帝派大将索綝讨伐赵染。赵染因为屡战屡胜，根本不把索綝放在眼里。赵染的长史鲁徽劝告他："现在司马邺君臣看到形势紧迫，必定会拼死抵抗。将军应该整顿军队全力进攻，不应该轻视敌人啊。困兽犹斗，况且一个国家呢！"赵染不以为然，说："过去司马模（西晋南阳王）何其强盛，我打败他就像折断一根枯朽的树枝一样容易。索綝只不过是个小喽啰而已，哪有资格污染我的刀锋呢？我在吃早饭前就能活捉他。"

第二天一早，赵染就率领几百精锐骑兵冲进索綝大军之中，双方在城西展开激战，赵染大败而归。他后悔没有听鲁徽的劝告，说："不听鲁徽的建议，才有这样的失败，我没有脸再见他了！"说完就把鲁徽杀了。

鲁徽在临死前对赵染说："将军你刚愎自用，不听良言，这才招致失败。而你不但不思悔改，还要诛杀忠良来发泄你内心的羞愤，你还有什么脸面活在这个世上呢？袁绍以前这么做了，失败灭亡，将军又紧随其后，估计你离灭亡也不远了。可惜的是我不能见大司马（刘曜）一面再死。死者要是没有知觉也就算了，要是还有知觉，我一定要在黄泉之下拜田丰为师，控诉将军的暴行，让你不得好死。"

后来赵染进攻北地，一天夜里，忽然梦见鲁徽发怒，拉弓要射自己。赵染从梦中惊醒，第二天攻城的时候，赵染果然中箭而死。

将灾祸消灭在萌芽状态

【见已生[1]者，慎将生；恶其迹者，须避之。】

【1】已生：已经发生的祸患。

注曰：已生者，见而去之也；将生者，慎而消之也。恶其迹者，急履而恶鏳，不若废履而无行。妄动而恶知，不若绌动而无为。

王氏曰：圣德明君，贤能之相，治国有道，天下安宁。昏乱之主，不修王道，便可寻思平日所行之事，善恶诚恐败了家国，速即宜先慎避。

白话：看到已经发生的祸患，一定要谨慎，防止将来再次发生；不喜欢已有的行迹，就应当努力避开它，以免重蹈覆辙。

解读：预见到不好的事情，与其待其发生后弥补，不如在出现端倪时将其扑灭。亡羊补牢虽然未晚，但损失已经产生，对自己还是不利的。见微知著，居安思危，这才是做事万全的方法。

一些人可能知道做某件事的严重后果是什么，但还是做了，落下悲惨的结局。其中的原因，一是无法抵御诱惑，二是心存侥幸。侥幸心理害死人，这话一点都没有夸大。一般人的悲剧往往都是侥幸心理造成的。比如吸毒，人人都知道其严重后果，但就是有人抱着侥幸的心理去寻求刺激，结果一发不可收拾，越陷越深，无法自拔，最终毁了自己。贪官也知道事情败露意味着什么，但还是抱着侥幸心理"放手一搏"，结果身败名裂，受到惩罚。

做人做事都要懂得防患于未然，学会抵住诱惑，克服侥幸心理。踏踏实实做事，堂堂正正做人。

富弼奏免宦官

西夏国主元昊率领大军进犯宋朝的鄜延（治所位于今陕西延安）一带，攻破金明，鄜延路兵马钤辖卢守懃坐视不管，皇帝派来监军的宦官黄德和率兵逃跑，大将刘平战死。黄德和为了逃脱罪责，诬陷刘平投降西夏，这才导致大败。富弼奏请朝廷调查这件事，结果查明黄德和纯属诬陷，因此将其腰斩。

朝廷以夏守赟为陕西都部署，又以入内都知宦官王守忠为钤辖，二人都平庸无能，非将帅之才。富弼说："任用夏守赟为陕西都部署，已经为天下人所耻笑。现在又让王守忠担任钤辖，这和唐朝的监军有什么两样呢？卢守懃和黄德和已经是我们的前车之鉴了，我们还要继续蹈其覆辙吗？"朝廷遂罢免了王守忠。

为政刚猛，怀保小民

西晋灭亡后，西晋宗室琅邪王司马睿在王氏兄弟的辅佐下建立了东晋王朝，据守江南，苟延残喘。东晋朝廷纲纪废弛，权门势要依恃权势兼并土地，侵夺百姓。百姓流离失所，难以保有其田产。桓玄篡夺了东晋的皇位后，曾一度想改革这些弊政，结果不了了之。刘裕掌握东晋的朝政大权后，强力推行朝廷的大政方针，豪强为之敛声屏气，朝廷内外都知道法律的威严，世家大族不敢为非作歹。

会稽余姚的大族虞亮包庇、藏匿亡命之徒一千多人，刘裕立即将其诛杀，并将会稽内史司马休之就地免官。开始的时候，各个州郡向朝廷推荐的秀才、孝廉等人，都是世家大族的子弟亲信，昏庸纨绔，不胜其任。刘裕上奏朝廷，申明过去任人唯贤、任人唯德的标准，要求对选拔上来的人才进行考试。东晋时期的山川湖泊都被豪强所占据，百姓砍柴钓鱼都要向豪强缴税付钱，刘裕下令开放这些山林湖泽，禁止豪强盘剥百姓。当时百姓流离失所，安定不下来，刘裕施行"土断"，解决了流亡百姓的土地问题。东晋初年设置的侨州、侨郡、侨县多被裁撤，遂统一了税制。

刘裕还下令放还被盗贼劫掠后充入官府的百姓，被流放至偏远地区的允许其返回家乡。规定朝廷运输的木材及船只，不必由地方郡县服役，均由都水监统一管理，避免扰民。中央、地方官府所需的物资，朝廷特派官员向百姓购买，当时即付清物品的价钱，不准强取民财。后来又下令禁止官府征调百姓的耕牛车辆，官府不得威逼百姓强行租借。他大力整顿税收，减轻了百姓的负担。跟随大军征讨后秦而战死疆场及失踪的士兵，刘裕都下令优抚、赡养其妻子和儿女。

刘裕大力整顿晋朝的弊政，一改过去的衰颓之风，使得刘宋王朝成为南朝各朝代中最强盛的王朝，刘裕也是南朝最有作为的皇帝。

居安要思危

【畏危者安，畏亡者存。】

王氏曰：得宠思辱，必无伤身之患；居安虑危，岂有累己之灾？恐家国危亡，重用忠良之士；疏远邪恶之徒，正法治乱，其国必存。

白话：害怕祸患灭亡的人，总是会时时刻刻提醒自己。任何时候都对凶险的事物保持警惕，反而会生存得更为长久。

解读：悲观的人往往比乐观的人活得更长久。因为缺乏安全感，故而枕戈待旦，时刻准备，往往有备无患。水牛善于游泳，黄牛对水则很恐惧，但淹死的往往都是水牛。缺乏忧患意识的人难以走远，缺乏忧患意识的民族不会长久。

居安思危，提前准备，此为万全之策，也是生存之道。

郑国的贤人子产生了重病，他对子太叔说："我死后，你必然主持国政。只有道德高尚的人才能对百姓施行宽厚的政策，但是没有比施行刚猛的政策更好的了。火猛烈，百姓望而生畏，因此很少有人被火烧死；水柔弱，百姓喜欢亲近嬉戏，淹死的人则很多。因此，施行宽厚的政策更难。"

子产死后，子太叔果然主持郑国国政。子太叔不忍心对百姓施行刚猛的政策，然而不久，郑国就出现了很多盗贼，并在萑苻之泽聚集出没。子太叔很后悔，说："要是早点听夫子的话，就不会有此祸乱了。"随后发兵攻灭了萑苻泽的盗贼，郑国遂安定下来。

刚猛的政策，百姓不敢违犯，因此敬畏安分。宽松的政策，只有有德者能够施行，因为百姓心服。不然，百姓就轻视犯罪，反而残害了百姓。

这就是一些人越是环境恶劣，越能够奋发有为，越是环境安逸，反而堕落沉沦的原因。

案例

郭子仪居安思危

郭子仪的府第在亲仁里，由皇帝御赐，规模宏大。一般的王侯府第，百姓是无法靠近的。但郭子仪经常敞开门户，任人随意进出。

郭子仪帐下的大将军将要出征远行，来向郭子仪辞行。当时，郭子仪的夫人和女儿正要梳妆，她们就让大将军拿佩巾、提水，就像使唤奴仆一样。而大将军干这些仆人干的活，就像在家里干活一样，非常自然，一点见外的意思都没有。

郭子仪的儿子们认为如此下去，王府就失去了威仪，遂多次劝郭子仪，禁止外人随便出入。郭子仪不听，儿子们遂哭着说："父亲的功业显赫，却不自我尊重，贵贱人等都可以在内堂、寝室里随意走动，即使是伊尹、霍光也不应当如此啊。"

郭子仪笑着说："有些事情不是你们能够知道的。我们家有五百匹马吃官家的草料，一千人吃公家的粮食，进退就在这些地方。假使围起高墙，关闭大门，使得内外无法疏通，一旦惹出怨恨，别人就会设计诬陷我不守臣子法度。那些贪图功名、戕害贤能的人，更会起来促成其事。到那个时候，我们所有的亲族都将粉身碎骨，后悔也来不及了。现在让它四门洞开，毫无阻隔，即使有人想进谗言，但所有的事情都在众人的眼皮底下，想挑毛病也挑不出什么来。"

儿子们听了，都对郭子仪的深谋远虑佩服得五体投地。

郭子仪为人豁达豪放，不讲究烦琐的礼节，接见大臣也不屏退自己的姬妾。一次，郭子仪生病，朝中大臣纷纷前去探望，郭子仪让自己的姬妾在一边侍奉。后来听说御史中丞卢杞前来探病，他就赶紧让自己的侍姬退下。卢杞离开后，手下人不解，就问郭子仪原因。郭子仪说："卢杞相貌奇丑且为人凶险，女人见了他必定会发笑。若是这样，卢杞必定会怀恨在心，以后他要是得志的话，我们家族连一个活口都不会留下。"卢杞登上相位后，陷害了无数的贤良大臣，但一直没有找郭子仪后人的麻烦。

福气来自有道

【夫人之所行，有道则吉，无道则凶。吉者，百福所归；凶者，百祸所攻。非其神圣，自然所钟。】

注曰：有道者，非己求福，而福自归之；无道者，畏祸愈甚，而祸愈攻之。岂有神圣为之主宰？乃自然之理也。

王氏曰：行善者，无行于己；为恶者，必伤其身。正心修身，诚信养德，谓之有道，万事吉昌。心无善政，身行其恶；不近忠良，亲谗喜佞，谓之无道，必有凶危之患。为善从政，自然吉庆；为非行恶，必有危亡。祸福无门，人自所召；非为神圣所降，皆在人之善恶。

白话：行为符合天道，就会吉利，不合天道，就会凶险。吉利就会享受各种福运，凶险则会遭受各种祸患。这并非神仙的意志，不过是自然的规律罢了。

解读：有道之人尽心行善，无论是与人的关系，还是与物的关系，他都能够处理得非常圆满。关系顺了，事情也就顺了，不招福气自来。不但能够惠及自身，而且能够福泽后世。行恶之人损人利己，甚至不利己也损人，不论是与人还是与物的关系都是相当恶劣的。这样的人，仇家是谁可能连他自己都不清楚，说不定哪天就会横尸街头。即使能够猖獗一时，也必然难以长久，并且往往会贻害子孙。

北宋王旦的父亲王祐是宋初名臣，曾安抚杜重威不反叛后汉，拒绝与宰相卢多逊一起陷害赵普，极力为大将符彦卿洗刷冤屈。当时的人多称赞王祐的贤德，都希望他能够入朝为相。但王祐太过正直，为朝廷所不容。王祐认为自己尽心报国，多积阴德，子孙中必定有富贵的。他在自己院子中栽了三棵槐树，以此明志，说："我的子孙中必定有位至三公的！"果然，他的儿子王旦在真宗朝担任宰相十二年，其执政期间，政治清明，国家太平，世称贤相。

案例

范仲淹行有道

仁宗时，西夏屡次进犯宋朝西北边境。宋军屡战屡败，延州一带的城池大多失守。范仲淹向朝廷奏请，自愿去西北抗击西夏。朝廷让范仲淹以户部郎中的身份兼任延州知州。

开始的时候，朝廷让将领统兵，总管统领一万人，钤辖统领五千人，都监统领三千人。敌兵来犯时，先由官职低的出去作战。范仲淹说："任命大将不按才能，却按官职的高低，这是取败之道。"然后，他检阅延州的军队，从中选出精兵一万八千人，分为六支，每个将领统率三千人，分别训练。若敌兵来犯，则要看敌兵的多少，使其轮流作战。

当时塞门、承平等营垒早已被废弃，范仲淹采纳种世衡的建议，在青涧修筑城池，占据敌兵的咽喉要地，大力屯田，且听凭各族百姓互市，互通有无。因为百姓长途为宋军输送军粮，疲劳困苦，范仲淹就奏请朝廷修筑鄜城并将其升格为军（宋朝行政区划名，与府、州同级，隶属于路），以河中（治今山西永济市西南蒲州镇）、同州（治所在今陕西大荔）、华州（治所在今陕西华县）中下等百姓的赋税来供给。每年春夏时分，将军队迁徙到近处就食，这样就能节省十分之三的军粮。

第二年正月，朝廷下诏，让各路宋军出兵征讨西夏。范仲淹上奏说："正月塞外非常寒冷，我们的军队暴露在外，损害极大。不如等到开春再深入敌境，那时敌军马瘦人饥，形势对我们很有利。况且现在我们的边备逐渐严整，军队出征纪律严明，西夏兵虽然猖獗，但我们的实力足以威慑他们的嚣张气焰。鄜州、延州靠近灵州和夏州，是进入西羌的必经之路。我们可以按兵不动，坐看其内耗，然后允许臣以恩信招纳其投降。不然，双方的愿望不能沟通，臣恐怕永无休兵之日了。若是我的招降政策不能奏效，那时再发兵攻取绥、宥，占据要害之地，吞并营田，这可以作为长久之计。如此一来，茶山、横山一带的羌人必然举族前来归附。拓展疆域、抵御贼寇，这才是上策啊。"仁宗采纳了范仲淹的建议。范仲淹又奏请修筑承平、永平等营垒，召还流亡的百姓，设置堡垒屏障，贯通侦察敌情的瞭望台。最后共修筑城池十二座，当地羌族和汉族的百姓都相继归还，恢复生产。

当初，范仲淹因为直言朝政，触怒了宰相吕夷简，被放逐外地好几年。当时议论其曲直的士大夫，被相继诬陷为他的朋党。仁宗认为范仲淹为众望所归，遂提拔重用。后来吕夷简被罢去宰相职务，朝廷将范仲淹召回，希望他主持朝政，进而使得国家安定、天下太平，举朝上下都希望范仲淹能够建功立业。范仲淹也以天下为己任，裁汰冗官，考核官吏，日夜思谋为国家建立太平之世。但由于其官吏考核制度非常严密，触犯了很多官僚的利益，引起他们的强烈抵制，他们不断地上书诬陷范仲淹，指责其勾结朋党。

范仲淹看到变革难以进行下去，就托疾自请外放邓州，在邓州时很有政绩。朝廷想调范仲淹到荆州南部为官，邓州百姓挡住使者的道路，请求让范仲淹留任邓州，范仲淹也自愿留在邓州，朝廷允许了。不久，朝廷又调任他为杭州知州，升任户部侍郎，再调青州知州。当时范仲淹已经生了重病，请调任颍州（治今安徽阜阳市），还未到任就病死了，时年六十四岁。朝廷追赠其为兵部尚书，谥号"文正"。当初，范仲淹生了重病，仁宗经常派遣使者前往慰问，并赐予药物。范仲淹去世后，仁宗哀痛很长时间，又派遣使者到范仲淹家中慰问。范仲淹下葬后，仁宗亲自为其题写碑铭：褒贤之碑。

范仲淹为人仁爱好善，朝中的名士很多都出自其门下。即使是普通的老百姓，范仲淹都能叫出他们的名字。范仲淹去世的消息传开后，四方百姓无不为他哀痛惋惜。他为政崇尚忠厚，每到一个地方，都能做出一番政绩，造福一方百姓。邠州和庆州的百姓以及当地的羌人都画出他的画像，为他立生祠供奉他。范仲淹去世那天，羌人酋长上百人，伏地痛哭，如同失去亲生父亲一样，并为他斋戒三天。

范仲淹有四个儿子，纯祐、纯仁、纯礼、纯粹，个个都很有出息，次子范纯仁最后官至尚书右仆射兼中书侍郎（宰相），亦为北宋名臣。

思虑要周密，做事要周全

【务善策[1]者无恶事，无远虑者有近忧。】

【1】善策：好的办法。

王氏曰：行善从政，必无恶事所侵；远虑深谋，岂有忧心之患。为善之人，肯行公正，不遭凶险之患。凡百事务，思虑远行，无恶亲近于身。

白话：致力于用好的办法解决问题，进而把事情处理得周全完美，就不会有什么祸乱；做事缺乏长远的考虑，眼前就会发生忧心之事。

解读：做事周全的人能够防范于未然，自然少有祸乱的侵扰。目光短浅的人多贪图眼前小利，不计长远发展，结果往往是顾此失彼，忧劳不断。做人做事一定要深谋远虑，不可一味贪图眼前的小利。南宋的陈亮在给宋孝宗上书时曾指出："一日之苟安，数百年之大患也。"南宋朝廷先屈膝称臣于金，后被蒙古打得抬不起头来，以致被其灭亡，都是偏安心理所致。

案例

李沆深谋远虑

李沆为相时，王旦为参知政事。当时党项羌经常进犯宋朝西北边境，宋朝为此长年在西北用兵。一天，王旦长叹说："我们什么时候能让国家太平，得以悠闲无事啊？"李沆遂说："稍稍有些忧患，足以作为警戒。以后国家太平，四方安定，朝堂之上未必没有忧患。"后来辽和宋朝订立澶渊之盟，双方罢兵。王旦问李沆怎么样，李沆说："好是好，但边患消除后，恐怕皇上会生出骄纵奢侈之心啊。"王旦不以为然。李沆每天都拿全国各地的水旱灾害的奏章上报给真宗，王旦认为这些都是琐碎小事，不足以烦扰皇上。李沆说："皇上年轻，不知道百姓的艰难。他现在年轻，精力旺盛，不关注国事，就会留意声色犬马，或者大兴土木，或者对外征战，或者向宗祠求福。我老了，估计看不到那一天了，这都是你将来要担忧的事情啊。"

果然，李沆死后，真宗认为已经与辽讲和，西夏已经称臣，就东封泰山，大建宫殿道观，崇信天书，从无休止。王旦亲见王钦若、丁谓等小人将真宗引入歧途，想要进谏，自己已经无能为力；想离去，却又念及真宗对自己很好。这时，王旦才对李沆的远见佩服得五体投地，叹息说："李文靖（'文靖'为李沆谥号）真是圣人啊！"后人遂称李沆为"圣相"。

荀彧远谋避祸

东汉末年，董卓进京，祸乱京师。荀彧见朝政颓败，天下将乱，遂请求外放为官，迁为亢父令。不久，荀彧又弃官回乡，对家乡父老说："颍川（治今河南省禹州市）处于四面受敌的位置，国家一旦发生动乱，则为兵家必争之地。请乡亲们快点离开，不要长久停留。"但家乡的百姓都留恋故土，不愿意离开。

冀州州牧韩馥和荀彧是同乡，对荀彧的才能非常赏识，这时正好派出使者要将荀彧一家迎至冀州。家乡的百姓没有一个愿意随荀彧离开的，荀彧只好率领自己的宗族去了冀州。

后来董卓派遣李傕出兵关东，经过颍川、陈留（治今河南开封东南）后返回。贼兵所到之处，必定会被烧杀抢掠一空，荀彧家乡没走的百姓基本上都被杀掉了。

贾诩的远见

贾诩离开残暴的李傕后，前往华阴（今陕西华阴市）投奔将军段煨。贾诩向来以智谋著称，深为段煨军中所敬仰。虽然段煨非常担心贾诩会取代自己的地位，但是在表面上对贾诩照顾得甚为周到殷勤。这让贾诩很是不安。

张绣在南阳，贾诩派人暗中与其结好，张绣遂让人迎接贾诩前往南阳。贾诩将要离开时，身边的人对贾诩说："段煨对您招待得非常周到啊，为什么要离开呢？"贾诩说："段煨生性多疑，对我似乎有所猜忌，虽然对我很好，但不能长久停留。不然的话，我必定会栽在他的手里。我离开后，段煨一定会非常高兴，而且我在外面为他寻找到了强大的援助，他必定会厚待我的妻子和儿女。张绣现在缺乏谋士，很希望我去辅佐他，这样一来，我的身家性命都能得到保全。"

就这样，贾诩去了南阳，张绣对贾诩非常尊敬，以对待父辈的礼节对待贾诩，对贾诩特别信任。段煨果然对贾诩的家人照顾得非常周到。

好人亲近好人

【同志相得，同仁相忧。】

注曰：舜有八元、八凯，汤则伊尹，孔子则颜回是也；文王之闳、散，微子之父师、少师，周旦之召公，管仲之鲍叔也。

王氏曰：心意契合，然与共谋；志气相同，方能成名立事。如刘先主与关羽、张飞，心契相同，拒吴敌魏，有定天下之心。汉灭三分，后为蜀川之主。君子未进，贤相怀忧，谗佞当权，忠臣死谏。如卫灵公失政，其国昏乱，不纳蘧伯玉苦谏，听信弥子瑕谗言。伯玉退隐闲居，子瑕得宠于朝上大夫。史鱼见子瑕谗佞而不能退，知伯玉忠良而不能进，君不从其谏，事不行其政，气病归家，遗子有言："吾死之后，可将尸于偏舍，灵公若至，必问其故，你可拜奏其言。"灵公果至，问何故停尸于此，其子奏曰："先人遗言：见贤而不能进，知谗而不能退，何为人臣？生不能正其君，死不成其丧礼！"灵公闻言悔省，退子瑕，而用伯玉。此是同仁相忧，举善荐贤，匡君正国之道。

白话：志同道合的人拥有共同的抱负和追求，总是担心对方被埋没，因而常常相互鞭策，精诚一心，最终建立大业。

解读：志同道合的人有共同的志向和抱负，惺惺相惜，常常担心对方的才能被埋没，故而相互激励，相互鞭策。东晋大将祖逖曾与刘琨一起担任司州主簿，志同道合，意气相投。他们经常在一块儿谈论国家大事，常常谈至深夜，非常投机。他们看到西晋政治腐败，王室内部争权夺利，内心非常担忧。

一次，祖逖对刘琨说："假如国家发生动乱，四方豪杰都会趁机而起。你我都胸怀大志，希望能够各守一方，为国家效力。"两人亲密无间，同睡一张床，同盖一条被子。一次，天还没亮，祖逖听到窗外的鸡鸣，就用脚踢醒刘琨说："这鸡叫声不坏啊！"两人遂起床锻炼。从此以后，每逢鸡鸣，祖逖和刘琨总是闻声即起，发奋练武，时刻为实现自己的抱负而准备着。这就是"闻鸡起舞"的典故。

后来祖逖先于刘琨为官，刘琨在写给亲人的书信中说："我枕戈待旦，时刻准备着为国家扫除逆贼，常常害怕祖生比我先得志啊！"

两人最后都成大器，刘琨被西晋封为司空、都督并冀幽三州诸军事，为西晋镇守太原，长期和刘聪相对抗。祖逖被东晋任为镇西将军、豫州刺史，威震黄河南北。他镇守豫州的时候，石勒不敢窥兵河南，王敦心怀篡逆之志而不敢发。

案例

仁人相达

北宋大臣钱若水向来能慧眼识人，一次，他看到王旦，惊叹地说："真是适合担任宰相的人才啊！"后来王旦和钱若水同列于朝堂，钱若水经常说："王君出于幽谷，高入云霄，是国家的栋梁之材，贵不可言，不是我所能企及的。""圣相"李沆见到王旦后，同样认为王旦必成大器。

后来钱若水被罢去枢密使职务，在宫苑之中和真宗交谈。真宗向他寻问可以委任大事的亲近大臣，钱若水说："王旦德才兼备，足以胜任大事。"真宗说："这也是我的意思啊。"

寇準屡次在真宗面前诋毁王旦，而王旦经常在真宗面前赞美寇準。真宗对王旦说："卿虽然称赞寇準，但他专门谈论你的过失啊。"王旦说："道理本来就是这样。臣担任宰相很长时间了，朝政的缺失必然很多。寇準对陛下毫无隐瞒，更能看出他的正直忠诚啊，这正是我看重寇準的原因。"

后来寇準被真宗任命为武胜军节度使、同中书门下平章事（宰相），寇準入朝觐见，向真宗拜谢说："不是陛下了解臣，怎么会让臣居此高位？"真宗遂将王旦推荐寇準的情况详细地告诉了寇準，寇準非常惭愧，自叹不如。

寇準在担任武胜军节度使时，一次过生日，竟然制造山棚（为庆祝节日而搭建的彩棚，其状如山高耸，故名）大肆庆祝，而且服饰用度僭越人臣的规格,被人告到了真宗那里。真宗大怒,对王旦说:"寇準每件事都想比照朕的标准,这能行吗?"王旦慢条斯理地对真宗说:"寇準确实非常贤能,但为人还是很糊涂的,没办法。"真宗也消了气,说:"是啊,这正是他糊涂的地方。"这件事遂不了了之。

王旦生了重病,被儿子抬着上殿,真宗询问道:"爱卿的病如此严重,万一有什么不测,让朕把国家大事托付给谁呢?"王旦说:"了解微臣的只有陛下,只求陛下能选对人。"真宗再三询问,王旦不答。当时张咏、马亮都为尚书,真宗问这两人怎么样,王旦依然不答话。真宗看王旦不说话,就说:"说说你的意见吧。"王旦支撑着站起来,举起手中的象笏说:"以臣的愚见,没有人比寇準更合适。"真宗说:"寇準性格刚直,疾恶如仇,请你再考虑其他人。"王旦说:"其他人,我就不知道了。臣病得厉害,不能久留。"然后告退了。王旦死后一年多,真宗最终任用寇準为相。

李沆死后,真宗提升毕士安为吏部侍郎、参知政事。毕士安入宫拜谢,真宗说:"这只是个开始,我将要用你为相。"毕士安叩头拜谢。真宗说:"朕想依靠你来辅佐朕处理国家大事,已经不是一天两天了。然而现在国家多事,想给你找个帮手,你认为谁是合适的人选。"毕士安说:"担任宰相,必须具备宰相的才能,才能居于相位。臣才能低劣,实在是不能胜任宰相的职位。寇準才能卓著,忠心耿耿,善断大事,是担任宰相最合适的人选。"真宗说:"寇準这个人刚愎自用。"毕士安说:"寇準为人正直,秉持忠义,为国鞠躬尽瘁,排斥奸邪小人,满朝大臣没有一个能与他相提并论的。只是他太过正直,不为庸俗的常人所喜欢罢了。现在虽然国家太平,百姓生活安定,但西北的党项羌一直是边境的大患,这正是寇準施展才能的大好时候啊。"真宗说:"的确是这样,但还需德高望重的人来约束他。"没过一个月,真宗就让寇準以本职担任宰相职务,毕士安同时主持编修国史的工作,位在寇準之上。

寇準担任宰相,公正无私,疾恶如仇,朝廷中的奸邪小人都千方百计地想把他赶走。有个叫申宗古的百姓,受人唆使,诬告寇準和安王赵元杰相互勾结,图谋不轨。寇準惶恐不安,难以自辩。毕士安极力为寇準申辩,并将申宗古交给司法机关严加审判,查得真相,果然是诬告。毕士安遂将申宗古斩首,寇準方才安下心来。

坏人勾结坏人

【同恶相党。】

注曰： 商纣之臣亿万，盗跖之徒九千是也。

王氏曰： 如汉献帝昏懦，十常侍弄权，闭塞上下，以奸邪为心腹，用凶恶为朋党，不用贤臣，谋害良相，天下凶荒，英雄并起。曹操奸雄，董卓谋乱，后终败亡。此是同恶为党，昏乱家国，丧亡天下。

白话： 具有邪恶心性的人喜欢朋比为奸，结党营私。

解读： 奸邪小人喜欢勾结在一起为非作歹，所谓"朋比为奸""沆瀣一气"，说的就是这类人。魏忠贤当国，残害忠良，祸国殃民。他以太监王体乾、李朝钦、王朝辅等三十余人为心腹，监视皇帝的一举一动。他搜罗朝臣中的无耻之徒组成以其为首的阉党。朝中大臣崔呈秀、田吉、吴淳夫、李夔龙、倪文焕号称"五虎"，专门为魏忠贤出谋划策；武臣田尔耕、许显纯、孙云鹤、杨寰、崔应元号称"五彪"，专门为魏忠贤杀人放火、残害忠良；吏部尚书周应秋、太仆少卿曹钦程等号称"十狗"，这些都为阉党的核心人物。此外还有"十孩儿""四十孙"，不管是魑魅魍魉，还是妖魔鬼怪，只要能害人，魏忠贤就照单全收。

无论是内阁、六部还是地方政府，魏忠贤全部安插自己的亲信和私党。阉党残害忠良，荒淫无耻，卖官鬻爵，贪污受贿，整个明王朝在此等蛀虫的啃噬下只剩下一副空壳。后来思宗朱由检即位，努力振作，魏忠贤知道自己无力回天，最后绝望地上吊自杀了。

小人相亲

东晋孝武帝不亲自处理国家政务，只知道和会稽王司马道子（孝武帝同母弟）终日饮酒，尤其亲近奶妈、和尚、尼姑等人。这些人依恃皇帝亲信，纷纷盗用国家大权。孝武帝亲近交往的人都是地位卑贱的小人。

地方郡县的长官，都为司马道子所提拔任用。后来孝武帝委任司马道子为扬州牧，司马道子权倾天下，朝野之人无不竞相投靠其门下。中书令王国宝为人卑鄙谄媚，是司马道子最亲信宠爱的人。司马道子主政时，官职按照贿赂数额来安排，国家的政治和刑罚悖谬混乱。司马道子又非常崇信佛教，大肆修建佛寺，挥霍无度，百姓都不堪忍受。

孝武帝晚年，司马道子经常通宵达旦地饮酒，整日蓬头垢面，沉迷醉乡，朝政大事缺失极多。桓玄（桓温之子，后来篡夺了东晋的皇位，不久又被刘裕消灭）曾专程拜访司马道子，当时司马道子正和宾客痛饮沉醉，看见桓玄走进来，就睁开惺忪的醉眼，对满堂的宾客说："桓温晚年的时候曾想篡夺皇位，是这样的吗？"桓玄听后非常恐惧，长时间跪在地上，不敢起来，汗流不止。司马道子的长史谢重看到司马道子出言无状，就举起手中的笏板说："故宣武公（桓温谥号"宣武"）废黜昏君，另立明君，功劳超过伊尹、霍光。外人的谣言，我们应该慎重地加以对待。"司马道子轻轻地点头说："我明白啊，我明白啊。"然后倒了一杯酒，递给桓玄，桓玄这才战战兢兢地站起来接过酒。从此以后，桓玄越发不能安心，对司马道子切齿痛恨。

司马道子所宠幸亲近的人中，赵牙出自优倡，茹千秋本来是钱塘缉捕盗贼的狱吏，只是因为贿赂谄媚才得到司马道子的宠幸。司马道子以赵牙为魏郡太守，以茹千秋为骠骑谘议参军，二人权力都非常大。

赵牙为司马道子修筑府第，在府内修建高山，凿出池塘，栽种花草树木，耗费巨大。司马道子在府内建造酒肆，让宫女在里面卖酒，自己则和亲近之人乘船进入酒肆饮酒，调笑作乐。孝武帝曾到司马道子家中，对司马道子说："府内有山有水，可以登临远眺，畅快游览，很好。但修造装饰得太过华丽，不是以躬身节俭作为天下人表率的方法啊！"司马道子无言以对，只是一味地应承，不停地说"臣知道了，臣知道了"，孝武帝身边的侍臣也没有一个敢说真话的。孝武帝回去后，司马道子对赵牙说："皇上要是知道山是通过板筑（板，即夹板；筑，即杵。筑墙时，以两板相夹，填土于其中，用杵捣实）捣铸而成的，你就死定了。"赵牙却说："有您在，我怎么敢死呢？"此后他更加肆无忌惮地大兴土木。茹千秋通过卖官鬻爵，竟然积累了数亿的资财。

在司马道子和其子司马元显主政期间，东晋的政治腐败透顶，百姓离心，大将不断造反。最后桓玄攻入建康，司马道子与司马元显俱为桓玄所杀。

上有所好，下必甚焉

【同爱[1]相求。】

【1】爱：偏好。

注曰：爱利，则聚敛之臣求之；爱武，则谈兵之士求之；爱勇，则乐伤之士求之；爱仙，则方术之士求之；爱符瑞，则矫诬之士求之。凡有爱者，皆情之偏、性之蔽也。

王氏曰：如燕王好贤，筑黄金台，招聚英豪，用乐毅保全其国。隋炀帝爱色，建摘星楼宠萧妃，而丧其身。上有所好，下必从之。信用忠良，国必有治；亲近谗佞，败国亡身。此是同爱相求，行善为恶，成败必然之道。

白话：拥有共同偏好的人总是会相互求引。

解读：上有所好，下必甚焉。领导也是普通人，也有自己的爱憎好恶。但领导不能以自己的好恶来选拔任用人才。奸邪小人无正道可以近身，因而喜欢溜须拍马，投其所好，通过走歪路来获得领导的重用。这样的人心思都没用在正道上，做好事的本事一点没有，做坏事的花花肠子却是一大堆。领导若是任用这样的人，自然成事不足，败事有余。

案 例

昏君爱小人

北齐武成帝高湛和儿子后主高纬都以昏庸荒淫著称，其宠信重用的大臣也都是些奸邪无耻的小人。

高湛喜欢玩握槊（一种类似"双陆"的博戏，今已失传，有些类似今天的飞行棋），和士开尤其精于此道，两人遂一见倾心，终日厮混。高湛未登基之前，被封为长广王，他便征召和士开为自己的府行参军。和士开为人轻浮奸邪，但口才极好，善于谄媚，而且是个弹胡琵琶的高手，高湛因此对他更是亲狎不已，毫无君臣礼仪。和士开曾对高湛说："殿下不是天上的神人，而是天上的天帝啊！"高湛则说："你也不是世间人，而是人间的神啊！"两个人的关系很亲密。

高湛登基称帝后，立即对和士开大加重用，累次提拔为侍中，加开府衔。和士开和高湛说话，言辞举止都极其鄙陋轻慢，玩起来常常不分昼夜，一点儿君臣的礼节都没有。和士开小人得志，愈加放肆，竟然对高湛说："自古以来的帝王，无论如何尊贵显赫，最终都要化为尘土。尧舜和桀纣又有什么区别呢？所以，陛下应该趁着年轻体壮，及时纵情享乐，这样的话，一天的快活能抵得上千年的时光。将国家大事交给大臣打理，还担心大臣们做不了吗？不要因为国家的琐事而让自己身体疲惫劳苦啊！"高湛听后竟非常赞同。

高湛因酒色过度而病入膏肓，临终前，握着和士开的手托孤于他。

后主高纬认为和士开是先帝的托孤之臣，便将国事全部委任于和士开。和士开又为胡太后所宠信，因此与后主的关系更加亲密。后主高纬封他为淮阳王、录尚书事，执掌朝政。

和士开平庸鄙陋、不学无术，说话做事，只知道谄媚主上。高湛、高纬父子在位期间，和士开威权日盛，炙手可热。富商大贾一天到晚不绝于门，朝中不知廉耻的大臣竞相投靠其门下，更有甚者，主动请求做和士开的干儿子，堂堂朝廷大臣竟与市井小人称兄道弟。

当初，高湛不但自己喜欢玩握槊，还经常让和士开和皇后胡氏一起玩，允许和士开随便出入后宫。和士开有此便利，便和胡氏私通。高湛死后，和士开和胡氏就更加肆无忌惮地淫乱。琅邪王高俨厌恶和士开，就与领军大将军库狄伏连、尚书右仆射冯子琮、书侍御史王子宜、武卫大将军高舍洛等人密谋将其杀掉，并抄了他的家。和士开死时四十八岁，胡太后悲恸欲绝，立即诛杀了高俨等人。后主高纬为其哀悼，好几天不上朝，对其追忆不已。

除了和士开，高湛、高纬父子宠信的奸臣还有穆提婆和高阿那肱。

穆提婆本姓骆，父亲骆超因为谋划叛乱而被诛杀，母亲因是后主高纬的乳母而得到宠信。穆提婆日夜侍奉在后主高纬身边，整天与后主高纬嬉戏，无所不为。后主高纬对其恩宠优渥，令其担任录尚书事，并封其为城阳王。穆提婆母子并无其他才能，只因为与后主高纬关系亲密，遂得以专擅朝政，势倾内外，掌握朝臣的生杀大权。

穆提婆招引小人为伍，庸劣无能之徒纷纷投靠其门下，致使朝政日益黑暗，大臣日益离心。北周军队大败北齐军后，后主高纬逃回邺城，穆提婆叛投后周，陆令萱自杀，穆氏被抄家灭门。

高阿那肱以军功起家，善于谄媚逢迎，又精于骑射，每次聚饮习射都很得武成帝高湛的欢心，因此大受尊宠。高阿那肱又向和士开献媚，两人臭味相投，喜欢相互轻薄狎昵，很快便狼狈为奸、沆瀣一气。和士开经常在高湛的面前为高阿那肱说好话，高阿那肱因而更受高湛的信任。

后主高纬即位后，高阿那肱被擢升为尚书左仆射，封淮阴王，不久又被升为尚书令。

高阿那肱才能平庸、目不识丁，见识比和士开还要差很多，然而奸邪谄媚的本领却与和士开不相上下。高湛宠信高阿那肱，让其侍奉太子高纬。高纬即位后，对高阿那肱更加宠信。和士开死后，高纬认为高阿那肱才能见识足以接替和士开，就提拔其担任宰相，执掌朝政兵权。

北周军队逼近北齐的重镇平阳，高纬当时正在天池校场游猎。北齐的晋州守军屡次派人向高纬求救，从早上到中午，驿马来回跑了三趟。高阿那肱都压着不报，并说："陛下正玩得高兴，军情这么急着上奏干什么？"傍晚的时候，使者再次报信："平阳城已经被周军攻下了，不久贼兵就要打过来了。"高阿那肱这才报知高纬。

后主高纬率军驰援晋州，两军接战，穆提婆在一旁观战，北齐军队的东侧稍稍退却，穆提婆就说："大家（指皇帝）去！大家去！"高纬马上就带着冯小怜（淑妃）奔逃高梁关。开府仪同三司奚长劝谏说："有进有退，这是打仗常有的事。现在我们的军队完好，并未受到损伤。陛下丢下军队想要逃到哪里去呢？陛下的御马一动，军队必将惊慌，请陛下赶快回去安抚军心。"武卫将军张常山从后面追来，也劝高纬："军队很快就能集结，实力完好，陛下应该回去安抚军心。假如您不相信我所说的话，就请陛下派一个内参前往察看。"高纬正要答应，穆提婆拉着高纬的胳膊说："别信他！"高纬丢掉军队向北逃跑了。北齐军为此军心涣散，遂大败。后主高纬逃到邺城，侍卫差不多都逃光了，只有高阿那肱还带着几十个太监骑马随从。

后主高纬在逃跑途中，经常让高阿那肱望风，高阿那肱总是说："周军还离得远着呢，不用跑那么快！"后来，北周的大将尉迟迥追及，高阿那肱投降，高纬被活捉，北齐遂告灭亡。

美人容易相互嫉妒

【同美相妒。】

注曰：女则武后、韦庶人、萧良娣是也。男则赵高、李斯是也。

白话：美丽的女子在一起会相互嫉妒。

解读：女子善妒，美女尤其如此。单位里若是美女众多，怕是难以安宁了。这不但会引得男人们虎视眈眈，美女自己也会闹腾得厉害。

其实不光是女人，男人也挺善妒，尤其有才的男人在一起的时候，表现得尤为突出。古代行军打仗，若同时出现几位能征善战的将领，若无强力的领导加以约束，很容易出现将与将不相容的情况。这是很危险的。因为一旦互不相容，打起仗来不但不会相互配合，反而会幸灾乐祸，有意置自己的同袍于死地。这样的后果，自然是相当严重。

所谓"一个槽里拴不住两个叫驴子"，指的就是这种情况。这是管理中的一个实际问题。遇到这种情况，就需要一个高水平的领导善加调解，使得自己手下的"叫驴子"能够相互理解，相互包容，顾全大局，相互配合。这就要求领导公平公正，不感情用事，不偏袒其中一方，同时还要有高超的手腕。因此，意欲有所作为的领导，需要不断地加强自身的素质，真正做到运筹帷幄。不然，一旦激化矛盾，后果可能难以收拾。

案例

掩袖工谗

魏王送给楚怀王一个美女，楚怀王非常喜欢。楚怀王夫人郑袖知道楚怀王很喜欢这个女子，就百般讨好她。有好看的衣服，有好玩的东西，郑袖都挑选最好的送给这个美女；有好的房子、好的卧具，郑袖也必定选最好的让这个美女居住和使用。在外人眼里，郑袖对这个美女之好要胜过对待楚王。楚王知道后，非常感动："女人靠自己的美色来侍奉自己的丈夫，嫉妒是非常正常的。现在郑袖爱这个美女要胜过爱我，这才是孝子侍奉双亲，忠臣侍奉君王的道理啊。"

听到楚王这样说，郑袖明白自己成功了：楚王认为自己不是个善妒的女人。一天，郑袖去和美女话家常，说着说着，郑袖就对美女说："你很漂亮，大王真的很喜欢你，但你也有点儿小小的缺陷，大王曾私下对我说他很讨厌你的鼻子。你是我的好妹妹，今天姐姐就劝你一句，以后见到大王，你可一定要掩着自己的鼻子别让他看见，否则，你就会失宠。"美女若有所思地点了点头。

后来那个美女一见到楚王，马上就掩上自己的鼻子。楚王不解，就私下里问郑袖："美人现在有点怪啊，每次见到寡人都掩着鼻子，这是怎么回事？"郑袖缓缓地说："臣妾知道是怎么回事，但是不敢说。"楚王说："寡人赦你无罪，有什么你尽管说吧。"郑袖这才怯生生地说："好像……好像……是厌恶大王您身上的体臭味呢！"楚王听后勃然大怒："这个女人太强悍了吧！敢这样对寡人！"说完，楚王便下令把那个美人的鼻子割下来，然后把她打入了冷宫。

聪明人容易相互算计

【同智相谋。】

注曰： 刘备、曹操、翟让、李密是也。

白话：智略很高的人在一起会相互算计。

解读：不但美女集中的地方不容易安宁，聪明人集中的地方也同样难以宁静。因为都是聪明人，也都工于心计，很容易碰到对手而相互较劲，相互算计，最终两败俱伤。

对付这种情况，宋太祖赵匡胤有个好办法，颇值得后人借鉴。

南唐还未被赵匡胤平定之前，一直向后周和宋朝纳贡。一年，南唐又要向宋朝纳贡，派出徐铉为使者。按照惯例，宋朝要派出一名水平相当的大臣作为押伴客使进行全程接待。当时徐铉以学识渊博、能言善辩而名动四方，宋朝大臣都认为自己的学识口才不及他而无人敢担当此任，宰相也为押伴客使的人选大伤脑筋。实在想不出合适的人选，宰相就向赵匡胤汇报了这一情况。

赵匡胤很不满意，就对宰相说："你们都退下吧，朕自己选！"过了一小会儿，只见宫中太监传唤殿前司，让他从不识字的殿侍者中挑选十个人，然后把名字报上来。名单呈上去后，赵匡胤大笔一挥，勾上一个人的名字，说："这个人可以担当此任！"朝中的大臣知道赵匡胤如此选人，都非常吃惊，宰相也不敢多问，只能催促殿侍者赶紧出发。殿侍者是个大老粗，不明就里，遂硬着头皮当上了宋朝的押伴客使。

殿侍者来到南唐的都城金陵后，两人一相见，徐铉便口若悬河、滔滔不绝，在一旁观看的人都为徐铉的口才感到惊骇。宋朝的押伴客使无以对答，只是一味地"是、是、是"地附和着。徐铉看到这个人不和他辩论，也不知道这个人的底细，感到他有些深不可测，就想方设法让他和自己谈论。没想到这个人就是一句话不说，徐铉自己也感到没趣，就不再说话了。

孙膑与庞涓

孙膑和庞涓曾一起跟鬼谷子学习兵法，是好同学、好哥们儿。后来，庞涓得到魏惠王的重用，成为魏国的大将。庞涓自以为才能不及孙膑，就让人把孙膑骗到魏国，诬陷其犯法而挖去孙膑的膝盖骨，并动用黥刑在孙膑脸上刺字。从此以后，孙膑不但是个废人，而且还是个罪人，这样就难以被重用了。

后来，齐国的使者来到魏国，孙膑以刑徒（犯罪受刑之人）的身份游说齐国使者，齐国使者被孙膑的才华所震撼，就偷偷地将孙膑载回了齐国。齐国的大将田忌对孙膑的才华很是佩服，对孙膑加以厚待。

田忌屡次和齐国的公子（公子为国君的兄弟、儿子）投下重注赛马，常常是屡战屡败，输得一塌糊涂。孙膑仔细观察了比赛，发现双方的马力相差并不大，而马又分上、中、下三等，孙膑觉得有机可乘，便对田忌说："你只管重重地下注就行了，我能让你赢。"

田忌对孙膑的才能是十分信任的，就爽快地答应了，下了千金重注。等双方都下定离手的时候，孙膑对田忌说："用你的下等马和他们的上等马比赛，用你的上等马和他们的中等马比赛，用你的中等马和他们的下等马比赛。"这样比了三场，田忌两胜一负，赢得了齐王的千金赌注。

田忌看到孙膑如此富有谋略，就将其推荐给齐威王。齐威王向孙膑请教兵法，孙膑稍稍施展，就令齐威王五体投地，遂将孙膑拜为师傅。

魏国攻打赵国，拿下了赵国的都城邯郸，带兵的大将正是庞涓。赵国情势危急，就派人向齐国求救，齐国答应了。齐威王打算以孙膑为将，率兵救援赵国。孙膑推辞说："我是受过刑的人，没有资格担任主将。"（孙膑说出这句话的时候，大家就会切齿于庞涓的狠毒了。）齐王就以田忌为大将，以孙膑为军师，率兵前去救援赵国。孙膑坐在辎车（古代一种有帷盖的大车）中指挥战事。

田忌想直接率军救援邯郸，孙膑说："解开纷乱纠缠的丝麻不能直接用手指去扯，劝解打斗也不能揪着一方不放。打击对方的要害，使得打斗的条件全部瓦解，纷争自然也就解决了。现在魏国和赵国相互攻击，精锐的士兵必然全部用于战场上的搏杀，而老弱病残必守国内，而且疲惫不堪。将军不如直接率兵进攻魏都大梁，以实击虚，魏军必然放弃邯郸而回救大梁。这样的话，我们一举两得，既为赵国解围，又能坐收魏国的弊端。"田忌接受了孙膑的建议，率兵直捣大梁，魏军果然放弃邯郸而回救大梁。齐军埋伏在桂陵，以逸待劳，大破强悍一时的魏军。

十三年之后，魏国又发兵进攻韩国。韩国也向齐国求救。齐国依然用田忌为将，以孙膑为军师。齐军直接扑向大梁，庞涓听说齐军逼近，立即从韩国撤军。魏军撤军回来时，齐军已经越过边界，向西挺进了。孙膑对田忌说："'三晋'（韩、赵、魏三家原是晋国的公卿，后三家分晋独立，时人称之为'三晋'）兵向来强悍勇猛而轻视齐军，齐国军队也向来以胆小怯战著称。善于作战的人能够顺着当时的形势而引导战争，兵法说过：'行军百里争夺利益的，必然要损失上将军；行军五十里争夺利益的，只能有一半的军士到达目的地。'齐国的军队进入魏国的国境后，第一天修筑十万灶供军队吃饭，第二天减为五万灶，第三天减为三万灶。"

庞涓追赶齐国的军队三天，看到齐国的军灶锐减，非常高兴，说："我本来就知道齐国的军队怯战，进入我国不到三天，士兵已逃亡过半了。"庞涓为了快速追上齐军，就舍弃自己的步兵，只率领精锐骑兵追逐齐国军队。孙膑计算了庞涓的行军速度，估计庞涓天黑的时候就能到达马陵。马陵道路狭窄，而且地势崎岖，容易埋伏军队。军队埋伏好了，齐军就将一棵大树的树皮刮下一块，写上"庞涓死于此树下"几个大字。孙膑挑选齐军中善于射箭的士兵上万人，准备好弓弩，沿着道路两旁设伏，并约定："傍晚看见有火点燃，立即放箭。"

庞涓果然在天黑的时候追到马陵，他看见一棵大树被刮了皮，白白的树干上还写有字，就让人点火观看。齐军看见有火点亮，遂万箭齐发。魏军大乱，相互踩踏，大败。庞涓自知大势已去，拔剑自刎，死前说了一句："倒成就了那小子的名声！"齐军乘胜将魏军全部消灭，俘虏了魏国的太子魏申。

权势相当的人容易相互倾轧

【同贵相害。】

注曰：势相轧也。

王氏曰：同居官位，其掌朝纲，心志不和，递相谋害。

白话： 权势相当的人在一起会相互倾轧。

解读： 外国人说中国人喜欢"窝里斗"，其实在很大程度上就是指同贵相害。同贵相害在本质上是一种严重的自私心理在作祟。

权力的本义就是公用，掌握了权力的人总喜欢将权力据为己有，容不得别人染指。若有人的权势和自己相当，心中的难受劲儿必然折磨得他寝食难安，对这个和自己权位相当的人必欲除之而后快。这种心理的害处很大，因为它很容易就搞得同室操戈，搞得一个集体四分五裂，结果还是便宜了外部的敌人。

岳飞在南宋初年的诸大将中年纪最轻，而且又是由普通的士卒提拔而来，还屡建大功，这让资历很老的韩世忠、张俊内心很是不平衡。岳飞以大局为重，委屈自己，对韩、张二人表现得十分尊敬。

金兵进攻淮西，淮西是张俊的防区，但张俊畏惧金兵而不敢前往救援。宋高宗遂令岳飞率兵救援，岳飞得到命令后立即率军前往淮西，很快就解除了庐州之围。高宗嘉奖岳飞的功勋，授予其两镇节度使的节钺。这时，岳飞的地位已经和张俊平起平坐了，张俊引以为耻，对岳飞相当忌恨（岳飞曾为张俊的部将，张俊也曾提拔过岳飞）。

岳飞平定杨么起义后，将缴获的大战船各赠一艘给张俊、韩世忠，战船装备甚为精良。韩世忠得到战船后，非常高兴，很快就与岳飞冰释前嫌。张俊在得到战船后，反而更加嫉妒岳飞，必欲除之而后快。后来张俊勾结秦桧害死了岳飞，金兵为此举国欢庆。韩世忠看到岳飞含冤下狱后，在满朝文武无人敢说一句公道话的情况下，当面质问秦桧。秦桧说岳飞谋反的罪名是"莫须有"，韩世忠愤怒地说："莫须有何以服天下？"小人和君子的差别是如此之大。

现在杭州岳飞墓前跪着的"四奸像"，有一具便是张俊的。

案例

吴起去魏

魏国的相国田文死后，公叔继任相位，并娶了魏国的公主。虽然如此，公叔对吴起却是相当忌惮。因为吴起不但帮助魏文侯推行"武卒制"，大大提高了魏军的战斗力,而且直接从秦国手里抢得西河之地,镇守西河几十年,秦兵不敢向东。吴起治理西河也颇有政绩。吴起不但战功卓著、威名显赫,而且曾与田文争夺相国之位。这让公叔如芒在背,一心想要搞掉吴起。

公叔正为如何搞掉吴起煞费苦心时,公叔的一个奴仆对公叔说:"赶走吴起很容易。"公叔闻言大惊,说:"你有什么好办法,讲来听听!"这个奴仆就说:"吴起为人严正廉洁而看重声名,我们可以从此下手。主公可以先对君王建议:'吴起贤能,而魏国国小,又与强大的秦国相邻,我怕吴起不会长期地为魏国效命啊。'君王必然会向主公问计,主公可以向君王建议:'请把公主下嫁给他作为试探。吴起若是留恋魏国,必然会愉快地接受与公主的婚事;若是没有留心,就会推辞。君王可以以此判断吴起的去留之心。'然后主公可以在退朝之后邀请吴起与您一起回家,您故意让公主发怒,轻贱主公。吴起看到公主轻贱主公,必定认为魏国的公主刁蛮任性且无礼,定会推辞。如此,主公的目的就达到了。"

公叔就向魏武侯建议把公主嫁给吴起以挽留他,武侯采纳了。后来吴起看见公主轻贱公叔,就极力推辞。魏武侯遂怀疑吴起而不敢信用。吴起看到魏武侯怀疑自己,害怕会因此而招来祸患,就逃到了楚国。公叔就这样轻而易举地搞掉了吴起。

争夺同一利益的人容易拼得你死我活

【同利相忌。】

注曰:害相刑也。

白话:争夺相同利益的人会相互憎恨。

解读:利益是人类相互争夺的根源。为了争夺皇位,秦二世杀光了自己所有的兄弟姐妹,隋炀帝杀死了自己的父亲,唐太宗杀死了自己的亲兄弟,武则天杀死了自己的亲生儿女。

为了争夺殖民地和世界霸主的地位,近现代爆发了两次世界大战。第一次世界大战使欧、亚、非三大洲30多个国家15亿以上的人口卷入战争,军民伤亡3000多万人，直接经济损失1863亿美元。第二次世界大战的损失更为严重，战场遍及三大洲、四大洋，60多个国家和地区、20亿以上的人口卷入战争，军民伤亡达1.5亿人，财产损失达4万亿美元。二战后，美苏两个超级大国为了争夺世界霸权，在世界各地进行对抗，甚至以核武器相威胁，屡次将人类带入毁灭的边缘。

利益的争夺使得人性极端地扭曲，为了利益，人类的凶残程度甚至令猛兽望而生畏，用"禽兽不如"来形容都不为过。利益争夺的结果往往是利益损失得更多，反过来得不偿失。损人不利己，两败俱伤，何必呢？

但人们为什么会疯狂地争夺利益呢？说到底还是内心私欲的膨胀所致。为了自己和别人生活得更安宁，人们真的要节制自己的欲望了。

案例

同利为仇敌

齐国在马陵之战中大败魏国，俘虏了魏国的太子魏申，射杀了魏国的大将庞涓，魏国在此一战中元气大伤，从此便失去了霸主的地位。

马陵之战的第二年，商鞅对秦孝公说："秦国和魏国，就像人的心腹患病一样，必欲除之而后快，不是魏国吞并秦国，就是秦国吞并魏国。为什么会这么说呢？魏国处在太岳山以西，地势险要，又以安邑（今山西夏县西北）为都城，与秦国以黄河为界，却能独自保有山东（函谷关以东）的利益。若时机有利则能向西进攻秦国，若时机不利就能向东攻略土地。现在主公英明，国家得以强盛。去年魏国被齐国打得大败，诸侯纷纷背叛他，我们可以趁此时机进攻魏国。魏国抵不过秦国，必然会向东迁徙。一旦向东迁徙，秦国就能占据地理优势，向东就能制约山东的诸侯国。这可是成就帝王大业的资本啊！"

秦孝公非常赞同商鞅的计策，就让他统兵进攻魏国。魏国派公子印率兵抵抗秦军。由于魏军的战斗力很强，两军相拒后，秦军一时无力展开进攻。商鞅就给魏公子印去了一封信，信中说："当初我与公子的交情是如此的深厚，现在各为两国的主帅，不忍心两国交兵。如果公子有意，我们约个地方见面，会盟撤兵，进而安定秦、魏两国。"公子卬很以为然。于是，商鞅和公子卬相见结盟，畅饮尽欢。就在酒喝得最欢快的时候，商鞅埋伏的精兵将公子卬俘虏。然后，商鞅趁魏国军队群龙无首之际发动猛攻，魏国军队全军覆没。

魏惠王因为军队屡次被齐国和秦国打得大败，国家日益空虚，国土日益削弱，内心相当恐慌，就派人割去河西（黄河南段之西）之地献给秦国求和。然后魏惠王离开安邑，迁都大梁，从此失去了称雄于七国的资格。秦国占有河西之地，进可以攻略山东六国，退可以闭关自守，越战越强，最后统一了中国。

具有共同气质的人惺惺相惜

【同声相应，同气相感。】

注曰：五行、五气、五声散于万物，自然相感应。

白话：天地间本质相同的声、气虽散之于万物，仍然会相互感应。

解读：人们还是喜欢与自己地位、才能、学识、志趣相当的人进行交往。说来说去，其实还是个阶层和圈子的问题。一个人若要融入一个圈子，必须要具备这个圈子里的人所共有的属性，没有这个条件，无论你对一个圈子如何向往，也只能被排斥在外。

暴发户无论如何有钱，他都不会具备贵族的气质，因为无论从出身、教育背景、生活方式上都有着太大的差别。年轻人找对象，道理也是如此，门当户对其实是最现实的选择。

案例

吕蒙正识富弼

北宋宰相吕蒙正有位门客，名叫富言。一天，富言对吕蒙正说："我有一犬子，今年已经十多岁了，我想让他进入书院，学习国家的礼仪刑罚。"吕蒙正欣然答应。富言就让自己的儿子拜见吕蒙正，吕蒙正一见富言的儿子，就非常惊异，说："这个孩子将来的官职品位会与我相当，但所建立的功勋和业绩却要远远地超过老夫。"然后就让这个孩子与自己的儿子一起求学，对其很是厚待。这个孩子后来果然成了大器，他就是仁宗朝的名相富弼，富弼也曾两度入相，也以司徒的官职退休，富贵显赫和吕蒙正是一样的。

知音

春秋时期的俞伯牙为晋国的上大夫，琴技高超，是弹奏七弦琴的大师。钟子期是楚国一个以砍柴为生的樵夫，但精通音律，非常善于欣赏音乐。一次，俞伯牙出使楚国，在汉江边上弹起七弦琴，心中寄情于高山，钟子期听到琴声就说："好啊，泰山真是高耸巍峨啊！"俞伯牙寄情于流水，钟子期就说："好啊，长江黄河真是浩瀚奔涌啊！"凡俞伯牙心中所想，钟子期都能通过琴声而知晓。两人遂一见如故，成为至交好友。

后来俞伯牙又弹起下雨之曲，不久又变换成山崩之调，每次弹奏，钟子期都能完全体会出俞伯牙的旨趣。俞伯牙就丢下琴而叹息，说："好啊，好啊。您能从琴声中听出别人心中的旨趣，体悟出的意象与我内心所想完全相同，我哪里还能隐藏我的琴声呢？"

钟子期死后，俞伯牙认为世上再也没人能听懂他的琴声了，就折断琴弦，毁坏琴身，终生不再抚琴。

宗泽识岳飞

岳飞曾作为低级军官在东京留守宗泽麾下效力，在开德和曹州大战中都立有大功，宗泽对其军事才能感到非常惊奇，说："你智勇双全，古代的名将都比不过你。然而你喜欢亲自带兵冲杀，这不是万全之策啊。"然后就教授给岳飞排兵布阵的方法。岳飞说："排列阵势后再与敌军交战，这是一般的战法，用兵在于因势制敌、随机应变，不必拘泥于战阵。"宗泽非常赞同岳飞的看法，对其不断地提拔重用，遂使他成为南宋第一名将。

多认识些能让自己进步的人

【同类相依，同义相亲。】

王氏曰：圣德明君，必用贤能良相；无道之主，亲近谄佞谗臣。楚平王无道，信听费无极[1]，家国危乱；唐太宗圣明，喜闻魏征[2]直谏，国治民安。君臣相和，其国无危；上下同心，其邦必正。

【1】费无极：即费无忌，春秋末年楚国佞臣。

【2】魏征：即魏徵，唐朝大臣，以直言敢谏著称。

白话：境遇相同的人会惺惺相惜，因而相依为命；秉持共同道义的人心气相同，因而相互亲近。

解读：踏入社会前，一个长者曾和我聊天。在谈及任人唯亲时，本人立刻义愤填膺，对这种现象大加斥责。长者告诉我，任人唯亲其实很容易理解。让一个人为你办事，你必然要对其人品、才能有相当的了解，否则你必不敢放手。有人之所以敢于重用仇人，因为即使是仇人，他对对方也是有相当的了解的。所以，你若是想做什么样的事情，就需要和什么样的人交往，大家都熟悉你了，你的机会也就来了。不然，一味地抱怨任人唯亲一点意义都没有。的确，在现实的社会环境中，长者的忠告实在是很有道理的。

案例

楚平王亲馋远忠

春秋时期，楚平王亲近奸邪小人费无极，杀害忠臣伍奢及其长子，差点让楚国因此而被吴国灭掉。

楚平王为太子建选择老师，以伍奢为太傅，费无极为少傅。费无极奸邪诡媚，太子很不喜欢。费无极自知不容于太子，就想另谋出路。

楚平王让费无极去秦国为太子选妃。费无极选了一位非常美丽的女子，然后飞速地向楚平王禀报："那个秦国女子美貌无比，大王可以自己娶来，然后为太子另娶一个就是了。"于是楚平王就自己娶了这个秦国女子，对她宠爱无比，之后让人为太子重新选妃。费无极通过出卖太子而讨好楚平王，事情做得很不地道。然而楚平王是一个昏庸好色之徒，马上对费无极另眼相看，深加重用。费无极因此离开太子，专力侍奉楚平王。费无极知道太子现在对自己是切齿痛恨，深恐太子即位后会对自己不利，就决心搞掉太子。

不久，费无极就向楚平王进谗言，构陷太子。楚平王因此而疏远太子，让其离开都城，前往城父戍守边境。太子离开后，费无极便大肆在楚平王面前诋毁太子。他对楚平王说："太子因为秦国女子之事，不可能不怨恨大王，大王对太子应当有所防备。自从太子镇守城父，统兵于外，终日与各国诸侯相勾结，马上就要图谋作乱了。"

楚平王非常昏庸，自己不派人调查，却马上让人抓来太傅伍奢严刑拷打。伍奢知道这是费无极在诋毁太子，就说："大王为什么偏听小人的谗言而不相信自己的亲骨肉呢？"费无极趁机说："大王看到了吧！伍奢就是太子的党羽，现在不动手除掉太子，太子的阴谋马上就会得逞，到时大王就要成为太子的阶下囚了。"楚平王勃然大怒，立即让人把伍奢关进大牢，而让城父司马奋扬前往城父杀掉太子。虎毒不食子，楚平王禽兽不如，这让外人都看不过去。奋扬未到城父，就让人告诉太子建："太子快逃，不然大祸临头！"太子建赶紧逃到宋国避难。

费无极又对楚平王说："伍奢有两个儿子，都非常贤能，现在不杀，恐怕将来会成为楚国的大患。现在可以把他们的父亲作为人质，召他们前来，然后一起杀掉。"楚平王派人对伍奢说："能召来你的两个儿子，就让你活，召不来你就得死。"伍奢说："伍尚（伍奢长子）为人仁孝，召之必来。伍员（伍子胥）为人刚戾残忍，能成大事，他见过来会被一网打尽，必定不会自投罗网。"楚平王不听，派人召伍尚和伍员："来的话，我就免你们父亲一死，不来就杀掉他。"

伍尚要去，伍员劝阻："楚王召见我们兄弟，并不会免父亲一死，而是怕我们逃脱而留下后患。因此才以父亲为质，诈我们兄弟过去。我们兄弟若是过去，必定会被杀掉。这样的话，我们不但救不了父亲，连大仇都不能报了。不如逃亡到别的国家，借助外力为父亲报仇。一起赴死，没有一点用的。"伍尚说："我知道去了也救不了父亲。但只怕父亲为求活命而召我们过去，若是不去，将来又不能报仇，必为天下人所耻笑啊！"伍尚又对伍员说："你能报杀父之仇，赶紧逃吧！我前往一死。"

楚平王的使者逮捕了伍尚，又要去捉伍员。伍员拉开弓箭对着使者，使者不敢向前，伍员遂逃亡。伍员知道太子建在宋国，就前往宋国。伍奢听说伍员逃走了，就说："楚国君臣将要为兵革所苦了。"伍尚被押到楚国都城后，楚王将他与伍奢一起杀死了。

后来伍员逃亡至吴国，辅佐吴王阖闾率军进攻楚国，五战五胜，攻破楚国的国都郢。楚昭王出逃，伍员悬赏重金求购楚昭王的人头，并挖开楚平王的坟墓，鞭尸三百，为父兄报仇。

有明君方有直臣

唐太宗励精图治，屡次将魏徵召入自己的卧室，询问朝政得失。魏徵知无不言，太宗都能欣然采纳。

太宗担心官吏收受贿赂，就秘密派遣使臣试探他们。有掌管城门的长官收取绢一匹，太宗就要杀掉他。民部（太宗以前，户部称民部，后避"李世民"讳，将民部改称户部）尚书裴矩劝谏："作为国家官吏而收受贿赂，罪当死。但陛下故意派人行贿，就是有意陷别人于不法，恐怕不符合'道之以德，齐之以礼'的大道吧！"太宗听后大喜，召集五品以上的官员，对他们说："裴矩能据理力争，不肯逢迎上意而当面屈服，假如每件事都能做得如此得当，又何愁国家不能富强安定呢？"

杜淹向太宗推荐刑部员外郎邸怀道，太宗问邸怀道有何能耐，杜淹说："隋炀帝想要巡幸江都，召集百官询问去留之计。大臣们都顺从隋炀帝的意愿，认为可去，只有邸怀道认为不可。这是我亲眼所见的。"太宗说："你如此推崇邸怀道的正直，为何不亲自劝谏呢？"杜淹说："我当时人微言轻，知道劝谏不会被采纳，白白死去也无益处。"太宗又说："你知道隋炀帝听不进劝谏，为什么又要站立在他的朝堂之上呢？既然已经站在他的朝堂之上，为什么不去劝谏？你在隋朝做官，尚可以说是职位卑微。后来你在王世充的朝堂之上，职位可谓是尊显了，当时怎么也不劝谏呢？"杜淹说："我对王世充也劝谏了，却未被采纳。"太宗说："王世充若是能够尊重贤才，虚怀纳谏，又怎么会亡国呢？若是残暴而听不进劝谏，你又怎么能够免于祸患呢？"杜淹理屈词穷，无法应对。太宗看杜淹有些下不了台，就安慰他说："你现在的职位可谓是尊显了，可以进谏吗？"杜淹说："愿出死力。"太宗大笑。

鄃县县令裴仁轨私自役使看门人，太宗知道后大怒，想要诛杀裴仁轨。殿中侍御史李乾祐劝谏说："国家大法，是陛下与天下共同遵守的，不是陛下一人所独有的。现在裴仁轨因为犯轻罪而被处以极刑，臣恐怕大臣们将会手足无措。"太宗遂免去裴仁轨的死罪，提升李乾祐为侍御史。

魏徵是唐朝著名的直臣，善于使太宗回心转意，常常敢于冒犯太宗的威严而直言进谏。有时碰到太宗盛怒，别的大臣都吓得面无人色，魏徵依然能够保持神色不变，太宗也常常为之收敛威怒。一次，魏徵向太宗请假回家扫墓，回到朝中后，对太宗说："人们都说陛下要去终南山，宫外已经安排好了，最后却没成行，不知道是什么原因？"太宗笑着说："刚开始的时候，我确实有这个想法，但怕您生气，也就作罢了。"太宗曾得到一只非常好的鹞鹰，喜欢架在胳膊上玩弄。后来，他看见魏徵过来了，就把鹞鹰藏到怀里。魏徵知道太宗怀里藏有鹞鹰，就故意拖延奏事的时间，结果鹞鹰闷死在太宗怀里。

太宗让太常少卿祖孝孙教授宫女音乐，效果不好，太宗非常生气，严厉地批评了祖孝孙。温彦博和王珪劝谏说："孝孙是文雅之士，陛下却让他去教授宫女音乐，这本身就不合适。现在又因为孝孙没教好而严厉地批评他，我们私下认为陛下做得不对。"太宗大怒说："我对待你们如同自己的心腹，你们应该竭尽忠诚来辅佐我。没想到却附和下臣而欺瞒于我，难道你们要为孝孙游说吗？"温彦博赶紧下拜赔罪，王珪不动，说："陛下要求我们忠诚正直，难道我们现在的所作所为是曲邪吗？这是陛下辜负我们，而不是我们辜负陛下。"太宗沉默了很久，遂作罢。第二天，太宗对房玄龄说："自古以来，帝王纳谏真是一件难事啊。我昨天责备了温彦博、王珪，现在还在后悔。你们千万不要因为这件事而不进谏忠言啊！"

太宗曾在丹霄殿宴请群臣。长孙无忌说："王珪、魏徵，过去我们是仇敌，没想到今天竟能坐在一起畅快饮酒！"太宗说："魏徵、王珪都能尽心竭力侍奉他们的主上，所以我才会重任他们。魏徵每次进谏，我若是不答应，再和他谈论这件事，他就会不回应我，为什么呢？"魏徵回答说："我认为事情做得不合适，因此而劝谏。假如陛下不听我的意见，我又回应了陛下，那不好的事情就会得以施行。因此，不敢回应陛下。"太宗又说："一边答应一边劝谏，又有什么不可以呢？"魏徵答道："过去舜曾告诫大臣：'你们不要当面顺从，背后却又有意见。'我知道这件事不能做却要在口头上顺从陛下，那就是面从啊，这岂是稷、契尽忠于舜的本意啊？"太宗大笑说："别人都说魏徵举止傲慢，我看魏徵却是如此地妩媚动人，就是因为这个原因啊！"魏徵赶紧从座位上起立，向太宗下拜说："正是因为陛下胸襟开阔，臣下才能得以竭尽愚诚。假如陛下拒谏饰非，臣下哪里又敢犯颜直谏呢？"

大难当头，站在一起的人都是朋友

【同难相济。】

注曰：六国合纵而拒秦，诸葛通吴以敌魏。非有仁义存焉，特同难耳。

王氏曰：强秦恃其威勇，而吞六国；六国合兵，以拒强秦；暴魏仗其奸雄，而并吴蜀；吴蜀同谋，以敌暴魏。此是同难相济，递互相应之道。

白话：面对共同的困境，人们往往会精诚一致，共渡难关。

解读：人在内心总希望有一种依靠感，艰难时刻这种感觉尤为明显。因此，人们总喜欢抓救命稻草，哪怕这根稻草的作用微乎其微。当人们面临巨大的危难时，依靠感和力量感往往会让人们联起手来，共克时艰。

泉水干了，两条鱼困在原处，就会吐沫相互湿润，以求渡过难关。泉水若是重新流出，两条鱼就会分道扬镳，奔向各自的天地。人们在危难时刻相互扶助，一旦形势大好，却又容易反目成仇。这样的事情屡见不鲜。人们往往对此非常痛心，实际上这非常容易理解。相互帮助，共渡难关是需要，反目成仇，你死我活同样是需要。一切源于需要，不存在太多的道德因素。

刘备和孙权在曹操大军的威逼下结成联盟，赤壁一把火烧得曹操落荒而逃。曹操退回北方后，刘备和孙权马上为了争夺荆州而打得头破血流。结果孙权杀掉关羽，夺了荆州，刘备则空国而来，大举讨伐东吴，结果又被陆逊一把火烧得丢盔弃甲。后来诸葛亮为了安抚内部、平定南中叛乱，又派人结好孙权。两家为了共同对付曹魏，又携手和好。

袁谭和袁尚为了争夺袁绍的权位，拼得你死我活。曹操一来，哥俩又联合起来对付曹操。曹操故意减缓攻势，让其厮杀。这哥俩果然又自相残杀起来，最后被曹操各个击破。

案 例

孙刘联手抗曹操

建安十三年（公元208年），曹操南征，顺利拿下荆州，在当阳长坂坡将刘备打得大败。刘备抛妻弃子，仅与诸葛亮、张飞、赵云等几十人骑马逃走，曹操俘获刘备人马辎重甚众。

曹操大军自江陵顺流东下，直取刘备。诸葛亮对刘备说："情况紧急，请允许我奉主公之命前往东吴，向孙权求救。"刘备允许后，诸葛亮就和鲁肃直接去了东吴。诸葛亮见到孙权后，就直接向其陈说大势："当初天下大乱，群雄纷争。将军父兄（孙坚、孙策）起兵于江东，刘豫州收兵于荆州，共同与曹操争夺天下。曹操扫灭群雄，将吕布、袁术、袁绍、刘表殄灭殆尽，现在仍和曹操抗衡的，只有刘豫州和将军您了。曹操刚刚平定荆州，威势正盛，刘豫州英雄无用武之地，被曹操逼迫至此，狼狈景象您都看到了。所以我劝将军好好地权衡一下自己的力量，考虑一下自己的前途。假如能号召吴越之地的健儿与曹操争雄，那就早点和曹操划清界限，整军备战；如果不能，就请你丢掉自己的兵器，捆好自己的铠甲，直接投降曹操就行了，说不定能保住一身的荣华富贵！现在将军名义上服从朝廷，而内心又怀有犹豫之计，事情紧急而不能做出决断，将军的祸患不日即将到来啊。"

孙权听了这话很不是滋味，就反问诸葛亮："假如真如你所说，那刘豫州为什么不向曹操俯首称臣呢？"诸葛亮答道："田横，只不过是齐国的一个壮士而已，仍然能坚持大义不向汉高祖投降。更何况刘豫州身为皇室，英雄才略无人能及，天下的英雄豪杰仰慕归附刘豫州，就像江河奔流至大海一样。假如大事不成，那只能说是天数，怎么能向曹操这样的奸贼拱手投降呢？"

诸葛亮的一番话把孙权说得热血沸腾，孙权想想父兄的功绩，再想想曹操的威逼，不禁勃然大怒，说："我不能将东吴六郡的地盘和十万骁勇的战士拱手让人。我已经拿定主意了。当今天下除了刘豫州，再也没有人能够与曹操相抗衡了。然而刘豫州刚刚被曹操打得大败，还有力量与曹操争雄吗？"诸葛亮则说："刘豫州虽然在长坂坡大败，但现在收集的散兵和关羽统率的精锐水军，人数已不下万人；刘琦统率的江夏军队也有万人之多。曹操的军队长途跋涉，已经相当疲敝了。听说他们在追击刘豫州的时候，骑兵一天一夜行进三百里，实力已经发挥到极限。所谓'强弩之末势不能穿鲁缟'，说的就是曹操现在的状况，而且《孙子兵法》云：'必蹶上将军'。所以曹操再难有作为。曹军多为北方人，不习水战。荆州地区的百姓之所以归附曹操，只不过是被形势逼迫罢了，并不心服。假如将军能够统率数万精兵猛将，与刘豫州合兵一处，共击曹操，必定能够大破曹军。曹军一败，必然会撤军北还许昌。如此一来，荆州和东吴的实力则会大大增强，三足鼎立的局面也就形成了。成败的关键就在今天，请将军早下决断。"诸葛亮的一番话让孙权非常欣喜，就和大臣们商讨出路。

这时，曹操给孙权来了一封信，信中说："最近我奉皇帝之命讨伐有罪之人，大军所向，刘琮束手就擒。我现在正在训练八十万水军，准备和将军会猎于东吴，不知意下如何？"

孙权把曹操的这封信出示给帐下群臣传看，群臣们没有一个不震惊失色的。孙权的长史张昭等人说："曹操是老虎恶狼啊。他挟天子以令诸侯，动辄以朝廷的名义征讨群雄。现在与他对抗，恐怕对我们非常不利。而且我们可以凭借用于抵抗曹操的，是长江天险。现在曹操取得荆州，刘表训练的水军和数以千计的大小战舰，现在都为曹操所用。曹操将荆州水军悉数布置于大江两岸，配合步兵水陆俱下，长江天险我们各占一半，而双方的兵力对比又相差悬殊。我认为投降曹操为上策。"一班文臣纷纷附和张昭，只有鲁肃一言不发。

孙权起身去厕所，鲁肃赶紧追到屋檐之下。孙权知道鲁肃有话说，就抓住鲁肃的手说："子敬有什么话要说？"鲁肃面色凝重地说："我刚刚听了众人的议论，全都是误导将军，不值得共谋大事。现在我鲁肃能投降曹操，唯独将军不能。为什么这样说呢？鲁肃投降曹操，曹操还会让我回到东吴，继续担任州郡长官。而将军投降曹操，曹操一不会放虎归山，让将军返回东吴；二不会重用将军，让您掌握权柄。这样出路又在哪里呢？如此看来，请将军早下决心，不要听从众人的意见！"孙权长叹一声说："子布（张昭的字）等人的意见，太让我失望了。只有子敬深谋远虑，正与我的意见不谋而合啊！"

当时周瑜受孙权派遣，正在番阳训练水军。鲁肃劝孙权召回周瑜，听听周瑜的意见。周瑜回来后，坚决主张抵抗曹军，并详尽地分析了双方的实力对比，认为曹军必败。

次日，孙权就任命周瑜为左都督，程普为右都督（左比右尊），统率东吴水军与刘备合兵一处，共同抵御曹军。以鲁肃为赞军校尉，辅佐周瑜谋划方略。

孙刘两军在赤壁之战中大败曹操。曹操逃回北方，三足鼎立之势由此而成。

志同道合者为朋友的前途着想

【同道相成。】

注曰： 汉承秦后，海内凋敝，萧何以清静涵养之。何将亡，念诸将俱喜功好勋，不足以知治道。时曹参在齐，尝治盖公黄老之术，不务生事，故引参以代相。

王氏曰： 君臣一志，行王道以安天下；上下同心，施仁政以保其国。萧何相汉镇国，家给馈饷，使粮道不绝，汉之杰也。卧病将亡，汉帝亲至病所，问卿亡之后谁可为相？萧何曰："诸将喜功好勋俱不可，惟曹参一人而可。"萧何死后，惠皇拜曹参为相，大治天下。此是同道相成，辅君行政之道。

白话： 志同道合者往往会想着成就自己的同志。

解读：志同道合方能精诚合作，共谋事业。志趣追求不同的人容易离心离德，关键时刻还容易窝里反。自顾尚且不暇，还怎么有精力成事？志同道合者相辅相成，配合默契，不但以成就自己为目标，也以成就同志为己任。这样的人在一起合作，自然大事可成。

刘备和诸葛亮都以兴复汉室为志向，志趣相投，所以两人能够精诚合作。刘备对诸葛亮百般信任、言听计从，诸葛亮对刘备则是鞠躬尽瘁、死而后已。两人关系如鱼得水，遂能从无立锥之地到最终割据一方，与魏、吴成鼎立之势。

南宋初年，张浚和赵鼎都有辅佐皇帝取得天下大治的志向。两人都致力于整顿朝政，重用贤能，配合得很是默契，相处得也非常融洽。当时的人都知道二人将要一同担任宰相，对此也非常期待。史馆校勘喻樗却为此而担忧："二公都应该在国家中枢之地，但不能同时任相。应该是赵公罢相则张公继任。因为两人的政策颇为相近，前后相继就能保持政策的延续性和稳定性。两人若是同时为相，万一有分歧，势必要有一个人罢相离去，以后另一个若是罢去相位，继任者必然要改变原来的政策。如若这样，就是贤人自相背离，国家的损失就很大了。"不久，两人果然同时为相，后来张、赵二人因为意见分歧而不和，秦桧遂乘虚而入，将张、赵二人都排挤出相位。屈膝投降的政策遂占据上风，宋朝再也没能收复故土，只得偏安于江南半壁。

案例

萧规曹随

萧何与曹参一同跟随刘邦打天下，汉朝建立后，二人分别位居功臣第一和第二位。萧何为汉朝相国，曹参则为齐王刘肥（刘邦长子）的相国。齐国是当时最大的封国，有七十多座城池，比较难治理。刘肥年纪轻，难以担当大任。

曹参到达齐地后，召集德高望重的长者和儒生询问治齐大计。应召前来的儒生有好几百人，但治理齐国的方略却各不相同。曹参一时无所适从。后来曹参听说胶西有一个叫作盖公的老先生，精通黄老学说，就派人送上厚礼请教治国之策。曹参见到盖公后，盖公认为应当以清静治民，与民休息。曹参非常赞同，让出自己的正堂给盖公居住，以其作为自己的决策顾问。

曹参用黄老学说治理齐地九年，齐地秩序稳定、人口大增，曹参被齐人赞为贤相。

汉惠帝二年（公元前193年），汉朝相国萧何得了重病，汉惠帝前去探病。汉惠帝说："您百年之后，谁能继承您的职位呢？"萧何就说："没有人比君主更了解自己臣子的了。"汉惠帝就说："曹参怎么样？"萧何赶紧叩头说："陛下选对人了，我即使死了也没有什么遗憾了！"萧何和曹参在穷困不得志时是好朋友，等做了将相，双方就开始闹矛盾了，互相不服气。然而萧何临死前推荐的唯一人选就是曹参。

曹参听到萧何去世的消息后，赶紧让仆佣收拾行装，说："我将要入朝担任相国了！"没过多久，朝廷果然派出使者来召曹参入朝。曹参代替萧何担任汉朝丞相，做事一律以萧何施行的政策为准，无所变更。

曹参以木讷、拙于言辞的郡国官吏担任丞相的属官，凡是言辞尖刻、喜欢功业声名的官吏，曹参一律斥退。曹参在丞相的位置上，整天只是喝美酒，其他的什么事都不管。朝廷卿大夫和曹参的门客见曹参什么正事都不做，都想过来劝谏。然而，他们一到，曹参就把他们拉过来喝酒，喝了一会儿，这些人还想说话，曹参又是一通猛灌，喝得烂醉如泥才将其放回家去。因此，这些大臣和门客到最后一句话也没说成，后来便习以为常了。

丞相府的后园和办事小吏的房舍相邻，那些小吏整天喝酒大呼小叫，丞相的办公人员非常厌恶，但也没办法。他们就请曹参到后园游玩，希望他在亲耳听到那些小吏喝酒的高呼声后，对其严加惩治。然而，没想到的是，曹参听到隔壁喝酒的高呼声后，在丞相府后园也摆了一桌，也放歌大呼与之相呼应。

曹参看见有人犯了小错，都会为他们掩盖庇护，因此丞相府一年到头什么事都没有。曹参担任了三年汉朝相国，凡事都遵守萧何的成规，结果百姓生活安定，天下大治。曹参死后，百姓做歌怀念他："萧何为法，顜若画一；曹参代之，守而勿失。载其清净，民以宁一。"

同行是冤家

【同艺[1]相窥[2]。】

【1】艺：技能。

【2】窥：图谋，觊觎。

注曰：李醯之贼扁鹊，逢蒙之恶后羿是也。规者，非之也。

王氏曰：同于艺业者，相观其好歹；共于巧工者，以争其高低。巧业相同，彼我不伏，以相争胜。

白话：拥有相同技能的人会相互排斥。

解读：同行是冤家，因为要争夺利益。几个人同时争一块蛋糕，势必要打架。当游戏的规则是身强力壮者分得大块时，打架就要见个高低，争得你死我活。这是人性，只能因势利导，不能强行压制，但更不能放任自流。最重要的是制定一个公正健全的游戏规则，既能保证优胜劣汰，又要体现人性关怀。

制定好的游戏规则，其中一个重要的问题就是反不正当竞争。当今的国际贸易中经常要打的一个官司就是"反倾销"。为什么要"反倾销"？因为一些国家在国际贸易中利用其资金和价格优势压垮其进口国的同类产业，抢占市场。这些国家取得垄断地位后，再大幅度提高其产品价格，进而牟取暴利。这不但严重损害了进口国的民族工业，更严重地损害了别国的经济利益。这是一种典型的不正当竞争。

游戏规则不健全、不公正，必然会引起恶性竞争和恶性循环，贻害无穷。

李醯杀扁鹊

扁鹊是战国时期的名医，医术精湛，冠绝当时。

一日，赵鞅忽然得了重病，五天五夜不省人事，赵国的大臣都非常惶恐，就召扁鹊前来医治。扁鹊进入赵鞅的寝宫诊察病情，出来后，大夫董安于问赵鞅的病怎么样了，扁鹊说："病人虽然昏厥，但脉搏正常，不必大惊小怪。当初秦穆公也出现过类似情况，七天之后就醒了过来。秦穆公醒来后，对公孙支和子舆说：'我到天帝的住所了，玩得非常高兴。之所以玩这么久，是因为要学习一些东西。天帝告诉我："晋国将要大乱，五世不能安定下来。乱过之后，晋国将会称霸，称霸的时间并不长久。霸主的儿子还将开创晋国淫乱的风气。"'公孙支将秦穆公的话记录下来并收藏起来，这就是秦国史书的开始。晋献公之乱，晋文公称霸，晋襄公在崤山打败秦军后归国放纵淫欲，这些都是大家所熟悉的。现在你们君王的病情和秦穆公是一样的，不出三天，君王必定醒来，醒来必有话说。"

两天半之后，赵鞅果然醒来，醒来就对大臣说："我到天帝的住所了，玩得很高兴。我和众神邀游于钧天（天的中央，为天帝住所），聆听仙乐，仙乐乐曲与三代（夏商西周）乐曲很不一样，让人不觉心动。有一只熊向我扑来，天帝命我用箭射它，我一箭就将其射杀。过了一会儿，又有一只罴向我扑来，我又一箭将其射杀。天帝非常高兴，赐给我两个长方形小箱，各有配套装饰。我看见一个小孩站在天帝的旁边。天帝赠给我一条翟犬，说：'等你的儿子长大成人，就把这条翟犬赐给他。'天帝还告诉我：'晋国将会日益衰落，过七代就会灭亡。'嬴姓的国家将会在范魁大败姬姓诸侯国，但也不能长期占据这片地方。"董安于将赵鞅的话记录下来并收藏起来，并将扁鹊的话告诉了赵鞅。赵鞅听后，觉得扁鹊的医术果然精妙，就赐给扁鹊良田四万亩。

后来，扁鹊行医经过虢国。看到虢国上下正忙着筹备丧事，就问是怎么回事。人们就告诉扁鹊，说太子暴毙，不知是什么原因。扁鹊就走到虢国宫门前，想要进宫看看虢国太子究竟得的是什么病，会这么厉害。正好碰到虢国一位喜好医术的中庶子（太子的侍臣），扁鹊前去询问详细情况。中庶子把太子的病症大致说了一下，扁鹊一听，心中有底，就问："太子死去多久了？"中庶子说："从鸡叫到现在，不到半天。"扁鹊又问："入殓了吗？"中庶子说："还没有。"扁鹊就对中庶子说："我是秦越人，能救活太子。"中庶子不信，扁鹊就详细地分析了太子的病情，描述了太子死时的症状。中庶子一听，大吃一惊，症状竟然丝毫不差，就赶紧将扁鹊的话上奏给虢国国君。

虢国国君听后大惊，急忙召见扁鹊。虢国国君见到扁鹊后，恳求扁鹊救活太子，言辞凄切，悲不自胜，令人心酸不已。扁鹊说："太子的病就是中医所谓的'尸厥'，看上去跟死人没什么两样，实际上是一种假死的状态，只要医术够高，就能将太子救活。"虢国国君听后大喜，赶紧让扁鹊为太子医治。扁鹊让弟子子阳准备好针石等器具，然后在太子的百会穴下针，没过多久，太子就苏醒了。扁鹊又让弟子子豹配好热药，在太子的两肋之上熨烫。过了一会儿，太子就能坐起来了。这样调和了阴阳后，太子只服了二十多天的药就完全康复了。

扁鹊医好虢国太子的病后，天下人都认为扁鹊是能够起死回生的神医。扁鹊说："我哪里能够起死回生啊，只不过是这病还有救，我稍稍出力救治罢了。"

扁鹊经过齐国，齐桓侯对扁鹊盛情款待。扁鹊朝见齐桓侯，稍稍观察了一下他的气色，就对齐桓侯说："君王的身体有些小毛病，现在只是在腠理（皮肤的纹理），不治的话恐怕病情加重。"齐桓侯感到身体没什么不适，就说："我没病。"扁鹊退出，齐桓侯对左右侍臣说："医生贪图利益，喜欢给没病的人治病，以此作为自己的功劳。"过了五天，扁鹊再次朝见齐桓侯，对他说："君王的病已经深入到经络了，不治的话还会加重。"齐桓侯还是没有感到身体有什么异样，就说："我没病。"扁鹊退出。由于扁鹊屡次说齐桓侯有病，齐桓侯很不高兴。过了五天，扁鹊又来朝见齐桓侯，说："君王的病已经深入到肠胃了，不治就会加重。"齐桓侯很不高兴，懒得搭理扁鹊。又过了五天，扁鹊看到齐桓侯，转身就跑。齐桓侯很不理解，就让人问扁鹊是怎么回事。扁鹊说："病在肌肤的纹理之间，用热药熨烫就能治好；病在经络，用针石扎一扎也容易治好；病在肠胃，服下药酒同样可以治疗；病在骨髓，阎王爷已经将你登记在册了，神仙来了也救不活。君王的病现在在骨髓，我无能为力了，只得避而不见。"过了五天，齐桓侯感到浑身疼痛，就让人去召见扁鹊，扁鹊已经逃走，齐桓侯就这样死去了。

扁鹊的大名传遍天下，人人景仰。他行医至邯郸，知道赵国珍爱女人，就专门治疗妇科疾病；到洛阳，知道东周崇敬老人，就专门治疗眼、耳疾病；

到咸阳，知道秦国爱护小孩，就专门治疗儿科疾病。扁鹊因地制宜，入乡随俗，治好了很多人的病。

秦国的太医令李醯自知难以望扁鹊的项背，内心非常嫉妒。他害怕扁鹊到来会威胁到自己的地位，就派人刺杀了扁鹊。一代名医就这样命丧小人之手。

高手喜欢相互切磋

【同巧[1]相胜[2]。】

【1】巧：高超的技艺。

【2】胜：互不相让，较劲。

注曰：公输子九攻，墨子九拒是也。

白话：技艺高超的人会相互较劲，互不相让。

解读：高手之间是喜欢切磋的，因为通过切磋能了解自身的优劣，进而学习别人的长处，获得自身的提高。但高手间的过招和争胜往往是讲究度的，点到为止。

赌徒在赌红了眼后，往往敢于孤注一掷，押上全部的家当，甚至是自己的性命。这里面不只是对金钱的贪求，更多的是争胜的心理在作怪。但这样争胜的结果往往是悲惨的，输者倾家荡产，甚至赔掉性命；赢者虽然赢得了金钱，却与别人结下了不解的怨仇，到最后还是两败俱伤。

武侠小说里，真正的高手往往不轻易出手，出手也不是因为争强好胜。他们更注重追求一种接近极致的快乐。小说中，独孤求败之所以求败而不是争胜，因为他已经达到极致。一旦达到极致，只会感到孤独和落寞，所以他一直很郁闷。

高手在还没有成为高手时，可能比一般人更喜欢找人比试，但他们更讲究胜之有道，讲求提高，所以他们能成为高手。

做人也一样，只有不断地提高，讲究胜之有道，最终才能成为生存的高手和生活的智者。

案例

墨子斗公输

公输般（即鲁班）为楚国制造出了云梯，楚国想要以此攻打宋国。墨子听说这件事后，就从鲁国出发，日夜不停地走了十天十夜，赶到楚国的都城郢，要求面见公输般。

公输般问："先生您辛辛苦苦地赶到这里，有什么指教吗？"墨子说："北方有个人曾羞辱过我，我想请你帮我杀了他。"公输般很不高兴，墨子说："给你十金怎么样？"公输般说："我坚守正义，绝不可能帮你去杀人。"

这时，墨子起身，向公输般再拜（古代一种隆重的礼节，一次拜两拜），说："请允许我和你推心置腹地说几句话。我在北方听说你为楚国制造了攻城的云梯，楚国想用它来攻打宋国。宋国又有什么罪过呢？楚国土地广阔，人口稀少，牺牲自己不足的人口而争取自己多余的东西，这种做法不能说是明智；宋国无罪而楚国攻打它，不能说是仁爱；知道这件事不对而不去阻止自己的君王，这也算不上是忠诚；劝阻无效，这也算不上是尽心。你坚守正义，不愿意杀一个人，却要杀死成千上万的人，这在逻辑上说不通啊，不能算是明白事理。"公输般被说得哑口无言，表示服气。

墨子说："既然您已经认同我的意见，为什么不停止做这件事呢？"公输般说："不行，我已经禀报给楚王了。"墨子说："让我见见楚王怎么样？"公输般答应了。

墨子见到楚王，说："有这样一个人，丢弃自己华美的车子，却要去偷邻居的一辆破车；丢掉自己华丽的丝绸衣服，却要偷邻居的一件破旧的粗布上衣；丢弃自己的大鱼大肉，却要偷邻居的酒糟、米糠等粗劣的食物。请问大王，您认为这个人算什么样的一个人？"

楚王说："这个人估计是偷窃上瘾了吧！"

墨子说："现在楚国方圆五千里，宋国只有区区的五百里，这就相当于华丽的车子和破车的对比啊。楚国有云梦泽，犀牛、麋鹿等珍禽异兽充斥其中,长江、汉江的鱼鳖等水产为天下最丰富。宋国连野鸡、野兔、小鱼小虾之类的东西都没有,这就是大鱼大肉和酒糟米糠的对比啊。楚国拥有松、梓、梗、楠、樟等名贵木材,而宋国连一棵像样的大树都没有,这就是华丽的丝绸衣服和破旧的粗布上衣的对比啊。臣认为大王您派遣军队去攻打宋国,道理和这个是一样的。"

楚王说:"太好了!先生您说的话非常有道理。即使如此,但公输般已经为我造出了云梯,我是一定要攻打宋国的。"

于是墨子就去见公输般,解下自己的衣带作为城墙,以木片作为攻城的器械,要和公输般进行演练。公输般九次改变攻城的方法,墨子九次有效地将其抵御。公输般攻城的方法都用尽了,墨子守城的方法还绰绰有余。公输般无计可施了,就说:"我知道对付你的方法了,但我不说。"墨子也说:"我知道你对付我的方法,我也不说。"

楚王不解,就询问原因。墨子说:"公输般的意思,不过是杀掉臣。杀掉臣,就无人为宋国防守了,自然可以攻打了。但我要告诉大王的是,臣的弟子禽滑釐等三百人已经手执防守的器械站在宋国的城墙上了,正等待楚国前去进攻呢。即使杀掉臣,也不能断绝守城的方法。"

楚王说:"墨子先生如此厉害,我们就给他个面子,攻打宋国的事情还是算了吧。"

尊重规律

【此乃数[1]之所得,不可与理[2]违。】

【1】数:规律。

【2】理:事理,事物的规律。

注曰:自"同志"下皆所行,所可预知。智者知其如此,顺理则行之,逆理则违之。

王氏曰:齐家治国之理,纲常礼乐之道,可于贤明之前请问其礼;听问之后，常记于心，思虑而行。离道者非圣，违理者不贤。

白话：上述种种现象都是自然的安排，为人做事就应该顺应事理，不能违背自然的规律。

解读：自"同志相得"到"同巧相胜"，诸种现象都是自然的规律，不能强行改变，只能因势利导。善于把握成事规律的人，往往能够在关键的时刻做出明智的选择，让自己始终处于有利的位置，这才是真正的智者。

善战者，因势利导之

徐达率二十万明军拿下元大都后，朱元璋下诏改元大都为北平府，让孙兴祖率军镇守北平府，而让徐达率领明军主力进攻山西的扩廓帖木儿。当时，扩廓帖木儿正率元军北出雁门关，打算从居庸关南下攻取北平。徐达知道后，和诸将谋划说："扩廓率军远出，太原必定空虚。北平有孙都督镇守，足以抵御扩廓的进攻。现在我们趁其不备，直捣太原，让其进不得战，退无所守，这就是所谓的'批亢捣虚'。假若扩廓向西回军救援太原，必定被我所擒。"诸将都认为徐达分析得非常精辟，大声说："非常好！"

徐达遂率大军直趋太原。扩廓帖木儿率军到达保安后，得到徐达直捣太原的消息，立即撤军回援。徐达挑选精兵趁夜偷袭了扩廓的大营。扩廓全军溃散，最后只能率领十八名骑兵连夜逃跑。徐达俘虏了扩廓的所有人马，攻克了太原，并乘胜收复大同，分兵攻克了山西所有的地方。

洪武二年（公元1369年），徐达率兵进攻占据陕甘的李思齐和张思道。徐达大军到达鹿台，张思道赶紧逃跑了，徐达攻克了奉元（今陕西西安）。当时常遇春已经攻克了凤翔（今陕西凤翔县），李思齐逃亡至临洮（今甘肃临洮县）。徐达会合诸将，商讨下一步的进军计划。诸将都说："张思道的才能不如李思齐，而且庆阳比临洮更容易攻克，请先攻庆阳。"徐达说："不可以。庆阳城位置险要，军队精良，仓促之间不容易攻克。临洮北靠黄河和湟水，向西能控制西边的少数民族，得到临洮，可以补充我们的兵员和物资。我们以大军围困临洮，李思齐就会成为瓮中之鳖。拿下临洮，再攻克附近的郡县就如探囊取物。"

徐达派遣右副将军冯胜率军直逼临洮，李思齐不战而降。徐达遂分兵攻克兰州，偷袭并击败了豫王，俘获其全部的辎重人口。然后徐达回军出萧关，攻克平凉。张思道逃奔西夏，被扩廓贴木儿擒获，张思道之弟张良臣以庆阳城投降。徐达派遣薛显接受张良臣的投降。不久，张良臣发动叛乱，趁夜出兵偷袭薛显，薛显受伤。徐达亲自率军围困庆阳。扩廓贴木儿派军队前来救援，被徐达击败。不久，徐达攻克庆阳，张良臣父子逃入枯井避难，徐达让人将其拉出来杀掉。至此，陕甘一带被全部平定。

领导要以身作则

【释己而教人者逆，正己而化人者顺。】

注曰：教者以言，化者以道。老子曰："法令滋彰，盗贼多有。"教之逆者也。"我无为，而民自化；我无欲，而民自朴。"化之顺者也。

王氏曰：心量不宽，见责人之小过；身不能修，不知己之非为。自己不能修政，教人行政，人心不伏。诚心养道，正己修德，然后可以教人为善，自然理顺事明，必能成名立事。

白话：自己不能以身作则，却对别人发号施令，要求别人必须怎样，这样的行为就是逆；以身作则，率先垂范，以自己的行动去感化别人，这样的行为就是顺。

解读：孔子曾说过："听其言，观其行。"谚曰："桃李不言，下自成蹊。"能充当表率的人，都是能够率先约束自己，通过自身的示范作用默默地带动别人的人。

范仲淹位至将相后，将自己的俸禄全部拿出来供养四方的游学之士。他自身却非常节俭，妻子儿女也仅仅能够维持温饱。他的四个儿子只有一件像样的衣服，出门办事轮流穿。虽然如此，范仲淹却泰然处之。他外柔内刚，坦诚待人，不管对方是何身份，他都能倾心与之结交。

范仲淹镇守西北的时候，西北的羌人都被他的仁义感化，对其非常敬畏，尊称他为"龙图老子"（范仲淹曾以龙图阁直学士的身份主持西北战事，"老子"是羌人的尊称），愿意为范仲淹效力。范仲淹常常为国事奋不顾身，不惜与权贵相抵忤，这使得他在仕途上屡遭贬黜。范仲淹为政、为人真正做到了"先天下之忧而忧，后天下之乐而乐"，以身则则，率先垂范。他在当时就是士大夫的楷模，深为时人所景仰，人们纷纷约束自己的行为、提高自身的修养，社会风气为之一改。

张飞以礼劝马超

马超投靠刘备后，刘备对其委以重任，任命他为平西将军，封都亭侯。马超看到刘备如此厚待自己，甚为得意，常常不注意臣子对主上的礼节，动辄对刘备直呼其名。

关羽看到马超对刘备如此不恭，就请求刘备杀掉马超，刘备不肯。张飞说："估计是马超看到我们和大哥平时随便惯了，所以才这样。这种情况，我们只能躬身示范，助其改正。"

第二天，刘备召集诸将议事，关羽、张飞都全副武装，恭恭敬敬地站在刘备身旁。马超到来后，开始只顾就座，但看到关羽、张飞侍立在刘备的两侧，毕恭毕敬，遂大吃一惊。

从此以后，马超再也不敢忽视臣子的礼节了。

李愬屈尊教化百姓

唐宪宗时，李愬雪夜攻占蔡州城，活捉叛将吴元济，将其押送至京师斩首。唐宪宗派裴度前往蔡州犒劳李愬的部队。李愬将军队驻扎在校场，等待裴度前来检阅。

裴度进入营地时，李愬全副武装出迎，并在路边下拜。由于裴度与李愬的官职相当，裴度就想回避。李愬却说："蔡州人性情剽悍叛逆，不知上下尊卑已经几十年了。我们之所以这样做，就是要显示朝廷的威严，希望借此训示他们，使他们知道朝廷的尊贵。"

裴度遂接受了李愬的下拜。

聪明人善于利用规律

【逆者难从，顺者易行；难从则乱，易行则理。】

注曰：天地之道，简易而已；圣人之道，简易而已。顺日月，而昼夜之；顺阴阳，而生杀之；顺山川，而高下之；此天地之简易也。顺夷狄而外之，顺中国而内之；顺君子而爵之，顺小人而役之；顺善恶而赏罚之。顺九土之宜而赋敛之；顺人伦而序之；此圣人之简易也。夫乌获非不力也，执牛之尾而使之却行，则终日不能步寻丈；及以环桑之枝贯其鼻，三尺之绳縻其颈，童子服之。风于大泽，无所不至者，盖其势顺也。

王氏曰：治国安民，理顺则易行；掌法从权，事逆则难就。理事顺便，处事易行；法度相逆，不能成就。

白话：行为叛逆的人，别人都不会服从他，而行为顺从道理的人，人们都会拥护他；不服从就容易发生祸乱，拥护则会同心勠力，取得成功。

解读：放纵自己而去要求别人，这就是逆；约束自己而去感化别人，这就是顺。自己身为逆行，却要领导众人，众人必然不服，不服就难以号令，难以号令，事必不成。身为顺行，然后领导众人，众人必然心悦诚服，往往不令而从，不令而从，做事必然顺利。

明智的人善于认识事物的规律，然后顺之成事。秦朝末年，宣曲有一个姓任的富人，任氏的父亲和祖父都是秦朝管理仓储的官员，对天下粮仓的分布及积储情况非常熟悉。秦朝败亡之时，各路豪杰纷纷掠取秦宫中的金银财宝，而任氏独独囤积粮食。后来刘邦、项羽争夺天下，相持于荥阳。由于战事激烈，百姓无法耕作，米价暴涨，一石价值万钱。身怀金银珠宝的豪杰们为了活命，纷纷拿出自己的宝物来换取任氏的粮食。所有的珠宝遂全部落入任氏的囊中。

十八世纪到十九世纪，美国西部掀起了一股淘金热。当时，人们疯狂地拥向加利福尼亚州，寻求一夜暴富的机会。农夫亚默尔也前去碰运气。由于矿山附近的气候干燥，加之水源奇缺，淘金者常常口渴难耐，甚至有人说只要给他一杯水，他就愿意出一个金币。说者无心，听者有意。亚默尔听到淘金者的抱怨后，立即想出了一条生财之道。他放弃了淘金之路，转而投入寻找水源的工作中，并制作了一个简易的过滤装置。亚默尔找到水源，将水过滤后，便把水源遮蔽起来，然后带着水陪同淘金者寻找金矿，大发其财。

头脑灵活的人善于把握事情发展的规律，能够随机应变，故而能够胜人一筹。

案例

文翁

文翁在汉景帝末年担任蜀郡（治所在成都）太守。他为人仁爱，善于教化百姓。文翁看到蜀地的百姓不习文教，颇有蛮夷之风，就想引导教化他们。他挑选聪达明敏而富有才干的郡县小吏十余人，自己亲自告诫、勉励他们，然后将他们派往京师，跟随博士学习礼仪律令。文翁缩减蜀郡官府的开支，将节省下来的钱用来购买礼物和蜀地特产送给博士。几年之后，文翁派往京师的学生学成归来，文翁让他们担任尊显的职位，他们中有人后来还担任了郡守和刺史等高官。

文翁还在成都设立官学，招收偏远县县吏的子弟作为学生，免除他们的徭役赋税，成绩好的让他们替补郡县的官吏，成绩差一点的让他们担任孝悌、力田（乡官，职能是劝导乡邻，助成教化）。他又选拔未成年的学生进入官学读书。他每次到下辖各县区视察，都让学业优秀的官学弟子跟随自己，让其代为传达政令，出入自己的内室。这都是莫大的荣耀，官员、百姓都非常羡慕。几年之后，蜀地的年轻人竞相进入官学，富人甚至出高价以求得一个名额。

蜀地的文教由此大盛，蜀地到京师求学的学生堪比当时文教最为昌盛的齐、鲁两地的学生。汉武帝即位后，下令全国各个郡县均要设立官学，这都是文翁首倡而来的。

文翁最后终老于蜀地，蜀地的官员、百姓为他设立祠堂，每年祭祀不断。巴蜀一带喜好文雅的风气，都是文翁教化的结果。蜀地出现了司马相如、扬雄、李白、苏轼等著名的文学家，均和文翁的教化有关。

通大道才能成大事

【如此，理身、理家、理国可也。】

注曰：小大不同，其理则一。

王氏曰：详明时务得失，当隐则隐；体察事理逆顺，可行则行；理明得失，必知去就之道。数审成败，能识进退之机；从理为政，身无祸患。体学贤明，保终吉矣。

白话：明白这些道理，努力加以践行，如此，修身、齐家、治国、平天下都能取得成功。

解读：天下的大道其实是相通的，关键在于变通。一个人一旦能够参透天下之大道，做任何事都能得心应手，如鱼得水。范蠡辅佐勾践灭吴，出将入相，是个文武全才。后来他用未尽的治国之法经商，三次家累千金，成为天下首富。战国时期的大商人白圭曾做过魏惠王的宰相，在任期间治理好了大梁的水患。后弃官从商，同样家累千金，成为一代富豪。白圭曾向人讲述自己的生财之道："我经商的时候，就像伊尹、吕望施行权谋，孙武、吴起用兵作战，商鞅施行法令一样，都是大手笔。一个人如果智谋不足以懂得灵活机变，勇气不足以决断大事，仁爱不足以奉献自己的所有，强盛时不能够有所坚持，即便是学会了我的方法，也不会取得多大的成绩。"

通大道的人是真正成功的人，因为只有通大道才能够勇于取舍，长保富贵。

《素书》原文

原始章第一

夫道、德、仁、义、礼，五者一体也。

道者，人之所蹈，使万物不知其所由。德者，人之所得，使万物各得其所欲。仁者，人之所亲，有慈慧恻隐之心，以遂其生存。义者，人之所宜，赏善罚恶，以立功立事。礼者，人之所履，夙兴夜寐，以成人伦之序。

夫欲为人之本，不可无一焉。

贤人君子，明于盛衰之道，通乎成败之数，审乎治乱之势，达乎去就之理。故潜居抱道，以待其时。若时至而行，则能极人臣之位；得机而动，则能成绝代之功。如其不遇，没身而已。是以其道足高，而名重于后代。

正道章第二

德足以怀远，信足以一异，义足以得众，才足以鉴古，明足以照下，此人之俊也。

行足以为仪表，智足以决嫌疑，信可以使守约，廉可以使分财，此人之豪也。

守职而不废，处义而不回，见嫌而不苟免，见利而不苟得，此人之杰也。

求人之志章第三

绝嗜禁欲，所以除累。抑非损恶，所以让过。贬酒阙色，所以无污。避嫌远疑，所以不误。博学切问，所以广知。高行微言，所以修身。恭俭谦约，所以自守。深计远虑，所以不穷。亲仁友直，所以扶颠。近恕笃行，所以接人。任材使能，所以济物。殚恶斥谗，所以止乱。推古验今，所以不惑。先揆后度，所以应卒。设变致权，所以解结。括囊顺会，所以无咎。橛橛梗梗，所以立功；孜孜淑淑，所以保终。

本德宗道章第四

夫志心笃行之术，长莫长于博谋，安莫安于忍辱，先莫先于修德，乐莫乐于好善，神莫神于至诚，明莫明于体物，吉莫吉于知足，苦莫苦于多愿，悲莫悲于精散，病莫病于无常，短莫短于苟得，幽莫幽于贪鄙，孤莫孤于自恃，危莫危于任疑，败莫败于多私。

遵义章第五

以明示下者暗，有过不知者蔽，迷而不返者惑，以言取怨者祸，令与心乖者废，后令缪前者毁，怒而无威者犯，好众辱人者殃，戮辱所任者危，慢其所敬者凶。

貌合心离者孤，亲谗远忠者亡，近色远贤者昏，女谒公行者乱，私人以官者浮，凌下取胜者侵，名不胜实者耗。

略己而责人者不治，自厚而薄人者弃废。以过弃功者损，群下外异者沦，既用不任者疏，行赏吝色者沮，多许少与者怨，既迎而拒者乖。

薄施厚望者不报，贵而忘贱者不久。念旧恶而弃新功者凶，用人不得正者殆，强用人者不畜，为人择官者乱，失其所强者弱，决策于不仁者险，阴计外泄者败，厚敛薄施者凋。战士贫，游士富者衰。货赂公行者昧。

闻善忽略，记过不忘者暴。所任不可信，所信不可任者浊。牧人以德者集，绳人以刑者散。小功不赏，则大功不立；小怨不赦，则大怨必生。赏不服人，罚不甘心者叛；赏及无功，罚及无罪者酷。听谗而美，闻谏而仇者亡。能有其有者安，贪人之有者残。

安礼章第六

怨在不舍小过，患在不预定谋。福在积善，祸在积恶。饥在贱农，寒在惰织。安在得人，危在失士。富在迎来，贫在弃时。

上无常操，下多疑心。轻上生罪，侮下无亲。近臣不重，远臣轻之。自疑不信人，自信不疑人。枉士无正友，曲上无直下。危国无贤人，乱政无善人。

爱人深者求贤急，乐得贤者养人厚。国将霸者士皆归，邦将亡者贤先避。地薄者大物不产，水浅者大鱼不游，树秃者大禽不栖，林疏者大兽不居。山峭者崩，泽满者溢。

弃玉取石者盲，羊质虎皮者柔。衣不举领者倒，走不视地者颠。柱弱者屋坏，辅弱者国倾。足寒伤心，人怨伤国。山将崩者下先隳，国将衰者民先弊。根枯枝朽，民困国残。与覆车同轨者倾，与亡国同事者灭。见已生者慎将生，恶其迹者须避之。

畏危者安，畏亡者存。夫人之所行，有道则吉，无道则凶。吉者，百福所归；凶者，百祸所攻。非其神圣，自然所钟。

务善策者无恶事，无远虑者有近忧。同志相得，同仁相忧，同恶相党，同爱相求，同美相妒，同智相谋，同贵相害，同利相忌，同声相应，同气相感，同类相依，同义相亲，同难相济，同道相成，同艺相规，同巧相胜。此乃数之所得，不可与理违。

释己而教人者逆，正己而化人者顺。逆者难从，顺者易行，难从则乱，易行则理。

如此，理身、理家、理国，可也！

附录一

黄石公素书考

宋·张商英辑

按《黄石公三略》三卷、《兵书》三卷、《三奇法》一卷、《阴谋军秘》一卷、《五垒图》一卷、《内记敌法》一卷、《秘经》一卷、《张良经》一卷、《素书》六编。

《前汉列传》黄石公圯上所授《素书》，以《三略》为是，盖传闻之误也。晋乱，盗发子房冢，于玉枕中获此《书》，凡一千三百言，上有秘戒云。

附录二

钦定四库全书·素书提要

《素书》一帙，盖秦隐士黄石公之所传，汉留侯子房之所受者。词简意深，未易测识，宋臣张商英叙之详矣，乃谓为不传之秘书。呜呼！凡一言之善，一行之长，尚可以垂范于人而不能秘，是《书》黄石公秘焉。得子房而后传之，子房独知而能用，宝而殉葬；然犹在人间，亦岂得而秘之耶？

予承乏常德府事政，暇取而披阅之。味其言率，明而不晦；切而不迂，淡而不僻；多中事机之会，有益人世。是又不可概以游说之学，纵横之术例之也。但旧板刊行已久，字多模糊，用是捐俸余翻刻，以广其传，与四方君子共之。

弘治戊午岁夏四月初吉蒲阴张官识

附录三

史记·留侯世家

留侯张良者,其先韩人也。大父开地,相韩昭侯、宣惠王、襄哀王。父平,相釐王、悼惠王。悼惠王二十三年,平卒。卒二十岁,秦灭韩。良年少,未宦事韩。韩破,良家僮三百人,弟死不葬,悉以家财求客刺秦王,为韩报仇,以大父、父五世相韩故。

良尝学礼淮阳,东见仓海君。得力士,为铁椎重百二十斤。秦皇帝东游,良与客狙击秦皇帝博浪沙中,误中副车。秦皇帝大怒,大索天下,求贼甚急,为张良故也。良乃更名姓,亡匿下邳。

良尝间从容步游下邳圯上,有一老父,衣褐,至良所,直堕其履圯下,顾谓良曰:"孺子,下取履!"良鄂然,欲殴之。为其老,强忍,下取履。父曰:"履我!"良业为取履,因长跪履之。父以足受,笑而去。良殊大惊,随目之。父去里所,复还,曰:"孺子可教矣。后五日平明,与我会此。"良因怪之,跪曰:"诺。"五日平明,良往。父已先在,怒曰:"与老人期,后,何也?"去,曰:"后五日早会。"五日鸡鸣,良往。父又先在,复怒曰:"后,何也?"去,曰:"后五日复早来。"五日,良夜未半往。有顷,父亦来,喜曰:"当如是。"出一编书,曰:"读此则为王者师矣。后十年兴。十三年孺子见我济北,谷城山下黄石即我矣。"遂去,无他言,不复见。旦日视其书,乃太公兵法也。良因异之,常习诵读之。

居下邳,为任侠。项伯常杀人,从良匿。

后十年,陈涉等起兵,良亦聚少年百余人。景驹自立为楚假王,在留。良欲往从之,道遇沛公。沛公将数千人,略地下邳西,遂属焉。沛公拜良为厩将。良数以太公兵法说沛公,沛公善之,常用其策。良为他人言,皆不省。良曰:"沛公殆天授。"故遂从之,不去见景驹。

及沛公之薛，见项梁。项梁立楚怀王。良乃说项梁曰："君已立楚后，而韩诸公子横阳君成贤，可立为王，益树党。"项梁使良求韩成，立以为韩王，以良为韩申徒，与韩王将千余人西略韩地，得数城，秦辄复取之，往来为游兵颍川。

沛公之从洛阳南出轘辕，良引兵从沛公，下韩十余城，击破杨熊军。沛公乃令韩王成留守阳翟，与良俱南，攻下宛，西入武关。沛公欲以兵二万人击秦峣下军，良说曰："秦兵尚强，未可轻。臣闻其将屠者子，贾竖易动以利。愿沛公且留壁，使人先行，为五万人具食，益为张旗帜诸山上，为疑兵，令郦食其持重宝啖秦将。"秦将果畔，欲连和俱西袭咸阳，沛公欲听之。良曰："此独其将欲叛耳，恐士卒不从。不从必危，不如因其解击之。"沛公乃引兵击秦军，大破之。遂北至蓝田，再战，秦兵竟败。遂至咸阳，秦王子婴降沛公。

沛公入秦宫，宫室帷帐狗马重宝妇女以千数，意欲留居之。樊哙谏沛公出舍，沛公不听。良曰："夫秦为无道，故沛公得至此。夫为天下除残贼，宜缟素为资。今始入秦，即安其乐，此所谓'助桀为虐'。且'忠言逆耳利于行，毒药苦口利于病'，愿沛公听樊哙言。"沛公乃还军霸上。

项羽至鸿门下，欲击沛公，项伯乃夜驰入沛公军，私见张良，欲与俱去。良曰："臣为韩王送沛公，今事有急，亡去不义。"乃具以语沛公。沛公大惊，曰："为将奈何？"良曰："沛公诚欲倍项羽邪？"沛公曰："鲰生教我距关无内诸侯，秦地可尽王，故听之。"良曰："沛公自度能却项羽乎？"沛公默然良久，曰："固不能也。今为奈何？"良乃固要项伯，项伯见沛公。沛公与饮为寿，结宾婚。令项伯具言沛公不敢倍项羽，所以距关者，备他盗也。及见项羽后解，语在项羽事中。

汉元年正月，沛公为汉王，王巴蜀。汉王赐良金百溢，珠二斗，良具以献项伯。汉王亦因令良厚遗项伯，使请汉中地。项王乃许之，遂得汉中地。汉王之国，良送至褒中，遣良归韩。良因说汉王曰："王何不烧绝所过栈道，示天下无还心，以固项王意？"乃使良还。行，烧绝栈道。

良至韩，韩王成以良从汉王故，项王不遣成之国，从与俱东。良说项王曰："汉王烧绝栈道，无还心矣。"乃以齐王田荣反，书告项王。项王以此无西忧汉心，而发兵北击齐。

项王竟不肯遣韩王，乃以为侯，又杀之彭城。良亡，间行归汉王，汉王亦已还定三秦矣。复以良为成信侯，从东击楚。至彭城，汉败而还。至下邑，汉王下马踞鞍而问曰："吾欲捐关以东等弃之，谁可与共功者？"良进曰："九江王黥布，楚枭将，与项王有郄；彭越与齐王田荣反梁地；此两人可急使。而汉王之将独韩信可属大事，当一面。即欲捐之，捐之此三人，则楚可破也。"汉王乃遣随何说九江王布，而使人连彭越。及魏王豹反，使韩信将兵击之，因举燕、代、齐、赵。然卒破楚者，此三人力也。

张良多病，未尝特将也，常为画策臣，时时从汉王。

汉三年，项羽急围汉王荥阳，汉王恐忧，与郦食其谋桡楚权。食其曰："昔汤伐桀，封其后于杞。武王伐纣，封其后于宋。今秦失德弃义，侵伐诸侯社稷，灭六国之后，使无立锥之地。陛下诚能复立六国后世，毕已受印，此其君臣百姓必皆戴陛下之德，莫不乡风慕义，愿为臣妾。德义已行，陛下南乡称霸，楚必敛衽而朝。"汉王曰："善。趣刻印，先生因行佩之矣。"

食其未行，张良从外来谒。汉王方食，曰："子房前！客有为我计桡楚权者。"具以郦生语告，曰："于子房何如？"良曰："谁为陛下画此计者？陛下事去矣。"汉王曰："何哉？"张良对曰："臣请藉前箸为大王筹之。"曰："昔者汤伐桀而封其后于杞者，度能制桀之死命也。今陛下能制项籍之死命乎？"曰："未能也。""其不可一也。武王伐纣封其后于宋者，度能得纣之头也。今陛下能得项籍之头乎？"曰："未能也。""其不可二也。武王入殷，表商容之闾，释箕子之拘，封比干之墓。今陛下能封圣人之墓，表贤者之闾，式智者之门乎？"曰："未能也。""其不可三也。发钜桥之粟，散鹿台之钱，以赐贫穷。今陛下能散府库以赐贫穷乎？"曰："未能也。""其不可四矣。殷事已毕，偃革为轩，倒置干戈，覆以虎皮，以示天下不复用兵。今陛下能偃武行文，不复用兵乎？"曰："未能也。""其不可五矣。休马华山之阳，示以无所为。今陛下能休马无所用乎？"曰："未能也。""其不可六矣。放牛桃林之阴，以示不复输积。今陛下能放牛不复输积乎？"曰："未能也。""其不可七矣。且天下游士离其亲戚，弃坟墓，去故旧，从陛下游者，徒欲日夜望咫尺之地。今复六国，立韩、魏、燕、赵、齐、楚之后，天下游士各归事其主，从其亲戚，反其故旧坟墓，陛下与谁取天下乎？其不可八矣。且夫楚唯无强，六国立者复桡而从之，陛下焉得而臣之？诚用客之谋，陛下事去矣。"汉王辍食吐哺，骂曰："竖儒，几败而公事！"令趣销印。

汉四年，韩信破齐而欲自立为齐王，汉王怒。张良说汉王，汉王使良授齐王信印，语在淮阴事中。

其秋，汉王追楚至阳夏南，战不利而壁固陵，诸侯期不至。良说汉王，汉王用其计，诸侯皆至。语在项籍事中。

汉六年正月，封功臣。良未尝有战斗功，高帝曰："运筹策帷帐中，决胜千里外，子房功也。自择齐三万户。"良曰："始臣起下邳，与上会留，此天以臣授陛下。陛下用臣计，幸而时中，臣愿封留足矣，不敢当三万户。"乃封张良为留侯，与萧何等俱封。

上已封大功臣二十余人，其余日夜争功不决，未得行封。上在洛阳南宫，从复道望见诸将往往相与坐沙中语。上曰："此何语？"留侯曰："陛下不知乎？此谋反耳。"上曰："天下属安定，何故反乎？"留侯曰："陛下起布衣，以此属取天下，今陛下为天子，而所封皆萧、曹故人所亲爱，而所诛者皆生平所仇怨。今军吏计功，以天下不足遍封，此属畏陛下不能尽封，恐又见疑平生过失及诛，故即相聚谋反耳。"上乃忧曰："为之奈何？"留侯曰："上平生所憎，群臣所共知，谁最甚者？"上曰："雍齿与我故，数尝窘辱我。我欲杀之，为其功多，故不忍。"留侯曰："今急先封雍齿以示群臣，群臣见雍齿封，则人人自坚矣。"于是上乃置酒，封雍齿为什邡侯，而急趣丞相、御史定功行封。群臣罢酒，皆喜曰："雍齿尚为侯，我属无患矣。"

刘敬说高帝曰："都关中。"上疑之。左右大臣皆山东人，多劝上都洛阳："洛阳东有成皋，西有殽黾，倍河，向伊洛，其固亦足恃。"留侯曰："洛阳虽有此固，其中小，不过数百里，田地薄，四面受敌，此非用武之国也。夫关中左殽函，右陇蜀，沃野千里，南有巴蜀之饶，北有胡苑之利，阻三面而守，独以一面东制诸侯。诸侯安定，河渭漕挽天下，西给京师；诸侯有变，顺流而下，足以委输。此所谓金城千里，天府之国也，刘敬说是也。"于是高帝即日驾，西都关中。

留侯从入关。留侯性多病，即道引不食谷，杜门不出岁余。

上欲废太子，立戚夫人子赵王如意。大臣多谏争，未能得坚决者也。吕后恐，不知所为。人或谓吕后曰："留侯善画计策，上信用之。"吕后乃使建成侯吕泽劫留侯，曰："君常为上谋臣，今上欲易太子，君安得高枕而卧乎？"留侯曰："始上数在困急之中，幸用臣策。今天下安定，以爱欲易太子，骨肉之间，虽臣等百余人何益。"吕泽强要曰："为我画计。"留侯曰："此难以口舌争也。顾上有不能致者，天下有四人。四人者年老矣，皆以为上慢侮人，故逃匿山中，义不为汉臣。然上高此四人。今公诚能无爱金玉璧帛，令太子为书，卑辞安车，因使辩士固请，宜来。来，以为客，时时从入朝，令上见之，则必异而问之。问之，上知此四人贤，则一助也。"于是吕后令吕泽使人奉太子书，卑辞厚礼，迎此四人。四人至，客建成侯所。

汉十一年，黥布反，上病，欲使太子将，往击之。四人相谓曰："凡来者，将以存太子。太子将兵，事危矣。"乃说建成侯曰："太子将兵，有功则位不益太子；无功还，则从此受祸矣。且太子所与俱诸将，皆尝与上定天下枭将也，今使太子将之，此无异使羊将狼也，皆不肯为尽力，其无功必矣。臣闻'母爱者子抱'，今戚夫人日夜侍御，赵王如意常抱居前，上曰'终不使不肖子居爱子之上'，明乎其代太子位必矣。君何不急请吕后承间为上泣言：'黥布，天下猛将也，善用兵，今诸将皆陛下故等夷，乃令太子将此属，无异使羊将狼，莫肯为用。且使布闻之，则鼓行而西耳。上虽病，强载辎车，卧而护之，诸将不敢不尽力。上虽苦，为妻子自强。'"于是吕泽立夜见吕后，吕后承间为上泣涕而言，如四人意。上曰："吾惟竖子固不足遣，而公自行耳。"于是上自将兵而东，群臣居守，皆送至灞上。留侯病，自强起，至曲邮，见上曰："臣宜从，病甚。楚人剽疾，愿上无与楚人争锋。"因说上曰："令太子为将军，监关中兵。"上曰："子房虽病，强卧而傅太子。"是时叔孙通为太傅，留侯行少傅事。

汉十二年，上从击破布军归，疾益甚，愈欲易太子。留侯谏，不听，因疾不视事。叔孙太傅称说引古今，以死争太子。上详许之，犹欲易之。及燕，置酒，太子侍。四人从太子，年皆八十有余，须眉皓白，衣冠甚伟。上怪之，问曰："彼何为者？"四人前对，各言名姓，曰东园公、角里先生、绮里季、夏黄公。上乃大惊，曰："吾求公数岁，公辟逃我，今公何自从吾儿游乎？"四人皆曰："陛下轻士善骂，臣等义不受辱，故恐而亡匿。窃闻太子为人仁孝，恭敬爱士，天下莫不延颈欲为太子死者，故臣等来耳。"上曰："烦公幸卒调护太子。"

四人为寿已毕，趋去。上目送之，召戚夫人指示四人者曰："我欲易之，彼四人辅之，羽翼已成，难动矣。吕后真而主矣。"戚夫人泣，上曰："为我楚舞，吾为若楚歌。"歌曰："鸿鹄高飞，一举千里。羽翮已就，横绝四海。横绝四海，当可奈何！虽有矰缴，尚安所施！"歌数阕，戚夫人嘘唏流涕，上起去，罢酒。竟不易太子者，留侯本招此四人之力也。

留侯从上击代，出奇计马邑下，及立萧何相国，所与上从容言天下事甚众，非天下所以存亡，故不著。留侯乃称曰："家世相韩，及韩灭，不爱万金之资，为韩报仇强秦，天下振动。今以三寸舌为帝者师，封万户，位列侯，此布衣之极，于良足矣。愿弃人间事，欲从赤松子游耳。"乃学辟谷，道引轻身。会高帝崩，吕后德留侯，乃强食之，曰："人生一世间，如白驹过隙，何至自苦如此乎？"留侯不得已，强听而食。

后八年卒，谥为文成侯。子不疑代侯。

子房始所见下邳圯上老父与太公书者，后十三年从高帝过济北，果见谷城山下黄石，取而葆祠之。留侯死，并葬黄石。每上冢伏腊，祠黄石。

留侯不疑，孝文帝五年坐不敬，国除。

太史公曰：学者多言无鬼神，然言有物。至如留侯所见老父予书，亦可怪矣。高祖离困者数矣，而留侯常有功力焉，岂可谓非天乎？上曰："夫运筹策帷帐之中，决胜千里外，吾不如子房。"余以为其人计魁梧奇伟，至见其图，状貌如妇人好女。盖孔子曰："以貌取人，失之子羽。"留侯亦云。

留侯倜傥，志怀愤惋。五代相韩，一朝归汉。进履宜假，运筹神算。横阳既立，申徒作扞。灞上扶危，固陵静乱。人称三杰，辩推八难。赤松愿游，白驹难绊。嗟彼雄略，曾非魁岸。

附录四

黄石公传

（明）慎懋赏

黄石公者，吾不知其何如人，亦不知其所始。但闻秦始皇时，天下方清夷无事，群黎束手听命，斩木揭竿之变未纤尘萌也。韩国复仇男子张良，策壮士阴袭之，万夫在护不支，大索十日不得。其目中已无秦，谓旦夕枭政首挂太白而快也。

游下邳圯上，徘徊四顾，凌轹宇宙，即英雄豪杰孰如秦始皇者，秦皇帝不畏而畏人也？俄尔，一老父至良所，堕履圯下，顾谓良曰："孺子下取履。"良愕然，为其老，强忍下取履，跪进。老父以足受之，良大惊。老父去里许，还曰："孺子可教矣。后五日平明与我期此。"良怪之，曰："诺。"

五日平明往，老父已先在，怒曰："与老人期，后，何也？去，后五日早会。"良鸡鸣而往，老父又先在，复怒曰："后，何也？去，后五日复早来。"良半夜乃往，有顷，老人来，喜曰："孺子当如此。"乃出一编曰："读是则为王者师，后十三年，子求我于济北谷城山下。"遂去，不复见。

旦视其书，乃太公兵法。良奇之，因诵习以说他人，皆不能用。以说沛公，辄有功。由是解鸿门厄，销六国印，击疲楚，都长安，以有天下。其自为谋，则起布衣、复韩仇、为帝师，且当其身免诛夷诏狱之惨。

后十三年，过谷城山，无所见，乃取道旁黄石葆而祠之。及良死，并藏焉，示不忘故也，故曰"黄石公"。

呜呼！良之所遇奇矣！或曰："老人神也"！余则曰："此老氏者流，假手于人，以快其诛秦灭项之志而己安享其逸也。"聃之言曰："善摄生者无死地。"又曰："代司杀者，是谓大匠斫；夫代大匠斫，希有不伤手矣。"此固巧于避斩杀，而善于掠荣名者，是以知其非神人也。

苏轼之言曰："张良出荆轲聂政之计，以侥幸于不死，老人深惜之，故出而教之。"夫爱赤子者，为之避险绝危。老人之于张良，尝试之秦项戈矛之中，而肩迹于彭韩杀戮之际。如是而谓之爱也，奚可哉？